大中专院校安全教育知识读本

郭九苓　主编

北京理工大学出版社

BEIJING INSTITUTE OF TECHNOLOGY PRESS

图书在版编目（CIP）数据

大中专院校安全教育知识读本／郭九苓主编．—北京：北京理工大学出版社，2008.11（2016.9 重印）

ISBN 978 - 7 - 5640 - 1669 - 2 - 01

Ⅰ．大…　Ⅱ．郭…　Ⅲ．①安全教育 - 高等学校 - 教材②安全教育 - 专业学校　教材　Ⅳ．X925

中国版本图书馆CIP数据核字（2008）第104868号

出版发行／北京理工大学出版社

社　　　址／北京市海淀区中关村南大街5号

邮　　　编／100081

电　　　话／(010)68914775(办公室)　68944990(批销中心)　68911084（读者服务部）

网　　　址／http://www.bitpress.com.cn

经　　　销／全国各地新华书店

印　　　刷／旺鹏印刷有限公司

开　　　本／787毫米×1092毫米　1/16

印　　　张／18.5

字　　　数／288千字

版　　　次／2008年11月第1版　2016年9月第2次印刷　　　责任校对／陈玉梅

定　　　价／38.00元　　　责任印刷／母长新

前　言

　　校园是整个社会极为重要的组成部分，维护好校园的安全、稳定，不仅事关全国 2 亿多学生的人身安全，还与几亿个家庭和全体人民的幸福安宁息息相关；不仅事关社会治安稳定，而且关系到国家的长治久安和中华民族的伟大复兴。

　　校园安全工作是一项系统工程，涉及校园每位师生员工的切身利益，不仅院校要高度重视，每一位同学也应当加强安全意识，提高安全防范能力。掌握危急时避难求生的各种技能，在突发事件发生时，才能冷静应对，在保护自己的同时尽己所能救助处于危险境地的人。

　　"5·12"汶川大地震，很多同学在灾难中与死神顽强拼搏，从废墟中救出了一个个鲜活的生命。面对灾难，我们需要勇气，也需要技巧。为此，我们编写了这本《大中专院校安全教育知识读本》，期望对广大青少年同学有所帮助。

　　《大中专院校安全教育知识读本》以加强校园安全事故的预防与事故应急处置措施为主要内容，对校园公共场所、消防、道路交通、食品卫生、疾病防控、校园禁毒等日常安全预防与处置提供了操作性较强的方法和措施，对各种自然灾害的预防与应急处理提出了实用性较强的方案。准确的知识介绍、实用性较强的自救与救助技巧是该书突出的特点。

　　在该书的编写过程中，我们征求了众多院校师生的意见和建议，在书中适当增加了一些健康小知识；考虑到近年来大中专学生中驾驶机动车的人数增多，我们专门对机动车驾驶安全进行了较详细的解说；日常的学习和生活中一些细小的伤害往往会给我们增加不少的麻烦，因而在书中也较全面地介绍了容易被我们忽视的日常注意事项。

　　由于时间仓促，加之水平有限，书中难免有疏漏之处，敬请大家批评指正！

编　者

目　　录

16　手机的安全使用 ……………………………………… (180)

01　日常安全隐患

　　校园意味着优良的环境、知识的殿堂和飞扬的青春。同时，它也绝非"世外桃源"，随着社会的进步，它已逐步成为相对开放的现实社会的一部分，同样存在着诸多的安全问题，需要我们广大青年学生正确面对和认真关注。

　　日常安全隐患主要是指以下几个方面：

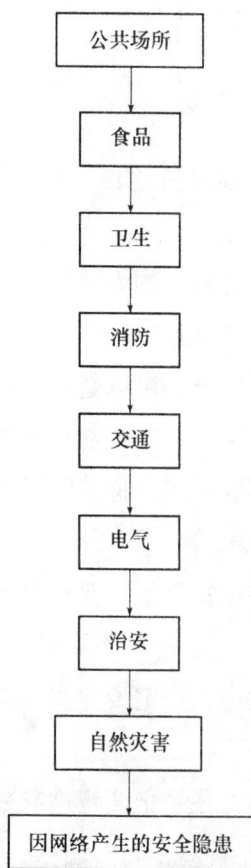

```
┌──────────┐
│  公共场所  │
└──────────┘
      │
┌──────────┐
│   食品    │
└──────────┘
      │
┌──────────┐
│   卫生    │
└──────────┘
      │
┌──────────┐
│   消防    │
└──────────┘
      │
┌──────────┐
│   交通    │
└──────────┘
      │
┌──────────┐
│   电气    │
└──────────┘
      │
┌──────────┐
│   治安    │
└──────────┘
      │
┌──────────┐
│  自然灾害  │
└──────────┘
      │
┌────────────────┐
│ 因网络产生的安全隐患 │
└────────────────┘
```

⓪② 公共场所安全

公共场所是指人群经常聚集、供公众使用或服务于人民大众的活动场所，包括宾馆饭店、影剧院、歌厅夜总会、酒吧、网吧、大型商场、超市、体育场馆、公共交通车站、码头、候机大厅、大型集会、演出活动等人员高度密集的场所。

对于校园而言，公共场所主要是指：体育场馆、教学区、图书馆、微机室、大型会议室、食堂、宿舍等人员密集的地方。

1. 出现混乱局面后的应对方法

（1）在拥挤的人群中，要时刻保持警惕，发现有人情绪不对或人群开始骚动时，要做好保护自己和他人的准备。

（2）发觉拥挤的人群向着自己行走的方向涌来时，应该马上避到一旁，不要奔跑；千万不能被绊倒，避免自己成为拥挤踩踏事件的诱发因素。

（3）如果路边有可以暂避的地方，可以暂避一时。

切记不要逆着人流前进，那样非常容易被推倒在地。

（4）遭遇拥挤的人流时，不要采用体位前倾或者低重心的姿势，即便鞋子被踩掉也不要贸然弯腰提鞋或系鞋带。

（5）当发现自己前面有人突然摔倒了，要马上停下脚步，同时大声呼救，告知后面的人不要向前靠近。

（6）若身不由己陷入人群之中，一定要先稳住双脚。切记远离店铺的玻璃窗，以免因玻璃破碎而被扎伤。

（7）帮助身边的儿童最好的方法是把儿童抱起来，避免其在混乱中被踩伤。

（8）若被推倒，要设法靠近墙壁。面向墙壁，身体蜷成球状，双手在颈后紧扣，以保护身体最脆弱的部位。

（9）如有可能，抓住一件坚固牢靠的东西，例如路灯柱之类，待人群过去后，迅速而镇静地离开现场。

2. 各种情况脱险要诀

（1）参加大规模公众活动时，入场前要看清楚出口所在的位置和各种逃生标识。

切记：进入场地时的通道未必是逃生的最佳通道。

（2）如果是在足球场、舞厅、大型商场等人多的地方，除了出入通道，还应事先观察是否有其他逃生途径。

（3）体育场内最安全的地方是球场草地，因此如果发生意外的话，没有必要一定从进出通道挤出去。

人散去后再离开是一种安全的选择。

（4）如果观看的是一场激烈的比赛，双方球迷情绪又比较激动的话，看完球赛后一定不要忘记除去身上表示所拥戴球队的任何标识，以免遭到另一球队球迷的攻击。

据统计，大部分伤亡事件都是发生在比赛后。

（5）观看大型演唱会时，一定要注意看台的踏板是否牢固，不要和狂热的歌迷们一起站在踏板上，以防踏板不够牢固，造成坍塌事故。

（6）如果大型文体活动现场发生意外事故，不要盲目跟随人群拥挤逃窜，稳定住惶恐心理后，仔细观察周围场地，寻找逃生机会。

（7）大型商场在打折时同样会聚集很多人，此时在上下自动扶梯时一定要注意站在右侧，抓牢扶手，尤其要注意脚下，不要踏空，以防摔伤。

3. 疏散注意事项

（1）保持安全疏散秩序，要防止拥挤、践踏、摔伤等事故发生。

（2）高层建筑疏散应以事故发生层、以上各层、再下层的顺序进行，以疏散到地面为主要目标，优先安排受事故威胁最严重区域的人员疏散。

（3）发扬团结友爱的高尚精神。

逃生中切忌大喊大叫、乱窜乱撞，以免引起疏散人员的拥挤和混乱。

（4）疏散、控制事故态势原则上应同时进行。

（5）火灾疏散中禁止使用普通电梯运载人员。同时不要停留在没有消防设施的场所。

(6) 逃生时要注意自我保护。

(7) 注意观察安全疏散标志。

【健康小护士】

热水泡脚，睡得更香甜

许多人有手脚冰冷的毛病，该如何保暖才能让自己在冬夜里睡个好觉？使用热水来泡脚是不错的选择，因为脚部的反射神经多，而且血液循环的距离远，如果将双脚浸泡在热水中，透过热气的传递温暖全身，立即感受热流舒畅的感觉，而且脚的反射神经受到热气刺激身体也会更加健康。

健康的泡脚要注意下列八点：

(1) 温度要适中。开始泡热水时动作要慢一些，太烫的水要小心，不要没泡到脚之前就先烫伤脚，水温最好保持在40℃～55℃，如果没有温度计就用手去测试，中间如果要加入热水，脚要先离开水盆或水桶避免危险。

(2) 时间要适当。选择在睡觉之前的半小时来泡脚，时间为10～30分钟是最佳的。泡完脚，身体热烘烘的就去睡觉是最舒服不过的了，如果泡太久，水的温度下降，在缺乏热气推动下泡脚的功效自然少一半。

(3) 顺便去粗皮。脚后跟在冬季因为冷空气过于干燥，没有适当保养容易出现裂伤，所以在泡脚时可顺便将脚后跟较粗糙的皮肤轻轻去除。

(4) 按摩两脚掌。足部按摩可以养身治病是大家都知道的事，泡脚时靠热水的刺激来按摩脚部，效果一定比平时更好。

(5) 加一点东西。有人说泡脚水中加点醋，对初期的失眠很有效；有人的经验是加入食盐，可以消炎兼杀菌；有人加入老姜或米酒，可以驱寒，促进血液循环；有人讲究香味，加入柠檬、精油、玫瑰花瓣，感觉很浪漫，只要自己喜欢多加点也无妨。

(6) 泡完要擦干。皮肤受热之后毛孔会张开，如果泡完脚不马上擦干水分，冷空气容易侵袭毛孔，除了对皮肤不好之外，也会造成脚部表皮失温。

(7) 别忘抹乳液。泡完脚皮肤上的油脂被热水溶解，若不加点乳液来涂抹，将会导致皮肤干燥，失去弹性、光泽与保护层。

（8）清洁很重要。不论是使用市面销售的泡脚工具或是自己家里的洗脚盆、水桶，泡完脚不要偷懒，先要将水倒掉，并且做好清洗工作，保持干燥，避免细菌滋生；同时要避免两人共用，以免传染。

4. 公共聚集场所突发危害须知

公共聚集场所由于人员聚集，情况比较复杂，容易引起诸多突发性危害，应引起人们足够重视。

（1）晕车：晕车、晕机、晕船者旅行前不应饱食，需服用药物（最好先服用自备药或医生提供的药）；可能时，应坐在较平稳的座位上，长途旅行中游客晕机（车、船），可请乘务员协助。

（2）食物中毒：发现有人食物中毒，应让其多喝水缓解毒性，严重食物中毒者应就近立即送医院抢救。

（3）骨折：有人发生骨折，须及时送医院救治，但在现场，相关人员应做力所能及的初步处理。

①止血：有人骨折，应及时止血。

止血的方法常用的有：手压法，即用手指、手掌、拳在伤口靠近心脏一侧压迫血管止血；加压包扎法，即在创伤处放厚敷料，用绷带加压包扎；止血带法，即用弹性止血带绑在伤口近心脏的大血管上止血。

②包扎：包扎前最好要清洗伤口，包扎时动作要轻柔，松紧要适度，绷带的结口不要在创伤处。

③上夹板：就地取材上夹板，以求固定两端关节，避免转动骨折肢体。

（4）心脏病猝发：有人心脏病猝发，切忌急着将患者抬着或背着去医院，而应让其就地平躺，头略高，由患者亲属或其他相关人员从患者口袋中寻找备用药物，让其服用；同时，应到附近的医院找医生前来救治，待病情稍稳定后立即送医院救治。

5. 报警注意事项

发生公共场所意外事故时，应保持镇定，及时报警求助。

（1）在遇到或发现违反治安管理行为、犯罪行为、交通事故、交通拥堵等紧急事件时，均可直接拨打110报警；火警119；医疗急救拨打120。

上述电话免收电话费，手机，投币、磁卡等公用电话均可直接拨打。

（2）保持镇静，讲话要清晰、简练、易懂。

电话拨通后，应再确认一下，以免错打误事。

（3）必须说清事件主要情况以及伤病人员的年龄、性别、主要症状或伤情，便于准确派车；说清现场地点及等车地点，便于确定行车路线；同时说清自己的姓名、电话号码等，便于进一步联系。

（4）要尽量提前接应急救车辆，见到警车应主动挥手示意；拨打 120 后等车时不要急于将患者搀扶或抬出来，以免影响救治。

6. 学校及公共场所防火

（1）不要携带烟花、爆竹、火柴、气体打火机等易燃、易爆品进公共场所。

（2）用过的废纸，旧书本等，不要随便乱烧。如非烧不可时，也要远离建筑物，并要有专人负责看守，等余火完全熄灭后再离开现场。

（3）实验用的易燃、易爆物品，要在专门库房存放，随用随领，用完即清理，不要在现场存放，更不能允许学生私自存放。

（4）注意经常检查电器设备的安装使用情况，用完后要切断电源。

（5）伙房、锅炉房、库房、实验室要按照有关防火规定使用。

（6）生产劳动中，坚决禁止在山林玩火。

（7）烧荒、上坟烧纸，也很容易引起山火，务必注意安全。

（8）发生火灾要迅速打电话"119"报警，参加森林火灾的扑救一定要由学校统一安排。

⓪③ 消防安全

案例：2008 年 1 月 8 日早晨 6 时 40 分，学生 1 舍某室发生火情，经查，该火情起因为某学院 05 级学生梅某使用"热得快"，没有将"热得快"的插头拔下而引起火灾，由于没有防范意识，不会使用灭火器，致使火势迅速蔓延，不过幸好抢救及时，没有造成人员伤亡和重大经济损失。

1. 校园防火常识

（1）严格执行《中华人民共和国消防法》。

按消防法规范自己的行为，从国家、集体利益出发，顾全大局，严防各类火灾事故发生。

（2）遵守学校消防规定。

不要私自在住地、宿舍乱拉电线，不准使用电炉子、热水器、电吹风、电热杯等电器设备。

（3）不要躺在床上吸烟，不要乱扔烟头；使用过的废纸及时清扫，以免引起火灾。室内严禁存放易燃、易爆物品。

（4）台灯不要靠近枕边，不要在蚊帐内点蜡烛看书，室内照明灯要做到人走灯灭。

2. 家用电器防火

这几年，越来越多的家用电器走进了校园。大家在使用这些电器时，要格外小心，不要因使用不当而引发火灾。

（1）电视机要与墙壁保持一定距离，以利通风散热。室内无人不要开机，使用后及时关机，拔下插销。

（2）使用电熨斗熨衣时，要将熨斗放在耐火砖、石板、铁支架上。在无人看管时不要接通电源，用完后要及时拔下插销。

（3）电冰箱应与墙壁及两侧物品保持一定距离，以利通风散热。因为马达、压缩机、风扇及线圈上积落的尘埃、棉绒是引起火灾的主要原因，所以要注意保持电冰箱清洁。

（4）白炽灯泡的功率不同，通电后在一般散热条件下其表面温度也不同。如40 W 的表面温度是 50～63℃，60 W 的为 137～180℃，100 W 的为 170～216℃。而一般可燃点都在这个温度范围之内。所以使用白炽灯泡一定要与可燃物保持一定的距离；不要用灯泡烤衣物、毛巾等物；也不要用纸自制灯罩。纸被烤煳、引燃就会引发火灾。

（5）不要随便延长或拉设电器设备的导线。尤其注意不要在家具和地毯下面拉设电线，防止搬移家具或人员踩踏发生短路引起火灾。

3. 微机室防火

（1）要严格按照有关规定规范安装配电设施、电气线路及 UPS 电源，微机不得超负荷运行，并坚持定期检修。检修时，应在单独的修理室内进行，不得随意在微机室内进行焊接、切割操作，杜绝使用电炉、电热器等大功率电器。

（2）要严禁存放腐蚀性物品和易燃、易爆物品。维修中尽量避免使用汽油、酒精、丙酮、甲苯等易燃溶剂。确因需要，应严格限量，每次不得超过 100 克，做到随用随取，并严禁使用易燃品清洗带电设备。

（3）要做好防静电工作，避免涤纶、腈纶、氯纶服装，聚乙烯拖鞋产生静电火花。

（4）要加强微机室管理人员的消防安全培训，使之掌握防火灭火技能，懂得微机室的火灾危险性和防火措施及扑救微机室火灾的方法，学会报警及使用消防器材扑救初起火灾等应急处理措施。

4. 点蚊香注意事项

夏日的夜晚，蚊子常常令人难以入睡，人们常用蚊香驱蚊。蚊香虽小，但使用不当也容易引起火灾，所以入睡前一定要检查。

（1）蚊香要放在支架上。支架不要放在纸箱桌面或木制地板上。如果放在金属盘、瓷盘及水泥地、砖地上，则安全多了。

（2）不要在窗台等容易被风吹到地方点蚊香。

（3）使用电蚊香，要放在远离纸、木桌等易燃物的地面上，不使用时，应该拔掉插头。

【健康小护士】

怎样获得好睡眠

新学期开始，大家可能因还没能适应新的环境而失眠，在床上躺了一会儿还是睡不着，该怎么办才好呢？从人体的行为上来说，睡眠不足，会引起判断力、反应能力的减弱，思维迟钝，身体的协调功能不良，以及容易造成行为失误。因此，充足的睡眠是很重要的！以下是改善睡眠的小常识，可供大家参考。

（1）养成一个放松的就寝习惯，如听柔和的音乐，洗个热水澡。

（2）在就寝前避免可让人兴奋的活动。

（3）经常运动，但就寝前 3 小时内不要运动。

（4）就寝前避免饥饿感或吃难消化的食物。

（5）不要在下午和晚上吃、喝含咖啡因的食物饮料，如巧克力、咖啡、茶、可乐等。

（6）不要经常用酒精饮料来帮助睡眠。

（7）营造一个安静和较暗的睡眠环境，每晚按时就寝，每天早晨按时起床。

（8）避免经常打瞌睡。如果实在需要打瞌睡，应在下午的中间时段进行，并以15～30分钟为宜。

5. 着火后的应对方法

发生火情，同学们一定要保持镇静，量力而行。火灾初起阶段，一般是很小的一个小点，燃烧面积不大，产生的热量也不多。这时只要随手用沙土、干土、浸湿的毛巾、棉被、麻袋等去覆盖，就能使初起的火熄灭。如果火势十分猛烈，正在或可能蔓延，切勿试图扑救，应该立刻逃离火场，打 119 火警电话，通知消防队救火。

（1）牢记火警电话 119。没有电话或没有消防队的地方，如农村和边远山区，可以打锣敲钟、吹哨、喊话向四周报警，动员乡邻一齐来灭火。

（2）报警时要讲清着火单位、所在区（县）、街道、胡同、门牌或乡村等详细地址。

（3）说明什么东西着火，火势怎样。

（4）讲清报警人姓名、电话号码和住址。

（5）报警后要有人到街道口等候消防车，指引消防车去火场的道路。

（6）遇有火情，不要围观。

有的同学出于好奇，喜欢围观消防车，这既有碍于消防人员工作，也不利于同学们的安全。

不能随意乱打火警电话。假报火警是扰乱公共秩序、妨碍公共安全的违法行为。如发现有人假报火警，要加以制止。

6. 灭火的基本方法

一般说来，起火必须具备三个条件，即可燃物、助燃物（主要指含氧气的空气、氧化剂等）和点燃源，并且三者要相互作用。灭火就是根据起火物质燃烧的状态和方式，采取一定的措施以破坏燃烧必须具备的基本条件，从而使燃烧停止。灭火的基本方法有以下四种：

（1）冷却灭火法。

将灭火剂直接喷洒在可燃物上，使可燃物的温度降到燃点以下，从而使燃烧停止。用水扑救火灾，其主要的作用就是冷却灭火。除忌水物质外，一般物质起火，都可以用水来冷却灭火。火场上，除用冷却法直接灭火外，还经常使用水冷却尚未燃烧的可燃物，防止其达到燃点而着火；还可用水冷却建筑构件、生产装置或容器等，以防止其受热变形或爆炸。

（2）隔离灭火法。

将燃烧物与附近可燃物隔离或者疏散开，从而使燃烧物停止燃烧。采取隔离法灭火的具体措施有很多种，如将火源附近的易燃、易爆物质转移到安全地点；关闭设备或管道上的阀门，阻止可燃气体、液体流入燃烧区；排除生产装置、容器内的可燃气体、液体；阻拦疏散易燃、可燃或扩散的可燃气体；拆除与火源相毗邻的易燃建筑结构，造成阻止火势蔓延的空间地带等。

（3）窒息灭火法。

采取适当的措施，阻止空气进入燃烧区，或用惰性气体稀释空气中的氧含量，使燃烧物缺乏或断绝氧气而熄灭。这种方法特别适用于扑救封闭式的空间、生产设备装置及容器内的装置。火场上用窒息法灭火时，可采用湿麻袋、湿棉被、沙土、泡沫等不燃或难燃材料覆盖燃烧物或封闭孔洞；用水蒸气、惰性气体（如二氧化碳、氮气等）冲入燃烧区域；利用建筑物上原有的门窗以及生产储运设备上的部件来封闭燃烧区，阻止新鲜空气进入。此外，在无法采取其他补救方法而条件又允许的情况下，可采用水淹没（灌注）的方法进行补救。

（4）抑制灭火法。

将化学灭火剂喷入燃烧区参与燃烧反应、中止链反应而使燃烧反应停止。采用这种方法可使用的灭火剂有干粉和 1211、1301 等卤代烷灭火剂。灭火时，一定要将足够数量的灭火剂准确地喷射在燃烧区内，使灭火剂参与和阻断燃烧反应，否则将起不到阻止燃烧的作用。同时还要采取必要的冷却降温措施，以防复燃。

在火场上采取哪种灭火方法，应根据燃烧物质的性质、燃烧的特点和火场的具体情况，以及灭火器材装备的性能进行选择。

7. 灭火器使用方法

（1）干粉灭火器：使用时，先拔掉保险销，一只手握住喷嘴，另一只手握紧压柄，干粉即可喷出。

（2）1211 灭火器：使用时，先拔掉保险销，然后握紧压柄开关，压杆就使密封间开启，在氮气压力作用下，1211 灭火剂喷出。

（3）二氧化碳灭火器：使用时，先拔掉保险销，然后握紧压柄开关，二氧化碳即可喷出。

特别提示：

① 干粉灭火器属于窒息灭火，一般适用于固体、液体及电器的火灾。

② 二氧化碳灭火器、1211 灭火器属于冷却灭火，一般适用于图书、档案、精密仪器的火灾。

③ 使用二氧化碳灭火器时，一定要注意安全措施。因为空气中二氧化碳含量达到 8.5% 时，会使人血压升高、呼吸困难；当含量达到 20% 时，人就会呼吸衰弱，严重者可窒息死亡。所以，在狭窄的空间使用后应迅速撤离或戴呼吸器。其

次，要注意勿逆风使用。因为二氧化碳灭火器喷射距离较短，逆风使用可使灭火剂很快被吹散而影响灭火。此外，二氧化碳喷出后迅速排出气体并从周围空气中吸收大量热量，因此，使用中防止冻伤。

8. 火灾逃生自救要诀

第一诀：不入险地，不贪财物。

生命是最重要的，不要因为害羞及顾及贵重物品，而把宝贵的逃生时间浪费在穿衣或寻找、拿走贵重物品上。

第二诀：简易防护，不可缺少。

校园、家中、公司、酒家应备有防烟面罩，最简易方法也可用毛巾、口罩蒙鼻，用水浇身，匍匐前进。因为烟气较空气轻而飘于上部，贴近地面逃离是避免烟气吸入的最佳方法。

第三诀：缓降逃生，滑绳自救。

千万不要盲目跳楼，可利用疏散楼梯、阳台、落水管等逃生自救。也可用身边的绳索、床单、窗帘、衣服自制简易救生绳，并用水打湿，紧拴在窗框、暖气管、铁栏杆等固定物上，用毛巾、布条等保护手心、顺绳滑下，或下到未着火的楼层脱离险境。

第四诀：当机立断，快速撤离。

受到火势威胁时，要当机立断披上浸湿的衣物、被褥等向安全出口方向冲出去，千万不要盲目地跟从人流相互拥挤、乱冲乱撞。撤离时，要注意朝明亮处或外面空旷地方跑。当火势不大时，要尽量往楼层下面跑，若通道被烟火封阻，则应背向烟火方向离开，逃到天台、阳台处。

第五诀：善用通道，莫入电梯。

遇火灾不可乘坐电梯或扶梯，要向安全出口方向逃生。

第六诀：大火袭来，固守待援。

大火袭来，假如用手摸到房门已感发烫，此时开门，火焰和浓烟将扑来，这时，可采取关紧门窗，用湿毛巾、湿布塞堵门缝，或用水浸湿棉被，蒙上门窗，防止烟火渗入，等待救援人员到来。

第七诀：火已烧身，切勿惊跑。

身上着火，千万不要奔跑，可就地打滚或用厚重的衣物压灭火苗。

第八诀：发出信号，寻求救援。若所有逃生线路都被大火封锁，要立即退回室内，用打手电筒、挥舞衣物、呼叫等方式向外发送求救信号，引起救援人员的注意。

第九诀：熟悉环境，暗记出口。

无论是在校、居家，还是到酒店、商场、歌厅时，务必留心疏散通道、安全出口及楼梯方位等，当大火燃起、浓烟密布时，便可以摸清道路，尽快逃离现场。

【健康小护士】

保暖过寒冬

冬天来临了，各地气温早晚明显偏低，以下为御寒的方法，供同学们参考。

（1）适当御寒衣物：宜穿足够的御寒衣物，质料以干爽、轻便、舒适、透气和保暖性能好为佳。不要穿得过分臃肿和紧身，以免妨碍血液循环和影响行动。

选用棉质的内衣裤，避免毛绒衣物纤维直接接触皮肤，以免干燥的皮肤更为发痒不适。

不要忽略帽子、头巾、围巾、颈巾、手套和袜子，要确保头、颈、手和脚部都温暖。

（2）留意饮食：多饮用及进食热量较高和容易消化的热饮品和食物，如热奶、热汤、粥、粉、面和饭等。食物要趁热吃。

每天要有足够的食物分量，尤其是水分，可以少食多餐。注意均衡营养，避免高脂肪及高胆固醇的食物。

在家中亦应储存高淀粉质的食物，如：饼干、粉和面等，以便不时之需。不要误信饮酒可以取暖；由于酒精能令血管扩张，饮酒后会即时感到温暖，但之后却会加速身体热能的流失，所以绝非保暖良方。

若有怕冻、口淡、胸闷、头晕等症状，则可能是受到寒邪入侵，可饮用姜茶驱寒。

（3）避免暴寒：避免长时间逗留在寒冷环境之下。在室内，应保持环境温暖及空气流通，留意门窗及墙壁是否有破损，以致寒风从缝隙中吹入。选用电暖炉，一定要确保室内空气流通，电暖炉要远离门口、通道和易燃物品；并避免电力负荷过重及电器过热，以免发生火灾或灼伤等意外事故。在各种暖炉中，以充油式电暖炉较为安全。对热力感觉减退的人士，如糖尿病及脊髓病患者，不宜使用暖水袋及暖身器。

（4）常作暖身运动：尽量留在室内或有阳光的地方进行。适量运动可产生热量，从而提高体温，兼可保持关节灵活和增加血液循环。

（5）留意天气：留意天气转变，尤其当温度在短时间内急剧下降、或气象台发出寒冷天气预报时，更应提高警惕。

04　道路交通安全

1. 行走安全

（1）必须在人行道内行走，没有人行道的，须靠右边行走。

（2）通过有交通信号控制的人行横道，必须遵守信号的规定；通过没有交通信号控制的人行横道，须注意车辆，不准追逐猛跑，没有人行横道的，须直行通过，不准在车辆临近时突然横穿。

（3）不准穿越、倚坐人行道、车行道和铁路道口的护栏。

（4）不准在道路上扒车、追车、强行拦车或抛物击车。

（5）列队沿道路行走时，每横队不准超过 2 人。且须靠车行道的右边行进；列队横过车行道时，须从人行横道迅速通过；没有人行横道的，须直行通过；长列队伍在必须时应暂时中断通行。

2. 乘车安全

（1）不要携带易燃、易爆等危险物品乘车。

（2）机动车行驶中，不要将身体任何部分伸出车外，不要跳车。

（3）乘坐货运机动车时，不准站立，不准坐在车厢栏板上。

（4）不要在车行道上招呼出租车。

3. 自行车、电动车、三轮车驾驶安全

（1）转弯前须减速慢行，向后瞭望，伸手示意，不要突然猛拐。

（2）超越前车不准妨碍被超车的行驶。

（3）下坡、横穿四条以上机动车道或途中车闸失效时，须下车推行，并伸手上下摆动示意，不要妨碍后面的车辆行驶。

（4）骑自行车不要双手离把，不要攀扶其他车辆或手中持物行驶。

（5）不要牵引车辆或被其他车辆牵引。

（6）骑自行车时不要与他人扶身并行、互相追逐、曲折竞驶。

4. 摩托车驾驶安全

摩托车轻巧灵活，是方便的交通工具，深为人们所喜爱。但由于其稳定性较差，速度较快，因此，在驾驶摩托时要特别注意安全，并养成良好的习惯。

（1）出车前应检查一下车辆状况。

① 大灯、转向灯、刹车灯、尾灯是否都有效。

② 机油、冷却液、车轮气压是否充足。

③ 喇叭是否有效，后视镜角度是否正确。

④ 车把是否灵活，有无被其他物体或管线牵挂。

⑤ 前后制动效果如何。

⑥ 推动时有无不应的摩擦声响，车轮有无左右摆动情形。

⑦ 修车工具有无配齐。

（2）驾车时的装备。

① 头盔是法定必须使用的护具，应选择舒适，不闷气，视野开阔及硬度可靠的头盔作为保护用品。

② 眼镜能有效地防止风沙迷眼及由此而带来的事故，选择眼镜，在阳光下以深色镜为好，夜间则以平光镜为好。

③ 衣服是驾车人重要的防护物，厚实的长袖衣能有效地减少跌倒时受到创伤；颜色醒目的衣服能引起汽车驾驶员的注意。

④ 手套不但能减少手汗对驾车的影响，更是防止跌倒时手掌擦破的有效保护物。

⑤ 鞋子是规定必须的保护物品，在发生碰撞冲击、摩擦时能有效地保护脚部，选择鞋子应以鞋底厚、软、舒适并能保护踝骨的为好（不要穿拖鞋驾驶摩托车）。

（3）车辆的选择。

驾驶摩托车要量力而行，车辆越大越难控制，一般应以两脚着地并能支撑车辆为适度。

（4）行车注意。

① 二轮摩托车只能携带一名 12 岁以上的乘客。载物时，高度从地面起不能超

过 1.5 米，宽度左右不超过车把 30 厘米，长度不能超出车身 20 厘米。

如果您尚缺乏带人的经验，更应注意安全，因乘客的一举一动都会影响车的稳定性，这在低速时尤为明显，增加您对车辆控制的难度，携带乘人时，搭乘者应正向骑坐，扶住驾驶员或抓紧扶手，踩稳踏板，戴好安全帽，行驶时避免急转弯和高速越过小坡，否则有可能使人或货物被抛出车外。

切记：严禁超额载人和不按规定载物，因为这样会增大驾驶操作难度，极大地影响车辆行驶的稳定性和制动效果。

两侧车把均严禁悬挂物品，以免影响方向的稳定。

② 应在机动车道右侧行驶，不准在人行道，非机动车道及 3.5 米以下宽度的内街、小巷骑行。

③ 在没有限速标志的道路行驶时，市区道路车速不得超过 50 千米，郊外公路不得超过 60 千米。

④ 跟车不可太近，应跟在前车的右后角并保持适当的距离，以避免刹车不及撞到前车，同时也可避免前车撒落物品或扬起尘土、泥水对您的影响。

⑤ 切忌与汽车竞驶。

⑥ 不要随意和过度摆动方向，以免被尾随的车辆撞上。

⑦ 超车时应从前车的左侧超越，右侧超车或在两并行汽车之间超车，随时有被碰夹的危险。

⑧ 要正确使用制动，不要忽视前闸，前闸的制动效果比后闸更好，前后同时制动，可有效地减少刹车距离，但必须记住，除非紧急情况，否则不论是使用前闸还是后闸，都不要一下抱死。因为前闸抱死会造成方向失控和前翻，后闸抱死可能使车发生侧滑，前后闸同时使用时，前闸动作应比后闸动作稍晚。

⑨ 行进中遇到无法绕开的凸起条状障碍物如铁轨、石条、板块时，应尽可能垂直通过。

⑩ 遇到路面积水，应尽量绕过或谨慎通过，防止被坑或硬物绊倒。

⑪ 转弯前应减速，注意礼让前后方向的直行车辆，转弯时保持同速，人体与车辆同样的角度倾斜，切勿在转弯时将脚拖踏路面或随意使用制动，这样容易失去平衡。

⑫ 雨天行车应特别注意非机动车动态，在没有护栏分隔的道路，摩托车行驶路线紧贴非机动车道，骑自行车者由于雨帽的影响，难以顾及左右，因此在超越非机动车时一定要谨慎，必要时鸣喇叭警示（在非禁鸣喇叭的地段）。

⑬ 有的路段或部位如分道线、横道线、指示箭头等，在雨后比正常路面要滑，光滑的水泥、沥青路面，雨后有的还会出现反光现象，行车时要格外小心。

⑭ 通过泥泞道路起步时要控制好油门，不可盲目加大油门，行驶时速度要适中。

在光滑的路上转弯时应用低速，身体不要倾斜。

【健康小护士】

戴隐形眼镜的禁忌

隐形眼镜的出现，对于不想戴厚重眼镜的人是一大福音。户外活动时，戴着厚重眼镜感觉非常不方便，因此隐形眼镜是一个好选择。有的同学戴了隐形眼镜，却嫌带着清理包很不方便，于是就不随身携带，若发生了镜片脱落等情形可就麻烦了，因此希望戴隐形眼镜同学进行户外活动时，记得携带小清理包。

戴隐形眼镜的禁忌：

(1) 不可用唾液润湿镜片。

(2) 戴着隐形眼镜时，不可点眼药水到眼睛，除非经过医生允许。

(3) 除非是"长戴型"，否则不可戴着隐形眼镜睡觉（包括午睡）。

(4) 戴着隐形眼镜时，不可使用吹风机吹头发。

(5) 可以戴隐形眼镜淋浴，但不可戴着游泳（硬式镜片在游泳时很可能丢掉，而软式镜片会吸收游泳池的刺激性化学物）。

(6) 戴着隐形眼镜时，不可揉擦眼睛。

(7) 身体发烧或重病时，不要戴隐形眼镜，因为局部抵抗力下降，易造成眼疾。

05 机动车驾驶安全

车祸猛于虎！在意外事故中，以车祸占首位，占意外死亡总数的 50% 以上。仅以汽车交通事故为例，全世界因交通事故而死亡的人数已超过 3 000 万人，比世界大战所死亡的人数还多。在交通事故中，以青少年的死亡人数最多，其次为老年人。据公安部统计：2007 年，我国共发生道路交通事故 327 209 起，造成 81 649 人死亡、380 442 人受伤。

目前，校园中拥有轿车的同学越来越多，牢记交规、谨慎驾驶是确保安全的前提。

1. 行车注意事项

（1）正确控制车速。

正确控制车速，是安全行驶的一个必要条件，所谓"中速行驶，安全礼让"，讲的就是这个道理。一般来说，许多司机根据自己所驾驶车辆的车型和性能，经过实践和测试，大都能摸索出自己最喜爱、感觉最自如的一种车速。如果这种行车速度能够符合交通法规中的有关规定和交通环境，即可把这种车速定为自己的安全车速。

当然，城市与乡村不同，山区与平原不同，正确控制车速，还必须注意下列车辆的行驶环境：

① 密切观察沿途交通标志，遇有限速标志时，须严格按标志规定行驶。

② 根据行驶道路状况和运行条件，灵活掌握和控制车速，该快就快，该慢就慢。

③ 在交通拥挤、车辆较多、车流已有自然速度节奏的道路上行驶，要使自己的车速随车流速度行进，不要性急超车。

④ 尽量保持经济车速的稳定，避免高速超车和低速慢行。汽车载重量轻、道路条件好时，经济车速可适当高一些，而汽车载重量大、道路条件差时，经济车速就必须降低一些。

⑤ 行驶中，车速与同向行驶车辆间距相适应。在不同天气、道路、车速条件下，与前车间距也不相同，间距大小以确保安全为适度。

（2）减速会车。

车辆在没有设置中心分隔护栏的道路行驶，与前方来车交会时，应适当降低车速，并选择比较空阔、坚实的路段，靠路右侧缓行交会通过（在视线不良的情况下会车时，要降低车速，开近光灯，即使是在路面较宽的双车道，也应该慢车交会）。

如果在行驶前方的道路右侧有障碍物时，要根据自己车距障碍物的距离、速度以及道路状况，决定是加速越过障碍后会车还是减速慢行甚至停车让对方车先行，以错开两车越过障碍物的时间，避免在障碍物处会车；如果对越过障碍的判断没有把握，则应降低车速，缓行至障碍物近处，不要忙于超过，让对面来车通过障碍后再继续行驶；如果估计两车要在障碍物处会车时，应主动减速、停车、调整车体位置或倒车让路，不要抢行堵住来车行驶路线；如果可能在路面较窄或道路两侧均有障碍的情况下会车时，则应根据对方来车速度和道路条件预选交会路段，正确控制车速，以保证两车在选定的路段交会。

会车时，必须注意保持足够的安全侧向间距，做到"礼让三先"——先慢、先让、先停，绝对不可抢行争路，互不相让，以致形成僵持局面。一般情况下的会车，须遵守下列规则：空车让重车，单车让拖挂货车，大车让小车，货车让客车，教练车让其他车辆，普通车让执行任务的特种车，下坡车让上坡车（当下坡车行至中途而上坡车尚未上坡时，上坡车应该让下坡车）。

夜间会车时，要按规定把远光灯改为近光灯，交会时要减速，防止碰撞前方右侧的行人和骑车人。

会车时，还要特别注意道路上的行人和非机动车情况，看清预计会车地点的行人动态，当行人被来车挡住时，要防止这些行人忽略本车，因此，要鸣笛示意。总之，在有行人处会车时，必须防止发生各种突发情况，做好随时停车的准备。

（3）不可强行超车。

超车，是汽车行驶中的正常现象。但是，超车又是比较复杂和危险的操作过程，因此，必须具备一定的条件才能进行。

根据交通法规的规定和从实践中总结出的经验，超车应选择道路宽直，视线良好、道路两侧均无障碍，被超车前方150米以内没有来车，并在交通法规许可的路段和情况下进行。超车时，须先开左转向灯，向前车左侧靠近，并鸣喇叭（禁止鸣喇叭地区和夜间须用变换远近光灯示意）通知前车，确认安全及前车让超后，加速并与被超越车辆保持一定的横向间距，从左侧超越。超越前车后，不可向右急转动方向盘，应保持超车时的速度，在超出被超越车20米以外再开右转向灯，驶回原车道。

在下列地点或情况下，不得超车：

① 被超车示意左转弯、掉头时。

② 在超车过程中，与对面来车有会车可能时。

③ 被超车正在超车时。

④ 行经交叉路口、人行横道、漫水桥、漫水路时。

⑤ 通过胡同（里巷）、铁路道口、急弯路、窄路、窄桥、下陡坡时。

⑥ 掉头、转弯时。

⑦ 遇风、雨、雪、雾天能见度在30米以内时。

⑧ 在冰雪、泥泞的道路上行驶时。

⑨ 喇叭、刮水器发生故障时。

⑩ 牵引发生故障的机动车时。

⑪ 进、出非机动车道时。

在超车过程中，如果发现道路左侧的障碍或横向间距过小而有挤擦可能时，尽量不用紧急制动，以防因路拱发生侧滑碰撞，应稳住方向盘，不要左右转动，在最短的时间内，适当拉开距离，然后再伺机超越，千万不可冒险强行超车。在超越停驶的车辆时，应减速鸣喇叭（在非禁止鸣喇叭地区），注意观察，保持警惕，并留有较大横向间距，随时做好紧急制动的准备，以防止该车突然起步驶入行车道而发生碰撞，或驾驶员突然开启车门下车。尤其是超越停在车站的客车时，更应注意被停车遮蔽处骤然出现横穿公路的行人。

（4）谨慎通过小城镇。

在我国各大中城市的周围，都有一些卫星城或小城镇，这些卫星城或小城镇的交通情况各有不同，司机在驾车通过这些小城镇时，精神一定要高度集中，谨慎行驶，随时做好处理各种情况的准备，特别要注意以下几个问题：

① 小城镇街道一般都不设分道线，机动车、非机动车和行人常常混行，行驶中要主动减速礼让，不要开快车，并尽量避免超车。

② 小城镇一般不设人行横道线，路面也较窄，横穿街道的人很多，加之小摊

贩占用街面或城镇居民占用路面摊晒物品，等等，必须注意观察、避让，以防止发生压碰事故。

③ 街道两旁的房屋较低，屋檐伸出长，车辆不可过于靠边行驶。

（5）安全通过平交路口。

交叉路口是道路网中道路与道路的交叉点。交叉路口分为平面交叉路口和立体交叉路口。

① 通过有交通标志或信号的平面交叉路口时，司机应注意以下几点：

控制行车速度，在行近平交路口时，须在距路口 30～100 米的地方减速；

注意平交路口的交通标志和信号，服从指挥，绝对不能在停车中抢信号起步，更不能突然加速强行通过；

为了保证在平交路口停车后能及时起步，停车时不要关闭发动机，当估计快放行时（一般看横向路口指挥灯黄灯闪亮），应做好启动准备，允许通行的绿灯一亮，即应起步；

如果要在平交路口转弯，应提前发出转向信号，进入导向车道，夜间须将远光灯改用近光灯，减速慢行，认真观察，小心通过；

② 当通过没有交通标志或信号的平交路口时，司机应注意以下几点：

支路车让干路车先行；

支、干路不分的，非机动车让机动车先行，非公共汽车、电车让公共汽车、电车先行，同类车让右边没有来车的先行；

相对方向同类车相遇，左转弯的车让直行或右转弯的车先行；

进入环形路口的车让已在路口内的车先行；让行车辆须停车或减速瞭望，确认安全后，方准通过。

（6）安全通过集市和农贸市场。

我国的很多城乡都有定期或不定期集市的传统，近几年，为了方便城市居民生活，各个城市的周围大都设立了规模不等的农贸市场，无论是集市还是农贸市场，交通都十分拥挤。行车中如能绕开，应设法绕开；无法绕开时，必须按照通过城镇的一套办法通过，特别要注意的问题是：汽车一定要低速缓行，决不可用汽车挤驱人群；如果遇到传统性的集市，更要注意尊重当地人民的风俗习惯，切不可贸然行事。如果是在集市高峰时间确实无法通过时，应暂时停车，耐心等候；如果是执行紧急任务又必须通过集市时，则应有人员开道，引导汽车缓慢通过。

（7）安全通过桥梁。

在行车中，接近永久性桥梁时，要特别注意桥头附近的交通标志，并遵守有关规定。如果前方有同方向前进的车辆时，要与前车保持一定的安全距离，减速通过桥梁。通过桥梁时，尽量不要在桥上停车，以避免阻塞交通。如遇窄桥，且前方来车距桥头较近时，要主动靠边停车让行，待来车通过后再启动前进；如来车速度较快，虽距桥头较远时，也应警惕来车抢先上桥，需提前做好及时停让的准备，避免发生桥上碰撞事故。通过拱形桥时，往往看不清对方来车和道路情况，要减速鸣号，靠右行驶，随时注意对方情况，做好制动准备，切勿冒险高速冲坡。通过吊桥、浮桥、便桥时，如无管理人员指挥，应下车查看，确认没有问题时，再行通过。必要时，可让乘车人员下车步行过桥。不可在桥上变速、制动和停车，以减少桥梁的晃动。

通过设有限制质量标志的桥梁，货运汽车的总质量超过桥梁的负荷量时，须经市政管理部门和公路管理部门的同意，并按交警部门指定的时间通过。

在我国的道路上，还有一些桥梁比引道要窄，有的桥梁与道路不成一条直线，驾驶员稍有疏忽，就有可能使车辆撞上桥栏，甚至翻入桥下。为确保行车安全，通过没有行走过的桥梁时，特别是夜间通过较窄道路上的桥梁时，要谨慎小心，注意观察桥梁情况，时速不得超过 20 千米。

（8）安全通过铁路道口。

通过铁路道口时，时速不得超过 20 千米，并应服从铁路管理人员的指挥。

遇有道口栏杆（栏门）关闭、音响器发出报警、红灯闪亮或看守人员示意停止行进时，须靠道路右侧依次停在停止线以外；没有停止线的，停在距最外股铁轨的 5 米以外处。

通过无人看守的铁路道口时，必须遵循"一停、二慢、三通过"的原则，确认安全。如果路口两边有物体挡住视线，看不清两边有无火车驶近时，则应下车察看，不得贸然通过，更不准与火车抢行。

车辆在铁路道口停车等待时，要拉紧制动，以防车辆发生溜滑，与后面的车辆碰撞。火车通过时，应立即做好发动汽车和起步的准备，一旦放行，应立即起步，以免阻塞交通。穿越铁路时，必须一气通过，不得在火车通过区变速、制动、停车。应注意凸出路面的道岔、枕木，以防损伤轮胎。握紧方向盘，防止轮胎越过轨道时方向盘发生转动而击伤手臂，如果汽车一旦在铁路上熄火，必须立即设法把车移离铁路。在火车即将来临的紧急情况下，可将变速挡挂入一挡或倒挡，抬起离合器，启动点火开关，用起动机直接将车驶离铁路。如实在没法移动车辆，要迎着火车驶来的方向晃动红色衣物等，以告知火车司机紧急制动，避免发生重大事故。

（9）注意夜间行车安全。

① 夜间行车中如遇对向车，不要一会儿踩制动踏板，一会儿向右打轮，要切实注意右侧行人和自行车。与对向车相距150米时，应将远光灯变为近光灯，若遇对方不改用近光，应立即减速并连续使用变换远、近光的办法来示意对方；如仍不改变，则应减速靠右停车避让，切勿斗气以强光对射，以免损害双方视觉而酿成车祸。

② 夜间行车要注意从左侧横过马路的行人。在城市道路的交通繁忙地段，有时对向车道上排满了等红灯的车，在这种情况下，常常有行人从车队的间隙中跑出来从左向右横过马路。

③ 严格控制车速。这是保证夜间行车安全的根本性措施。由于夜间道路上的交通量小，行人和自行车的干扰也比较少，加上驾驶员的心理状态（如急于快赶等），一般比较容易高速行车，因而很可能发生交通事故。驾驶员应该充分认识到在夜间高速行车的危险性。夜间行车由亮处到暗处时，眼睛有一个适应过程，因此必须降低车速，在驶经弯道、坡路、桥梁、窄路和不易看清的地方更应降低车速并随时做好制动或停车的准备；驶经繁华街道时，由于霓虹灯以及其他灯光的照射对驾驶员的视线有影响，这时也须低速行驶；如遇下雨、下雪和下雾等恶劣的天气时更须低速小心行驶。

④ 增加跟车距离。驾驶员在夜间行车时，一是视线不良；二是常遇危险、紧急情况，为此，驾驶员必须准备随时停车。在这种情况下，为避免危险，要注意适当增加跟车距离，以防止前后车相碰撞事故。

⑤ 尽量避免夜间超车，必须超车时，应事先连续变换远、近灯光告知前车，在确实判定前车让路允许超越后，再进行超车。

⑥ 注意克服驾驶疲劳。夜间行车特别是午夜以后行车最容易疲劳瞌睡。另外，夜间行车由于不能见到道路两旁的景观，对驾驶员兴奋性刺激物小，因此最易产主驾驶疲劳，如稍有感觉就应振作精神或停车休息片刻。

⑦ 夏季夜间行车时，尤其要提高警惕，夏季天气炎热，在街道或公路两旁常有人乘凉或露宿，特别是在居民小区的附近。驾驶员必须谨慎驾驶。

【健康小护士】

熬夜的技巧

世界杯、欧锦赛、奥运会一开始，同学们就要熬夜看球赛了，往往与此同时，考试又接近了，不少同学也开始熬夜读书、写论文等。若不得已要熬夜的话，请注意一些熬夜的技巧：

（1）不要吃泡方便面来填饱肚子，以免火气太大。尽量以水果、面包、清粥小菜来充饥。

（2）开始熬夜前，可吃一颗维生素 B。

维生素 B 能够解除疲劳，增强人体抗压力。

（3）提神饮料，最好以绿茶为主，可以提神，又可以消除体内多余的自由基，让您神清气爽。

胃肠不好的人，最好改喝枸杞子泡热水的茶，可以解压，还可以明目呢！

（4）熬夜前千万记得卸妆，或是先把脸洗干净，以免厚厚的粉层或油渍，在熬夜的煎熬下，引发满脸痘痘。

（5）熬夜之后，第二天中午时千万记得打个小盹。

2. 城区驾驶安全

（1）谨慎驾驶，严密注意观察行人和车辆动态，对交通情况的变化，及时做出正确的判断。

（2）注意观察交通指挥信号和交通标志，严格按交通指挥信号和交通标志行驶，服从交通警察指挥。

（3）尽量降低车速，并尽可能地少超车。

（4）在与电车、汽车会车时，除注意对方来车外，还要做好随时停车的准备，以防来车后面视线盲区内有行人或自行车突然横穿道路；在超越停靠进站的公共汽车、电车时，更要注意从公共汽车、电车的前面或后面视线盲区内突然跑出行人。

（5）串车行驶时，车间距离应根据交通情况适当灵活掌握，随时观察前车发出的停车或转弯信号。

（6）需要倒车或掉头时，应特别小心，必要时要有人指挥。在繁华街道或狭窄街道上无掉头标志的地方禁止掉头。

（7）在交通高峰期和交通拥挤时，要耐心，不要急躁。

（8）行驶中，如遇道路生疏下车问路时，应将车辆停靠在道路右侧（在允许停车的路段），下车开左侧车门时，不得影响后方行驶的车辆。

总之，在城市行车中，必须"谨慎细心、文明礼让、自觉守法"，这是城市行车安全的总要求。

3. 车辆分道线的行驶安全

车辆必须按照下列规定分道行驶。

（1）在划分机动车道和非机动车道的道路上，机动车在机动车道行驶，轻便摩托车在机动车道内靠右边行驶，非机动车、残疾人专用车在非机动车道行驶。

（2）在没有划分中心线和机动车道与非机动车道的道路上，机动车在中间行驶，非机动车靠右行驶。

（3）在划分小型机动车道和大型机动车道的道路上，小型客车在小型机动车道行驶，其他机动车在大型机动车道行驶。

（4）大型机动车道的车辆，在不妨碍小型机动车道的车辆正常行驶时，可以借道超车；小型机动车道的车辆低速行驶或遇后车超越时，须改在大型机动车道行驶。

（5）在道路上划有超车道的，机动车超车时可以驶入超车道，超车后须驶回原车道。

4. 安全通过立交桥

随着道路建设的发展和交通的需要，许多大中城市的交通要道和高速公路上兴建了一大批立交桥，用空间分隔的方法消除道路平面交叉车流的冲突，使两条交叉道路的直行车辆畅通无阻。它的出现，既极大地便利了交通，又给司机们"增添"了不少"麻烦"——立交桥的种类很多，各种类型的立交桥又有其各自的通行方法。下面，就常见立交桥的形式和通行方法作些介绍。

（1）单纯式立交桥。

单纯式立交桥是立交桥中最简单的一种。这种立交桥主要用于高架道路与一般道路的立体交叉，铁路与一般道路的立体交叉，其通行方法极其简单，各自在自己的道路上行驶。

（2）简易式立交桥。

简易式立交桥主要是设置在城内交通要道上。主要形式有十字形立体交叉、Y形立体交叉和T形立体交叉。其通行方法为：干线上的主交通流走上跨道或下穿道，左右转弯的车辆仍在平面交叉改变运动方向。

（3）互通式立交桥及其通行方法。

互通式立交桥主要有以下三大类：

① 三枝交叉互通式立交桥，包括喇叭形互通式立交桥和定向形互通式立交桥。

② 四枝交叉互通式立交桥，包括菱形互通式立交桥、不完全的苜蓿叶形互通式立交桥。完全的苜蓿叶形互通式立交桥和定向形互通式立交桥。

③ 多枝交叉的互通式立交桥。

互通式立交桥的通行方法比较复杂，下面我们介绍两种最常见互通式立交桥的通行方法。

苜蓿叶形立交桥通行方法：

通过苜蓿叶形立交桥时，直行车辆按照原方向行驶，右转弯车辆通过右侧匝道行驶。左转弯车辆必须直行通过立交桥，然后转进入匝道再右转180°。

环形立交桥通行方法：

通过环形立交桥时，除下层路线的直行车辆可以按照原方向行驶以外，其他车辆都必须开上环道，绕行选择去向。

5. 安全通过环形路口

机动车辆在市区行驶中，遇到环形路口时，一律绕"环岛"设施沿逆时针方向单向行驶，至所要去的方向出口驶出。在大型环形路口内的车道上，一般设有隔离带，供机动车与非机动车分道行驶；在机动车道内，有的画有二条以上车道，供驶往不同方向的机动车分道行驶。机动车行经环形路口以前，须及时减速。右转弯车辆须进入右边车道行驶；直行和左转弯（含掉头）车辆须进入左边车道（画有三条车道时直行车辆进入中间车道）行驶。驶入"环岛"时须提前开左转向灯，驶出时提前开右转向灯并侍机进入右边车道。

需要特别注意的是：在进、出环形路口或在路口内变更车道时，都必须让在原车道内行驶的车辆（包括非机动车）先行，并保证安全。

【健康小护士】

长期使用电脑注意事项

长期使用电脑应注意身体健康，提几点建议和措施供参考：

（1）使用一小时电脑要休息15分钟左右，让眼睛和身体得到放松，以消除疲劳。

（2）休息时要勤做室内运动，如散步、收腹挺胸、甩手腕。休息时多洗脸，洗脸既引发肩、腰、手等器官的运动，同时又增加了脸部尤其是眼睛周围的血液循环，效果较好。

（3）采取正确的操作姿势，坐姿要端正，上臂自然放直，前臂与上臂垂直或略向上10°～20°，腕部与前臂保持同一水平，大腿应与椅面成水平，小腿与大腿成90°。

（4）显示器位置应在视线以下10°～20°，与人的距离在0.6～0.7米。

（5）连续使用电脑不超过4小时。

（6）室内光线应柔和，显示器背后的空间应尽量大些，让使用者的视线可以离开显示器休息。

（7）多吃一些胡萝卜、豆芽、瘦肉、动物肝等食物，经常吃些绿色蔬菜，有益于电脑操作者的健康。

6. 遇行人时安全驾驶

行人在交通中的最大特点是：可以在极短的时间和极短的距离内改变自己的行为。比如，在横穿马路时可以陡然站住、跑步或变更方向等。行人的步行心理因人而异，步行速度没有一定的规律。所以，司机在驾驶汽车时，对于遇到行人时的交通安全问题，要引起高度重视：

（1）遇到缺乏交通经验的行人。

有些行人缺乏交通经验，看见汽车还在很远的地方驶来或听到行驶声，就急忙闪避到道路的一边。待汽车临近时，又感到自己所处的地方不安全，表现出惊慌失措、左右徘徊，有时会突然向路的另一边猛跑，从而造成险情。还有一些行人，发现后面有来车时，就向路边让，当汽车驶过去之后，马上又回到路中间，忽略后面还有来车；还有一些横穿道路并已行到道路中间的人，遇到左（右）方来车时，往往向后退让，而不顾身后还有来车，结果，顾此失彼、不知所措。汽车驾驶员在遇到这些行人时，应提前减速，并尽量离行人远一点驾车驶过，同时做好随时停车的准备，一旦发现险情即应立即停车，待这些行人安定下来后，再继续行驶。

（2）遇到麻痹大意的行人。

有些人认为汽车有人操纵，虽然自己不让路，汽车也不可能撞到自己；还有的人想显示自己的胆量，认为汽车司机不敢开车轧他，看到汽车或听到喇叭声，甚至汽车已驶到跟前，也不迅速避让，甚至不予理会；有的人虽然避让一下，但并不考虑避让的效果，使汽车仍然无法通过。遇到这种行人时，应减速并鸣喇叭（在非禁鸣地区），耐心地设法避让通过，切不可急躁赌气，更不可意气用事，冒险强行。

（3）遇到顾物忘却安全的行人。

有些行人将东西掉在道路上，为尽快捡回失物，不顾汽车临近和自身安全，冒险上前捡拾；有些赶着牲畜在路边行走的人，当汽车驶近，牲畜骚动起来，为了保护牲畜而冲到路中驱赶，忘却自己的安危。对于这些行人，驾驶员必须既要看人，又要看物，要将物和人有机地联系起来，一旦发现有物落在车行道上，就应做好有人来捡物的准备，主动降低车速，避让物品，并做好随时停车的准备，以保安全。

（4）遇到躲避灰尘和泥水的行人。

一般来说，每个行人都想躲避灰尘和泥水，有些冒失的行人，为了躲避汽车行驶扬起的尘土或溅起的泥水，往往不顾安全，在汽车驶近时，突然跑向路的另一边。对这样的行人，重点应放在预防上，要注意观察风向和行人动态。尽量减速，以减少尘土飞扬；避开水洼，减少污水的飞溅，并做好避让行人的准备，鸣笛（在非禁鸣地区）提示行人注意。

（5）遇到沉思的行人。

陷入沉思的行人，注意力高度集中在所思考的问题上，除两腿本能地机械移动外，对外界一切都置若罔闻。汽车的行驶声、喇叭声都不能引起他的注意。遇到这类行人时，要减速鸣喇叭（在非禁鸣地区），缓行绕过，并尽可能地保持较大的安全距离，以防行人在沉思中突然惊醒，盲目乱跑。

（6）遇到顽皮的儿童。

儿童一般活泼好动、年幼无知。城镇儿童一般不太惧怕汽车，他们在公路边或公路上玩耍。汽车在起步或减速行驶时，有的儿童还追扒车厢。遇到这样的儿童，要注意全面观察，既要看到路中的儿童，又要留心路旁的小伙伴。在儿童们打闹玩耍时，要有耐心，减速甚至停车，劝阻孩子们离开后，再驾车行驶。行车起步时，注意观察后视镜，防止儿童攀、扶车厢等危险行为。

（7）遇到聋、哑、盲等残疾人。

行车中，遇到聋、哑、盲等残疾人时，要谨慎小心，根据具体情况做适当处理。如聋哑人因为听觉失灵，根本听不到外界的一切声音。凡遇到鸣喇叭而行人毫无反应，就应考虑可能是听觉失灵者，要尽快减速，从其身旁较宽一侧缓慢通过。盲人的听觉一般都很灵，通常听到汽车声就急忙避让，但不了解自己应如何避让，往往欲避却又不敢迈步。遇此情况，应观察判断视情况通过，不要鸣笛不止，使盲人无所适从而发生危险。必要时，要下车搀扶盲人离开危险区，而后驾车通过。

（8）遇到受气候影响的行人。

遇到暴风骤雨时，行人为避风躲雨而东奔西跑，道路上的秩序会混乱。汽车在行驶中应减速鸣喇叭（在非禁鸣喇叭地区），注意和掌握行人为避风雨而奔跑的动态。雨天，行人撑伞或穿雨衣，视线和听觉会受到影响，不能及时发现、避让车辆。对此应加强观察，从路中间缓慢通过。严寒和风雪天，行人穿戴较厚，行动不便，一心赶路，对汽车不太留心，对此应减速鸣笛（在非禁鸣喇叭地区），从其一侧缓行通过。通过时要考虑道路的湿滑情况，防止车辆横滑或行人滑倒而发生事故。

（9）遇到结伴而行的行人。

几个人结伴而行，其中一人向路的一边跑，其他人也可能跟着跑。对这些行人要注意领头的人和那些表现比较犹豫的人，尤其在同行人大都已穿越道路，还剩少数人在另一边时，要特别注意这少数人的行动。结伴而行的人，常常边走边谈，一些青年人爱打闹玩笑、指手画脚。对此必须格外注意，防止因他们打闹玩笑而突然跑到道路上来；对列队而行的团体，只需稍鸣喇叭提示，按正常速度通过即可。当列队横穿道路时，应停车等候队伍过完，不可鸣喇叭催促，更不可抢行冲断队伍。

（10）遇到精神失常的人。

有些精神失常的人，往往在公路或街道上毫无规则地流荡，有时手舞足蹈地拦截车辆，甚至横卧于道路上。遇到这种病人时，应本着人道主义精神，设法低速缓绕而行，不应对其恫吓或用武力驱赶，必要时，可协助有关人员将其收容。精神失常的人与汽车缠闹时，驾驶员应关闭驾驶室，不要与其纠缠，让车处于随时起步的状态，待病人离开后即起步行驶。

（11）遇到突然横穿道路的行人。

行人突然横穿道路，对行车安全有极大的危险性。当发现有人横穿道路时，应立即采取制动措施，同时判断行人横穿的速度和车辆可以避让的安全地方。避让横穿道路的行人时，应从行人身后绕过，但要注意行人可能突然止步或往后退。视线不良的胡同小路、村道与公路交叉路口，看不到行人动态，要注意从胡同、小道内突然出现的横穿道路者。

（12）遇到通过人行横道的行人。

车辆行经人行横道遇有交通信号放行，行人通过时，必须停车或减速让行；通过没有信号控制的人行横道时，必须注意避让来往行人。

7. 遇到自行车时安全驾驶

自行车是我国城乡人民的重要交通工具之一，自行车的特点是灵活、轻便、体积小、速度快，行驶随意，但稳定性差，容易摇晃或跌倒。在现阶段，我国道路交通基本上是混合交通，人们的交通安全法规意识还较差，骑车人不按法规、不顾安全随意驾车的情况屡见不鲜，每年由此引发的交通伤亡事故比较突出。也有的骑车者经验不足，遇到汽车驶近，往往会惊慌失措，容易发生事故。此外，由于性别、年龄的不同，骑车者的风格亦是不尽相同的。一般来说，老年人比较稳重，车速较慢；年轻人则比较冒失，车速亦快；女性则比较谨慎，处理情况比较犹豫；儿童是骑自行车的人中最危险的一类，他们常常做出不经思考的动作。那么，驾驶员在路上遇到骑自行车的人时应该怎么办呢？必须掌握自行车交通的以上特点，注意其动向，随时准备采取有效措施，防范事故发生。

在超越自行车的时候，必须做好应付各种突然情况的准备。尤其是防止突然拐弯。为了预防同突然转弯的自行车相撞，应在距自行车20米以外鸣号示意，如自行车没有反应，应提前收小油门减速，做好随时停车的准备；汽车在交叉路口右转弯前，如果在距路口20米内有同方向自行车前行时，最好减速等自行车驶过后再行右转弯，这样可避免自行车撞在转弯汽车的右侧发生事故；在交通灯号为红灯允许右转弯的路口，要让绿灯放行方向的自行车先行。在没有灯光照明的公路上遇到骑自行车的人时，要格外当心。城市中遇到自行车流时，要重点观察右侧超速骑驰的自行车，防止超越他人的自行车突然骑入机动车道。

8. 遇到畜力车时安全驾驶

所谓畜力车辆，是指以牲畜为动力的车辆。我国畜力车中最多的是马车，也有驴车和牛车等。由于牲畜驾车行动缓慢，容易受惊，所以驾驶员要注意在临近畜力车时，观察好牲畜的动态变化，减速接近，千万不能急躁，要尽量避免按喇叭。若发现牲畜两耳直立、行走犹豫，则应做好停车准备，切勿再按喇叭，也不能加大油门，以免牲畜更加惊慌而发生意外。在超越畜力车或转弯时，都要给畜力车让出足够的路面，以防距离过近，畜力车颠行、摇晃或控制不住而发生事故。遇路边停有畜力车时，还要注意牲畜乱动，使畜力车左侧的行人受到惊吓，往路中间躲闪或摔倒，从而发生被撞轧事故。

9. 安全停车

停车是指车辆处于静止状态，正确停车必须注意以下几点：

（1）机动车停放时，须关闭电路，拉紧手制动器，锁好车门。

（2）车辆没有停稳以前，不准开车门和上下人，开车门时不准妨碍其他车辆和行人通行。

（3）停在道路右侧或指定地方。

停车前应减速或利用脱挡滑行，并以方向标灯或手势，示意后方来车及附近行人注意，缓慢地向道路右侧或停车地点停靠，轻踏制动踏板，使车停止。

（4）在停车场内停放车辆时，要听从管理人员指挥，停放要整齐，保持车辆间能够驶出的间隔距离。

（5）在允许临时停放街道上停车时，要靠右侧停正，车轮距人行便道边缘不得超过30厘米。顺序停车距离应保持2米以上，不能并排停放。

（6）必须在坡道上停车时，要选择安全位置，停好后要在拉紧手制动器的同时挂上一挡或倒挡，并用三角垫木或石块塞住车轮，以防滑溜。

（7）夜间在道路旁停车，要打开示宽灯和尾灯，防止碰撞。

（8）汽车因故障停在道路中央时，应设法迅速推移至道路右侧不阻碍交通的地方。

因爆胎、切轴不能迅速推移的，应开危险信号灯，在车前，车后设置明显标志，夜间应打开示宽灯、尾灯。

（9）冬季中途停车，应注意对发动机采取保温防冻措施；夏季停车，应注意勿使油箱遭受曝晒。

（10）在冰雪路上中途停车，要将车辆开到朝阳避风处停放。

如果停车时间较长，又不宜放冷却水时，应适时启动发动机，以保持一定的温度，防止冷却水结冰，造成机件损坏。

在结冰或积雪地面长时间停车，应在轮胎下面垫上沙土、灰草等垫物，防止轮胎冻结在地面上。

停车后应关闭百叶窗，放下水箱帘。

停驶时，应把水放净后再驶入停车位置。

（11）装载易燃和其他危险品的车辆，不得停在市内或人烟稠密的地方，亦不得靠近其他车辆。

（12）为减轻车辆载重，重车停放一夜以上的时间，应用支车木在车后拖车钩处将车支起。

（13）在交通法规规定不准停车的地点，严禁停车。

在交通流量大、道路狭窄、视距短、坡度大等一些不安全路段，应避免停车。

06 食品安全

传统的概念认为，凡是由于经口进食了可食状态的含有致病性微生物、生物性或化学性毒物以及动植物天然毒素食物而引起的、以急性感染或中毒为主要临床特征的疾病，均统称为食物中毒。但不包括已知的一切传染病、寄生虫病、人畜共患性疾病、食物过敏以及暴饮暴食所引起的急性胃肠炎等食源性疾病。

食物中毒是食源性疾病中的一大类。食物中毒的含义是：含有有毒有害物质的或受到有毒有害物质污染的食品及把有毒有害物质误认为食品，被人食用后发生的急性、亚急性病理状态，经流行病学调查确认了致病因素或通过实验诊断进一步证实了致病因素者，即为食物中毒。

1. 化学性食物中毒

化学性食物中毒，主要指一些有毒的金属，非金属及其化合物，农药和亚硝酸盐等化学物质污染食物而引起的食物中毒。引起化学性食物中毒的原因，主要是误食有毒化学物质，或食入被化学物质污染的食物所致。

化学性食物中毒的特征主要有：

（1）发病快。

潜伏期较短，多在数分钟至数小时，少数也有超过一天的。

（2）中毒程度严重，病程比细菌性毒素中毒长，发病率和死亡率较高。

（3）季节性和地区性均不明显，中毒食品无特异性，多为误食或食入被化学物质污染的食品而引起，其偶然性较大。

2. 细菌性食物中毒

细菌性食物中毒，是人们吃了含有大量活的细菌或细菌毒素的食物，而引起的食物中毒，是食物中毒中最常见的一类。

这类食物中毒的特征主要有：

（1）通常有明显的季节性，多发生于气候炎热的季节，一般以 5～10 月份最多。

一方面由于较高的气温为细菌繁殖创造了有利条件；另一方面，这一时期内人体防御能力有所降低，易感性增高，因而常发生细菌性食物中毒。

（2）引起细菌性食物中毒的食品，主要是动物性食品，如肉、鱼、奶和蛋类等；少数是植物性食品，如剩饭、糯米凉糕、面类发酵食品等。

（3）抵抗力降低的人，如病弱者，老人和儿童易发生细菌性食物中毒，发病率较高，急性胃肠炎症较严重，但此类食物中毒病死率较低，愈后良好。

3. 有毒动植物食物中毒

有些动物和植物，含有某种天然有毒成分，往往由于其形态与无毒的品种类似，因混淆而误食；或食用方法不当，食物储存不当，形成有毒物质，食用后引起中毒。此类食物中毒的特征主要有：

（1）季节性和地区性较明显，这与有毒动物和植物的分布，生长成熟，采摘捕捉，饮食习惯等有关。

（2）散在性发生，偶然性大。

（3）潜伏期较短，大多在数 10 分钟至 10 多个小时。少数也有超过一天的。

（4）发病率和病死率较高，但与有毒动物和植物种类的不同而有所差异。

4. 食物中毒的症状

食物中毒者最常见的症状是剧烈的呕吐、腹泻，同时伴有中上腹部疼痛。

食物中毒者常会因上吐下泻而出现脱水症状，如口干、眼窝下陷、皮肤弹性消失、肢体冰凉、脉搏细弱、血压降低等，最后可致休克。故必须给患者补充水分，有条件的可输入生理盐水。症状轻者让其卧床休息。如果仅有胃部不适，多饮温开水或稀释的盐水，然后手伸进咽部催吐。如果发觉中毒者有休克症状（如手足发凉、面色发青、血压下降等），就应立即平卧，双下肢尽量抬高并速请医生进行治疗。

5. 减少食物中毒的注意事项

减少食物中毒，需要提高全民文化素质、增强食品卫生观念，学习有关知识、一点一滴积累。在这里，首先来了解和掌握世界卫生组织推荐的"安全制备食品十条准则"和"旅游者的食品卫生指南"。

（1）安全制备食品十条准则：

① 选择经过安全处理的食品。

② 彻底烹调食品。

③ 立即食用做熟的食品。

④ 精心储存熟食。

⑤ 彻底再加热熟食。

⑥ 避免生食与熟食接触。

⑦ 反复洗手。

⑧ 必须精心保持厨房所有表面的清洁。

⑨ 避免昆虫、鼠类和其他动物接触食物。

⑩ 使用净水。

（2）旅游者的食品卫生指南：

为了保障旅游者的健康，世界卫生组织提出以下忠告：

起程前：

① 请教医生，听取有关可能会接触的各种疾病的告诫，并决定是否需要接种疫苗或采取其他的防治措施。

② 在医药盒（包）中别忘了带口服补液盐（ORS）和饮水消毒片。

饮食卫生：

以下建议适用于从食品摊点到高级宾馆饭店的各种餐馆。

③ 烹饪过的食品在室温下放置若干小时后是引起食源性疾病的最大危险之一。因此，必须确保所吃食品经过彻底的加热，并且在食用前仍是热的。

④ 不要吃未经烹调的食品，除非是可以去皮或去壳的水果和蔬菜。不要吃外皮已有损伤的水果。记住这样一句话："加热，去皮或丢掉"。

⑤ 不要吃来源不可靠的冰激凌，因为经常会有污染，并能引起疾病。

⑥ 在一些国家某种鱼或贝，即使经过完全的烹调仍可能含有生物毒素，可请

教当地人。

⑦ 未经巴式消毒的奶，在食用前需煮沸。

⑧ 在对饮水的卫生情况产生怀疑时，将其煮沸或用可靠的消毒药片消毒。

⑨ 不要吃冰，除非您确信它们是用卫生清洁的水制作的。

⑩ 饮用瓶装或其他包装的热茶或咖啡、葡萄酒、啤酒、苏打软饮料或果汁等饮料一般是安全的。

6. 食物中毒的紧急自救措施

食物中毒发生后，要尽快采取措施：排除毒物，阻滞未排出毒物的吸收，促进毒物尽快排泄，根据病情做必要的支持治疗和对症处理，对部分中毒者还需要特殊治疗。以上措施中，对轻型患者来说，有些排除毒物的方法是可以自行完成的，以避免病情的加重。对于中毒严重者，需及时送往医院采取特殊治疗措施。

排除毒物的方法有催吐、洗胃及导泻等。

（1）催吐。

中毒后不久，毒物尚未完全吸收，此时催吐效果较好，而且方法简单。

催吐的条件是患者意识必须清醒。

若中毒后已经发生剧烈呕吐，可不必催吐。

催吐的方法有多种，最简单的是用筷子或汤匙柄刺激后咽壁（咽喉部）达到呕吐。

另外，口服催吐剂效果也很好，任选下列一种催吐剂均可达到目的：

① 一杯温盐水或温开水加 10～20 滴碘酒混匀。

② 一汤匙 0.5%～1% 的硫酸铜溶液。

③ 30 毫升的吐根糖浆。

（2）洗胃。

洗胃的方法有多种，对神志清醒的患者，可令其反复喝进洗胃液，然后吐出。高锰酸钾溶液对胃形成刺激，可达到自动吐出的效果。

常用洗胃液有：

① 温开水或 2%～4% 温盐水或温肥皂水，适于毒物不明的中毒。

② 0.02%～0.05% 高锰酸钾溶液，除 1605（对硫磷）中毒外，适用于一切中毒。

③ 浓茶或碘酊或 0.2% ~0.5% 活性炭溶液或 0.5% ~4% 鞣酸溶液或 1% ~3% 过氧化氢溶液等，适用于生物碱中毒。

④ 1% ~3% 小苏打溶液，适用于有机磷中毒（敌百虫中毒除外）。

⑤ 1.5% 硫酸钠溶液，适用于钡盐中毒。

（3）清肠。

中毒时间较长或腹泻次数不多的患者可能有毒物滞留肠道内，应及时就医排除肠道内容物及毒物。

7. 食物中毒的家庭急救

盛夏时节，容易引起食物中毒。在家中一旦有人出现上吐下泻、腹痛等食物中毒，千万不要惊慌失措，冷静地分析发病的原因，针对引起中毒的食物以及吃下去的时间长短，及时采取如下三点应急措施：

（1）催吐。

如食物吃下去的时间在 1 ~2 小时内，可采取催吐的方法。

立即取食盐 20 克，加开水 200 毫升，冷却后一次喝下。如不吐，可多喝几次，迅速促进呕吐。

亦可用鲜生姜 100 克，捣碎取汁用 200 毫升温水冲服。

如果吃下去的是变质的荤食品，则可服用"十滴水"（中药）来促进迅速呕吐。

有的患者还可用筷子、手指或鹅毛等刺激咽喉，引发呕吐。

（2）导泻。

如果病人吃下去中毒的食物时间超过 2 小时，且精神尚好，则可服用些泻药，促使中毒食物尽快排出体外。

一般用大黄 30 克，一次煎服，老年患者可选用元明粉 20 克，用开水冲服即可缓泻。

老年体质较好者，也可采用番泻叶 15 克，一次煎服，或用开水冲服，亦能达到导泻的目的。

（3）解毒。

如果是吃了变质的鱼、虾、蟹等引起的食物中毒，可取食醋 100 毫升，加水 200 毫升，稀释后一次服下。

此外，还可采用紫苏 30 克、生甘草 10 克一次煎服。

若是误食了变质的饮料或防腐剂，最好的急救方法是用鲜牛奶或其他含蛋白质的饮料灌服。

如果经上述急救，病人的症状未见好转，或中毒较重者，应尽快送医院治疗。在治疗过程中，要给病人以良好的护理，尽量使其安静，避免精神紧张，注意休息，防止受凉，同时补充足量的淡盐开水。

控制食物中毒的关键在于预防，搞好饮食卫生，防止"病从口入"。

【健康小护士】

少吃烧烤利健康

同学们最爱吃的食物之一是烧烤类食品，但常吃烧烤却容易掉头发。烧烤因含油脂量多且属刺激性强的食物，吃多了对头发的生长会产生不良的影响，甚至会直接造成落发。许多人偏爱重口味的食物，长久下来，会使得维生素的摄取量减少了很多，虽说头发会新陈代谢，每天梳头时掉一点是正常的，但是当生活与饮食习惯过于偏差时，会因摄取过量的油脂性食物，使得皮脂腺分泌过于旺盛而阻塞，此时头发不掉也难啰！因此，同学们应尽量少吃烧烤，保持身体的健康！

⑦ 疾病防控

1. 春天防病须知

早春天气乍暖还寒，温度变化频繁，春天也被称为是百草发芽，百病复苏的季节，尤其是呼吸道疾病和常见的感染性疾病，病毒也最易在春季肆意传播。干燥、多风为病毒传播创造了大量的有利条件，因此冬末春初时节，大家要注意提前做好疾病预防工作。

早春季节，人体刚刚度过"冬藏"阶段，代谢功能、抗病能力较弱。忽冷忽热的温度变化使人们不断增减衣服，病菌会乘虚而入。所以忽冷忽热、变化无常的春季气候容易引发咽喉炎等呼吸道疾病，此外春天还是荨麻疹、腮腺炎、过敏性鼻炎等疾病的多发季节。

人们要格外注意预防呼吸道传染病和春季过敏性疾病。

在日常生活中要注意以下事项：

（1）春天的气候温差比较大，不要急于脱去冬天的厚装，应继续穿着冬装"捂"到气温相对较高且较稳定的时候；

（2）经常开窗通风，保持室内空气清新流畅；

（3）不随地吐痰、不乱扔擦鼻涕纸等，尽量避免以车代步，多参加体育锻炼，以增强自身抗病能力；

（4）一旦发现自己或周围人出现发烧、咳嗽、流鼻涕、打喷嚏、头痛、频繁呕吐等症状时，要及时到医院就诊；

（5）当确诊为呼吸道传染病后要注意避免与别人近距离交谈，出门最好戴上口罩；

（6）年老体弱者、孩子、孕妇要尽量少去人多拥挤的公共场所；

（7）体弱者、小孩和老人最好提前注射可以提高免疫力和抵抗力的针剂。

（8）春季人体内维生素比较缺乏，在饮食方面，要适当补充营养，应以高热量食物（如黄豆、芝麻、花生、核桃等）和富含优质蛋白质与维生素的食物（如鸡蛋、虾、鱼类、动物肝脏类等）为主，还要尽量多吃水果和蔬菜，加强消化吸收功能，提高自身免疫力；

（9）注意保持生活规律，保证充足的睡眠。

2. 春天主要疾病预防

春季到来，也是上呼吸道感染，水痘，猩红热等传染性疾病的多发期，而上学的孩子最容易受到这些传染病的侵害，因此，做好预防工作很重要。

（1）感冒。

开学上课时，学生进入紧张学习状态，身体疲劳，情绪紧张，容易引发感冒，加上教室人群紧密，空气对流不通畅，疾病通过空气、飞沫直接传播，容易在学生之间形成交叉感染。

建议：避免被感染，关键要加强锻炼，提高自身免疫力，养成一个良好的卫生习惯，饭前洗手，外出归来洗手，用过的卫生纸不要随地乱扔，根据天气变化增减衣服，宿舍、教室要定时开门窗，自然通风。

（2）水痘。

水痘是传染较强的疾病，儿童之间传染更多，较易通过呼吸道直接传染，如果接触被水痘病毒污染的食具、日常用品，也可能被传染。一旦发现有患者，必须早期隔离。

（3）腮腺炎。

腮腺炎是由腮腺病毒侵犯腮腺引起的急性呼吸道传染病，病人是传染源，飞沫是主要途径，接触病人后 2～3 周发病。一旦发现，应立即隔离。让其卧床休息，饮食宜软，易消化，要多饮开水，保持口腔清洁。一般身体较弱的人易感染腮腺炎，所以要加强预防工作，以避免染上疾病，保证健康成长。

3. 春季洗手防感冒

春季虽然气候转暖，但气温变化无常，人们稍不注意，也会被感冒病毒击倒。一些专家为此提出了最新潮的防感冒绝招——勤洗手。

在过去，医学专家们一直认为，口腔是传播感冒的主要途径：感冒患者在咳嗽和打喷嚏时，会把病菌带到空气中，健康的人在吸进这种空气时，会把感冒病毒一块儿带入体内。但流感大流行却让欧洲的一些医学专家产生了一种新的观点，即感冒主要是通过手传染，而不是口腔。

南斯拉夫医学研究所的马尔科维奇教授撰文指出，感冒患者在咳嗽和打喷嚏时带出的病毒会在很短的时间内降落到地上，健康的人只要不是长时间地和感冒患者在一起，受传染的机会并不大。研究表明，手和手的接触才是感冒病毒传播的主要途径。感冒患者的手部有大量的病毒存在，健康的人和感冒患者握过手后，自己也就成了带菌者，如果再摸鼻子，感冒病毒就会从手部跑到呼吸系统中去。这一过程的完成极其自然，很多人就是这样在不知不觉中传染上感冒的。所以预防感冒，关键是要勤洗手，而且洗手还不能马虎，要用肥皂或洗手液才行，因为感冒病毒外面有一层油性物质，光用水是洗不掉的，只有肥皂或洗手液才能把这层油性物质溶解掉。

4. 春季当防皮肤病

据介绍，春季，在皮肤病科，丘疹性荨麻疹多见，此外患有病毒性皮肤病、传染性红斑、红斑丘疹鳞屑性皮肤病、真菌所引起的体癣和股癣以及春季性皮炎者也较多。

那么，春季易患哪些皮肤病呢？

（1）病毒性皮肤病，如水痘、风疹等。

水痘起病较急，可有发热、倦怠、食欲减退等全身症状，成人较儿童明显。患了水痘要隔离。发烧期在饮食上要清淡易消化，注意休息。还应保持皮肤的清洁卫生，皮肤瘙痒时，可涂些止痒药水。

风疹是一种由风疹病毒引起的通过呼吸道传播的急性传染病。人吸入病毒后，经过2~3周的潜伏期，便出现症状。先是全身不适，继而出现发热，耳后及枕部淋巴结肿大，并有淡红色斑疹或斑丘疹，短期内扩展到全身，奇痒难忍。对于孕妇来说，风疹病毒的侵入则会导致胎儿畸形、早产或胎儿死亡。

预防风疹病毒的关键是减少与风疹病人的接触。如果孕妇接触了风疹患者，5天内应注射大剂量的胎盘球蛋白。如果在妊娠头3个月内确诊患了风疹，则要考虑人工流产。

（2）变态反应性疾病，如丘疹性荨麻疹。

这种病症在孩子中间广泛出现，多数和蚊虫叮咬有关系。

（3）由真菌感染所引起的体癣和股癣。

一般来说，真菌所引起的癣病多发生于夏季，因为，真菌喜温暖潮湿，过于干燥则不利于它的生长。但是，如果人体有适宜真菌生长繁殖的条件也可四季发病。比如：有些人多汗，皮肤容易感染真菌而发生癣病；患糖尿病的人也容易发生癣病，由于皮肤里含糖量增高了，提供了真菌生长的营养；长期使用激素，长期多次接受 X 线照射的人，由于抵抗力降低，易发生癣病。

（4）颜面再发性皮炎俗称春季皮炎。

多见于 18～40 岁的女性，主要表现为脱屑、瘙痒、干燥等症状，有的表现为红斑、丘疹和鳞屑，经一周而减退。还有些女性表现为雀斑增多或褐斑加重。

5. 春季预防水痘传播

春天气候温暖，适宜于细菌、病毒等微生物的生存繁殖和传播。因此，感冒、流感、急性支气管炎、肺炎、流脑、麻疹、猩红热、腮腺炎以及暴发性红眼病等病，常在此时发生。

防治这些春季多发病，在诸多良药中，板蓝根可算是比较理想的药物了。

板蓝根含有靛甙、β－谷留醇、氨基酸等，有很好的抗菌、抗病毒作用。《中药大辞典》言其能"清热，解毒，凉血。治流感、流脑、乙脑、肺炎、咽肿、痄腮、火眼、疮疹"，充分肯定了它广泛的效用。

板蓝根的叶，即中药大青叶，也是清热解毒、凉血止血的良药，对于流感、肝炎、菌痢、肺炎、胃肠炎、口疮、痈疽等疾病，均有较好的治疗作用。

6. 早春当防流行病

早春二月是"乍暖还寒，最难将息"的时节，正如民谚所说："早春早春，慎防'春瘟'。珍意养生，切勿轻心。"早春因为气候较反常，因此，流感、麻疹、痄腮、猩红热、风疹等传染病将可能流行。为此，搞好这些流行病的预防工作很重要。

必须重视个人卫生和环境卫生，对衣物和被褥等必须勤洗勤晒；保持室内空气流畅、新鲜；不到病人家去串门，尽量不到公共场所去游玩；在流脑流行区，每天早晨最好用醋在室内熏蒸杀菌。

在流行病高发季节，一旦发现有发热、咽喉肿痛、头痛、皮肤出血等症状时，必须马上去医院诊治，切勿延误。

注意保暖，预防感冒。感冒后抵抗力会降低，容易受到脑膜炎双球菌的袭击而发病，所以要随天气变化增减衣服。早春时节气候变化无常，故应该"春捂秋冻"。

每顿进餐时，最好喝点食醋，菜肴中宜拌些蒜泥或姜汁，这样可有效杀菌；饭后用盐水漱口，也有利于预防流脑的发生。

【健康小护士】

春季多防妇科病

每年一到春季气温逐渐升高、湿邪加重的时候，各种可致妇科炎症的细菌、病原体就活跃起来，稍不注意就很容易通过各种途径袭击女性，给女性的身心和工作、生活各方面带来很多麻烦和困扰。

在妇科方面，比较多见的有霉菌、滴虫、淋球菌、支原体和衣原体等病原体，稍不注意就很容易通过各种途径来找女性的麻烦。

健康的女性，由于对病原体侵入有自身的自然防御机制，并让各菌群之间能共栖共存、相互制约，身体一般不会发病。但气候一旦潮湿闷热，越来越多的病原体会被相继激活，引发妇科炎症的风险自然不断增加。

特别提醒： 学会自查，及早治疗。

妇科炎症是最常见的疾病，各年龄组都可能发病，并且易发作、常反复。对付这类疾病关键是要早防治。如果能在早期自查中发现，并及时进行诊断和治疗，基本都能治好。女性朋友们应该如何自查呢？

滴虫性阴道炎：主要症状是阴道分泌物增多及外阴瘙痒，间或有灼热、性交疼痛等。分泌物典型特点为稀薄脓性、黄绿色、泡沫状、有臭味。

外阴阴道念珠菌病：也称霉菌性外阴阴道炎。主要表现为外阴瘙痒、灼痛，还可伴有尿频、尿痛及性交痛、分泌物增多，分泌物特征为白色稠厚呈凝乳或豆腐渣样，若分泌物中找到假丝酵母菌（霉菌）菌丝，可确诊。

细菌性阴道病：10% ~40%的患者可无临床症状，有症状者主要表现为阴道分泌物增多，有鱼腥臭味，尤其性交后加重，可伴轻度外阴瘙痒或烧灼感。

盆腔炎性疾病：急性盆腔炎的症状是下腹痛、发热，阴道有大量脓性分泌物，病情严重时可伴有高热寒战等。盆腔炎性疾病后遗症可表现为有时低热，下腹部坠胀、疼痛及腰骶部酸痛，常在劳累、性交后、月经前后加剧。

宫颈炎：经常会出现白带增多，偶尔也可能出现脓性、血性白带，腰酸及下腹部重坠感也常常伴随而来。

以上的症状属中医的"带下病"、"阴痒"范畴，主要病因是湿邪所致。致病因素有外来感染与内在病变之分，外来因素如各类病原体的感染等；内在因素与正气不足、身体虚弱有关。在治疗上主要以清热解毒（抗菌作用），健脾（提高免疫力）祛湿，止带（抑制腺体分泌）三个方面为主。内外并治是有效方法，具体根据病症可口服中药、中药煎剂熏洗坐浴或局部上药相结合。

以前，妇科炎症是农村多见的疾病，但这些年，越来越多的都市女性也频频发病。按理说城市里的生活环境和卫生条件比农村优越多了，为什么也会有那么多女性患上妇科炎症呢？这与都市女性深陷各种自我保洁的误区有关。

误区一：常用各种清洁剂洗阴道。

有不少女性以为要防止妇科炎症，只要多洗就行，而且还认为使用洁阴剂能起到防护作用，殊不知越洗越糟糕。专家解释说，女性阴道内的弱酸性环境对很多致病的细菌、病原体有一定的抑制作用，而很多阴道冲洗液都是弱碱性的，不仅起不到杀菌的作用，反而会中和了阴道内的弱酸性。因此，没病的人常用冲洗液、护理液，可能降低阴道的自我抗菌能力，各种病原体就会乘虚而入引发疾病。其实，正常女性日常护理时，只需用温水清洗就行。必要时，应在医生的指导下用药，切不可随意使用各种阴道清洁剂。

误区二：滥用抗生素炎症更难愈。

春季真菌的滋生最易引起外阴瘙痒。大多数工作繁忙的女性对此没有引起足够的重视，实在忍不住就自行到药店买一些抗生素来用，结果非但效果不佳，还让病期延长。专家称，过多使用抗生素可使病菌产生耐药性，而且可杀灭有益菌，导致菌群失调，真菌失去抑制生长更旺盛、更活跃，从而使得患者的治疗周期不得不延长。

另外，有些女性经治疗后症状一缓解或暂时消除便马上停药。这时病菌虽然受到抑制，但炎症往往尚未彻底治愈，因此，当阴道的 pH 值发生改变时炎症就会再次复发。导致成为反复性甚至顽固性阴道炎。此类患者应在医生的指导下坚持疗程用药，规范用药。

误区三：紧身裤增闷热，用护垫不透气。

不少时髦女性喜欢穿紧身裤，而且不分料子，只要靓就行。这种穿着在湿热天非但不透气，还会导致下体血液循环不畅，局部温度升高，闷热湿气无法散发。

有些女性喜欢天天用卫生护垫，以为这样更清洁。专家指出，其实这种做法也大可不必，因为多数卫生护垫并不透气，建议只在月经期间和前后几天内用，以免使闷热的湿气无法散发而影响阴道清洁。

误区四：经期性生活易使病菌乘虚而入。

一些新潮女性对经期性生活并不回避，认为只要过后洗干净就行。专家指出，女性处于经期时，子宫内膜处于出血状态，此时抗病能力较差，加上经血滞留，病原体不仅易乘虚而入，而且有一个很好的繁殖环境，从而导致炎症的发生。

7. 八种夏季病的预防

初夏的气候总体来说比较舒适宜人，但只要太阳一露脸，气温的快速上升与强烈的紫外线就会令人难以适应，不少人患了皮肤病、中暑、腹泻、红眼病等不同症状的疾病。

"夏季病"到底该如何预防和及时救治呢？

（1）中暑。

立即将病人移到通风、阴凉、干燥的地方，如走廊、树荫下；让病人仰卧，解开衣扣，脱去或松开衣服，同时开电扇或开空调，以尽快散热；尽快冷却体温，降至38℃以下；意识清醒的病人或经过降温清醒的病人可饮服绿豆汤、淡盐水等解暑；还可服用人丹和藿香正气水。

另外，对于重症中暑病人，要立即拨打120电话，向医务人员求助以便紧急施救。

（2）日射病。

在烈日下活动或停留时间过长后，皮肤晒得又红又痛，出现发烧、头痛症状。这时候应该注意水分的补充。

（3）热痉挛。

在高温环境中，身体大量出汗，引起腿部甚至四肢及全身肌肉痉挛，肚子疼痛，全身汗流不停。此时可以在痉挛部位稍加按摩，如果没有出现呕吐现象，则可以补充水分。

（4）热衰竭。

汗流不停，但是身体发冷、皮肤发黏、脸色苍白、脉搏微弱。此时应赶快把病人抬到阴凉处，松开衣服，用冰毛巾冷敷。如果没有呕吐，可以补充水分。最好能够早点就医，让医生检查诊断。

（5）热感冒。

天热出汗消耗了大量能量，满头大汗再来个凉水澡，容易引发热感冒，因此要避免这种行为。

（6）热中风。

炎热的夏天，人体出汗较多，老年人容易出现热中风。预防"热中风"，首先要补充水分，中、老年人要做到"不渴时也常喝水"；其次，有过中风史的病人，其家属要时时观察病人的症状，一般来说，头昏、头痛，半身麻木酸软无力，频频打哈欠等都是中风前的预兆，这些症状明显时，一定要速去医院就医。

（7）"冷"过敏。

暑天要防热，更要防"冷"，主要防的是冰凉的冰棍、汽水。一些过敏体质的人在大量运动后喜欢喝冰汽水，这样容易出现咳嗽、气喘等过敏症状。

（8）夏季皮炎。

这是天气湿热、温度较高引起的皮肤毒性反应，是由于阳光充足、皮肤裸露在外而形成的夏季皮炎。这种病中青年女性多发，患者双下肢和双小腿深侧出现红斑或丘疹，搔抓后有血点样血痂，也可波及躯干或双上肢，随温度的升高加重病情，一旦天气凉爽，病情好转或消退，来年可反复发作，引起皮肤变厚、色素沉着。

特别提示：救治"夏季病"散热补水最重要。

8. 急性细菌性痢疾的预防

夏季炎热，气温偏高，食物容易腐败；并且，人们生食瓜果蔬菜较多，吃了不洁的东西，或者直接进食冰箱里的冷藏食物、食用街边摊贩的不卫生食品、火锅菜品未熟等导致胃肠道受损，诱发急性胃肠疾病。

最为常见的肠道疾病是细菌性痢疾和细菌性食物中毒，各个年龄段都有。

一旦出现腹泻等症状，应及时去医院就诊，并按医嘱进行治疗。

在治疗期间，应注意休息，防止腹部受凉。饮食以少渣、易消化、无刺激食物为主，忌生冷食物。

特别是节假日，一旦过度饮酒，将降低人体的抵抗能力，就容易发病。

预防措施：讲究卫生，是预防肠道疾病的最好措施。

要做到饭前便后洗手，生食瓜果蔬菜要洗净；

不喝生水，少食生冷食品，不要食用存放时间较长的食物，剩饭剩菜要充分加热；

要搞好环境卫生和个人卫生，冰箱要擦洗；

如果身边有肠道疾病患者，应该进行分餐制，同时，对患者用过的餐具应进行煮沸消毒。

9. "接触"谨防红眼病

"红眼病"主要是通过接触传染的眼病，如接触患者用过的毛巾、洗脸用具、水龙头、门把、游泳池的水、公用的玩具等。因此，该病常在幼儿园、学校、医院、工厂等地广泛传播。

预防红眼病也和预防其他传染病一样，必须抓住消灭传染源、切断传播途径和提高身体抵抗力3个环节。

积极治疗红眼病患者，并进行适当隔离。

红眼病治疗期间，尽可能避免与病人及其使用过的物品接触，如洗脸毛巾、脸盆等。

尽量不到公共场所去（如游泳池、影剧院、商店等），不要随便戴别人的眼镜，否则会引起交叉感染。

对个人用品（如毛巾、手帕等）或幼儿园、学校、理发店、浴室等的公用物品要注意消毒隔离。

个人要注意不用脏手揉眼睛，勤剪指甲，饭前便后用肥皂洗手。

饮食方面忌辛辣，以清淡食品为宜。

10. 初夏当心丘疹性荨麻疹

初夏患丘疹性荨麻疹的病人比较多。究其原因：一是因为放了一个冬季的夏装、被褥未晾晒就使用，里面的螨虫会引起人体皮肤过敏；二是天热了，蚊虫也特别多，一旦被蚊虫叮咬，也会发病。因此，建议大家将夏装和被褥晾晒后使用，并避免蚊虫叮咬，及时采取灭蚊措施，保持环境的干燥、通风，室内少摆放花、草。如果患上了此类皮肤病，轻的可擦药治疗，重的则要及时去医院就诊，切忌乱用药。在饮食方面，暂时不能吃海鲜和辛辣的食物，也不能饮酒。

据悉，丘疹性荨麻疹还多见于婴幼儿及儿童。临床表现：皮疹多发于躯干、四肢身侧、群集或散在为绿豆至花生米大小略带仿锤形的红色风团样损害，有的可有伪足，顶端常有小水疱、内容清、周围无红晕。有的皮疹为较硬的粟粒大巨疹，搔抓后呈风团样大。皮疹经 1～2 周，消退，留下暂时性色素沉着，但有新疹陆续发生，使病程迁延较久。常复发，一般无全身症状。搔抓可引起继发感染，局部淋巴结不肿大。

预防及治疗：注意个人及环境卫生，消灭臭虫、虱、蚤及其他昆虫，注意避免可疑食物。

11. 当心家电等日常用品诱发夏季病

盛夏，空调、冰箱等家用电器为人们的消暑带来了方便。但来自医院门诊的情况提醒人们：如果家用电器使用不当，也会引发诸多疾病。对此，大家不可掉以轻心。

（1）空调。

① 空调机肺炎。

研究表明，各种细菌、霉菌都可在空调机内生长繁殖，如长期生活在空调的封闭环境中，易诱发一种呼吸道疾病——空调机肺炎，患者会出现发热、咳嗽、咯痰、胸闷、气急等症状。

预防的措施是：空调房内要经常换气通风，空调机的隔离网要定期清洗，以减少空气的污染；进入空调房，要用毛巾揩干身上的汗水，避免因汗腺张开受凉而降低抵抗力。

② 空调腿。

双腿酸痛是主要症状，严重时膝关节疼痛、肿胀使人难以忍受。调查病因发现，其中 80% 是因为在低温的空调室内工作、学习、生活的时间过长，膝关节受寒冷刺激导致滑膜炎、滑囊炎以及腿部肌肉受冷痉挛，或者血管收缩、组织缺氧，进而引发"空调腿"症状。

室内开启空调后，地面水平温度最低，人的双腿长期处于地面低温中，暴露在外的双膝容易受凉刺激。因此，为预防"空调腿"的发生，应该尽量不要长时间待在空调房内。如工作需要不能离开者，最好穿长裤或丝袜等，来保护膝关节和脚底心。也可以在腿部盖一条毛巾来防护。在室内感觉有凉意时，一定要站起来适当活动四肢和躯体，以加速血液循环。

（2）冰箱。

① 耶尔细菌肠炎。

耶尔细菌喜欢在低温下生长繁殖。

因这种细菌广泛存在于肉、鱼、蔬菜等许多生食食品中，冷藏在冰箱里的食品污染了此菌被人食入就可能引起肠炎。

耶尔细菌肠炎比一般肠炎引起的腹痛、腹泻更为厉害。

为预防耶尔细菌肠炎，应定期清洗冰箱，冰箱里的食物一定要生熟分开存放，避免交叉感染。进食冰箱食品前要重新烧熟煮透。夏日，人们爱吃生拌蔬菜和自制冷饮，一定要注意操作过程的清洁卫生，刀、砧都要严格消毒，以预防耶尔细菌的污染。

② 冷食胃病。

冰箱内的食物和饮料，比人体胃内的温度要低很多。吃过冷的冰箱食品过多，会导致胃内黏膜血管急剧收缩、痉挛，造成胃酸、胃蛋白酶等分泌减少，胃的消化、杀菌能力降低，从而出现胃部不适、上腹阵发性绞痛和呕吐等症状。

暴食冷饮还会引起三叉神经痛、喉部痉挛、牙齿酸痛，甚至诱发心绞痛。

预防冷食胃病，关键是吃冷食要有节制，不能吃得太快，以减少对胃的刺激。特别是饮用冰镇饮料时，要一口一口慢慢喝，这样有利于人体逐渐降温。

在短时间内摄入太多的水，人体来不及吸收利用，即从小便中排出，会造成"越喝越渴"、"越渴越要喝"的现象。

（3）电扇。

风扇病：主要症状是出现头痛、乏力、打喷嚏、食欲下降以及四肢酸痛。

使用电风扇，是通过加速汗液的蒸发使人感到凉爽舒适的。但由于风扇转速是恒稳的，使气流和振动按固定的频率进行，所以不如自然风温和。

电风扇还会产生"回旋风"，这种风对人的耳膜有震颤作用，吹得时间长了，会使人感到疲倦。

另外，人体汗液的蒸发应该是均衡的，但在吹风扇时，会出现靠近风扇一侧处汗水蒸发快，表面温度下降而使血管收缩。而另一侧皮肤表面温度仍会较高，血管处于膨胀状态，这种状况维持久了会破坏人体的平衡，从而产生一系列不适症状，甚至引发冠心病、中风、心肌梗死等症，还会诱发面部神经麻痹等症。

预防风扇病，要做到在使用风扇时，不让风速过快，人体要与风扇保持一定的距离。一般不要选用高速挡，也不宜直接对着人体吹风。送风从多个侧面为好。晚上不宜开着风扇睡觉。大汗淋漓时不要吹风扇，以免汗液大泄、毛孔开放时，寒邪乘虚而入。人体局部皮肤受风的时间要有一定的间歇，以利人体体温调节中枢进行调节，使散热过程处于相对的动态平衡。

（4）太阳镜。

太阳镜使用不当，会造成三叉神经受压，导致下眼及面颊上方产生麻木、感觉迟钝和酸痛。如果太阳镜片质量不高，光区分布不均匀，透视图像失真变形，还容易造成眼睛疲劳、头痛眩晕，严重时影响视力。

太阳镜之所以能阻挡紫外线，是因为镜片上加了一层特殊的涂膜。劣质太阳镜阻挡紫外线的性能不够，却使镜片的透光度下降，眼睛犹如在暗室中看物，瞳孔被迫放大，紫外线反而会大量射入眼睛内使眼睛受伤。有些镜片表面不正规，看外界物体会出现扭曲，戴镜者会出现恶心、视力疲劳等症。

为预防"太阳镜综合征"，配太阳镜一定要选择光学专业商店、正规眼镜店。选购太阳镜，最好是圆形的，以利镜片从前面和侧面保护眼睛不受紫外线伤害。最好不要戴框架太大的太阳镜，因为大框架压在鼻梁上易引起局部血液循环不畅而出现麻木不适。

（5）凉席。

有人在睡凉席后，身体接触凉席部位会出现红肿、刺痒，并起小红疙瘩。这大多是由草、芦类凉席引起的过敏性皮肤病。另外，凉席的缝隙中很容易寄生螨虫，它在人的皮肤上叮咬后会出现红肿的疙瘩。

预防凉席皮炎，有过敏反应的人宜睡竹制或藤制凉席。同时，不论用哪种凉席，都要勤洗勤晒，防止螨虫产生。

（6）防晒霜。

涂抹防晒霜后在涂抹部位出现大面积红斑，局部甚至有小丘疹和丘疱疹，这种情况大多是患了接触性皮炎或光感性皮炎。

防晒霜中的 SPF 值表示防晒护肤品的防晒能力，但并非越高越好，SPF 值越大，其中某些成分引起过敏等反应的机会也会增加。

专家建议，经常在室外奔波者，可使用 SPF 指数在 25～30 的，室内工作者，15～20 就足够了。另外，防晒霜应在外出前 30 分钟涂抹，根据日晒情况每隔 2～3 小时补抹一次。

12. 预防"脚气病"

足病困扰着我国至少一半的人口！对 300 万名患者进行的足病流行病学调查结果显示：我国每两个人里就有一人罹患足病，成年人患病比例更是高达 3/4，超过 60% 的足病为真菌感染，其中足癣（俗称脚气）的发病率为 45.2%，是发病率最高的足病。

脚气的治疗并不困难，大部分采用外用药即可，但是应保证用药次数（每天的次数和整个疗程的次数）以及用药的连续性。很多患者用药后未能痊愈的重要原因就是半途而废，不能坚持到底，往往脚痒时用药，不痒时则忘记用药。

由于脚气有不同的类型，在治疗上也不尽相同。如果发现脚趾间有出现水疱、发白、脱皮、瘙痒等症状，要及时到正规医院的皮肤科就医。如果患者的脚指甲没有受到真菌侵犯，通常 1～2 个月的治疗就能有很好的效果；反之则需要 4～6 个月的治疗，病情方可得到控制。

盆、毛巾、拖鞋可传染。

据一项针对"真菌感染患者及其家庭成员"的调查显示：46.1% 的足病患者认为他们可能是在家中被家人传染的。通过对真菌的鉴别发现，85.4% 的患者与其家庭成员感染的致病真菌相同，家庭已成为真菌传染的主要阵地。

真菌的传染往往是由家庭的不良卫生习惯引起的。脚部皮肤和身体其他部位的皮肤一样，每天都在不停地新陈代谢，随时都会皮屑脱落。皮屑中真菌很多，皮屑落在哪里，真菌就到哪里。真菌可以通过共用的盆、毛巾、拖鞋等物品传染。患者的手或脚接触物品，别人再接触时也会传染上真菌病。在家庭中，如果彼此没有分开用盆、拖鞋和毛巾等物品，当一个家庭成员患上脚气或灰指甲时，由于在脚盆、拖鞋上有大量的真菌寄生，时间久了，很容易造成其家人被真菌感染。抵抗力较弱的老人和孩子更容易成为受害者。

预防脚气 6 项注意：

（1）及时彻底治疗手足癣（脚气）、甲真菌病（灰指甲）和体股癣等皮肤疾病，以免疾病进一步恶化和传染。

（2）保持足部清洁、凉爽和干燥。

（3）洗澡或洗脚时尽量用淋浴方式。

（4）避免使用碱性肥皂和避免长期穿不透气的鞋子。

（5）穿的鞋不宜太紧，减少生物机械刺激和对足趾的创伤。

（6）别光脚走在地毯、浴室地板上。

【健康小护士】

秋日进补小心会伤脾胃

一到秋天，气温逐渐下降，人们便习惯地想到要补身。因为人们经过炎热的夏天，机体耗损大，当天气转凉时，调补一下身体，是有必要的。不过，该怎样调补才有益健康，确实要有点讲究。

有人认为，补就是吃补药、补品，不管自己身体情况，把许多补药、补品，如人参、鹿茸、鸡肉、猪肉等集中突击食用，称之为"大补"。有人则认为，夏天天气热，不想吃，现在应该好好地吃几顿，把夏天的损失补回来，称之为"贴秋膘"。其实，这些补法不一定是科学的，不但对健康无益，而且，浪费财力物力，甚至可能有损身体。

大家知道，夏天气温高，人们胃肠功能相对不好，多不思饮食，因此，日常中吃的大多是瓜果、粥类、汤类等清淡和易消化食品，脾胃活动功能亦减弱，秋凉后如马上吃进大量猪、牛、羊、鸡等炖品，或其他一些难以消化的补品，势必加重脾胃的负担，甚至损害其正常消化功能。这正如跑步，必须先经过慢跑后才能逐渐加快一样。如一下吃进大量难以消化的补品，胃肠势必马上加紧工作，才能赶上这突然的需要。结果就会造成胃肠功能紊乱，无法消化，营养物质不能被人体所吸收利用，甚至还会引起疾病。

13. 秋冬防病"六字经"

秋冬时节，气温降低，室内外温差较大，易感冒。为了您的健康，不妨试试六字经。

（1）洗。

早起，冷水洗脸；晚上睡觉前，用热水洗脚，每天各一次。

（2）漱。

每天早晚各用淡盐水漱口一次，以杀死口腔里的病菌。

（3）跑。

每天早晨慢跑 10 分钟，以微见汗为好。

（4）搓。

两手置于胸前，对掌相搓 20～30 次，以掌心发热为度。

（5）拍。

两手臂伸展，两掌交替轮流拍胸各 20 次。

（6）饮。

晚睡前，用红糖（或白糖）30 克，鲜姜末 3 克，开水冲泡代茶饮。

14. 秋季日常防病的最佳措施

秋季是胃肠道疾病高发期，防止病从口入，"非典"时期的好习惯更应坚持，良好的卫生习惯永远是防病的最佳措施，卫生细节更不能忽视。

（1）水洗胜过消毒液。

现在，很多人买了一些皮肤消毒液日常使用，但是夏天由于皮肤裸露在外，很多人都会在身上涂抹防晒霜。葛蒙梁大夫提醒大家，如果同时使用防晒霜和消毒液，一定要提前看清两者的化学成分。如果二者的化学成分起了反应，肯定会对皮肤造成损害。而且由于症状不明显，常会被人忽略。长此以往，就会在一定程度上使皮肤受到伤害，所以一定要多加注意。

最好的防护措施还是严格注意自身卫生状况，勤洗澡、勤洗手。当然，要选择透气性良好的棉质衣服等，以保证皮肤的健康，如果衣服透气性不好，会损伤皮肤。

（2）下水道污染早提防。

每日以 1：99 稀释家用漂白水（即把 1 份漂白水与 99 份清水混合）清洗厕所环境一次；检查卫生间和厨房的下水道、洗面盆、洗菜盆和浴盆的排水设施是否完善，地漏里面的水封碗和返水弯是否起作用；清除下水道水封里面的积存物，保证水封的封闭功能正常；洗面盆、洗菜盆和浴盆每天使用清洗以后，可以封闭盆内的水塞，并在里面积留一部分清水，也可以起到封闭的作用。

（3）病从口入要切记。

秋季各种水果上市，注意一定清洗干净再食用，最好的方法是用盐水浸泡数分钟。

15. 秋风起，防腹泻

秋季腹泻因其常好发于秋季而得名。又因研究发现它与一种车轮形状的病毒有关，所以又称为轮状病毒性肠炎。许多人并不知"轮状病毒"为何物，其实早在1973年，科学家们就证实它是在世界上引起儿童严重腹泻的主要"元凶"。每年在全世界范围内，因轮状病毒致死的儿童估计有61万名之多，占5岁以下死亡儿童总数的5%。在发达国家，比如美国，虽然很少有儿童死于该病毒，但是每年多达7万的住院人数也是十分惊人的。

该病具有全球性、流行性、季节性及自限性等特点。它主要感染幼龄儿童，以6~24个月婴幼儿最为常见，它导致的呕吐和之后的腹泻往往很严重。如果及时对被感染的儿童采取补液治疗，就能挽救他们的生命并治愈。但在一些贫穷的发展中国家，由于缺乏医疗保障，不少患儿因为脱水性休克而死亡。

传染性强 该病具有较强传染性，经消化道、呼吸道传播，在家庭、学校、医院内可造成传播。

发热、呕吐、腹泻 常见呕吐、发热、腹泻等。病程8~10天，一般潜伏期有1~3天。先出现发热、呕吐，部分患儿可伴有流涕、打喷嚏、咳嗽等类似感冒症状；呕吐持续2~3天后开始腹泻，腹泻次数少者每日10次左右，多者可达20多次，排便呈喷射状，且量多，大便呈水样或蛋花汤样，淡黄色或乳白色，偶有黏液，无脓血及腥臭味。

易脱水发生危险 由于患者持续呕吐、腹泻、发热易导致脱水与电解质紊乱。严重者可合并中毒性脑炎、心肌炎、肠套叠等。因此，一旦患秋季腹泻，应注意观察大便性状、次数，有无口渴、尿少、眼窝及囟门凹陷、皮肤弹性差、精神状态差等脱水表现，最好是出现腹泻就及时到医院诊治。

（1）纠正脱水是治疗关键。

① 有脱水症状者应及时纠正脱水与电解质紊乱。

可采用口服补液盐（ORS）。世界卫生组织建议的ORS配方为：氯化钠3.5克，碳酸氢钠2.5克，氯化钾1.5克，葡萄糖20克（药店有售），加温开水至1 000毫升，分次给予患者口服补液。也可应用静脉输液以纠正脱水。

② 口服微生态制剂，如乳酸杆菌、金双歧、妈咪爱、培非康等，均能缩短轮

状病毒感染病程。

③ 口服胃肠黏膜保护剂，如思密达、肯特灵。

④ 抗病毒药物治疗。及时就诊。

（2）饮食生活多注意。

秋季腹泻具有自限性，所谓自限性，就是不经治疗，通过一段时间也能自愈。但是，这需要在饮食和生活上多加注意，以防出现脱水等表现。

（3）预防措施。

① 注意卫生习惯的培养，把好"病从口入"这一关，饭前便后要洗手，不吃不洁食品。

② 发病季节做好消毒隔离工作，防止疾病传播，尽量不去腹泻患儿家串门，以减少交叉感染。

③ 科学保养，保证身体营养供给；锻炼身体，增强体质。

④ 必要时口服轮状病毒活疫苗，以预防该病发生。

16. 谨防秋季支气管哮喘

支气管哮喘是一种很常见的发作性、过敏性疾病，支气管哮喘的预防重点在于缓解期的调摄养护。

（1）体育锻炼。

许多支气管哮喘的病人，由于担心受凉、感寒后哮喘发作，心理上处于紧张状态，而对体育锻炼有所顾虑，结果体质下降，反而发病增多。其实，体育锻炼对本病患者大有好处，病人可以根据自己的体质情况适当选择运动方式。例如：从夏天起坚持冷水洗脸、洗脚甚至擦洗全身；每天坚持慢跑，或打太极拳。

（2）呼吸调整。

① 经常唱歌。

人在唱歌时，只能采用腹式呼吸。腹式呼吸能增大肺活量，减轻肺部压力。并且，唱歌还能振奋精神，激发体内潜力，使人从静止状态转入活动状态，同时心跳加快，肌肉紧张，有利于控制咳嗽。

② 做呼吸操。

做呼吸操可以加强支气管功能，保持呼吸道通畅，增强抗病力，防止感染。方法是：采用平卧或站立位，两手放在上腹部，然后有意识地做腹式深呼吸；吸气时腹部隆起，呼气时腹部下陷；呼气时间比吸气时间长 1～2 倍，吸气用鼻，呼气用口；呼气时口唇紧缩做吹口哨的样子。同时可用两手按压上腹部，加强呼气力量，清除肺中残留的废气。每次 20～30 分钟，每天 1～2 次。

（3）避免诱发因素。

支气管哮喘的发作，与致敏原有密切关系，发作过后，应细心寻找和分析诱发因素，尽可能加以避免。诱发因素主要是两个方面，一是过敏物质，如花粉、粉尘、皮毛、牛奶、鸡蛋、鱼、虾、螃蟹、油漆、药物等，每个病人有不同的致敏原，有的是一两种，有的多达几十种；另一个是身体和精神状态，如情绪不好、过度劳累、怀孕、月经前期等，甚至看到曾经引起哮喘的物质，就能引起精神刺激，反射性地发生哮喘。

（4）饮食调养。

① 忌酒、忌过咸食物。

酒和过咸食物的刺激，可以加强支气管的反应，加重咳嗽、气喘、心悸等症状，诱发哮喘。

② 多吃高蛋白食物如瘦肉、肝、蛋、家禽、大豆及豆制品等，增加热量，提高抗病力。

消化功能不好的人要少吃多餐。

③ 多吃含有维生素 A、维生素 C 及钙质的食物。

含维生素 A 的食物有润肺、保护气管之功，如猪肝、蛋黄、鱼肝油、胡萝卜、南瓜、杏等；含维生素 C 的食物有抗炎、抗癌、防感冒的功能，如大枣、柚、番茄、青椒等；含钙食物能增强气管抗过敏能力，如猪骨、青菜、豆腐、芝麻酱等。

④ 根据自己平日身体状况，针对性地选择食品。

如痰多、食少、舌苔白，宜选食南瓜、莲子、山药、糯米、茨实等来补脾；如四肢发冷、小便清长、腰酸，宜选食狗肉、麻雀肉、胡桃、牛睾丸、羊肉来补肾；如有多汗、易感冒，宜选食动物肺、蜂蜜、银耳、百合来补肺。

17. 秋防感冒"九饮"

秋季天气变化异常，容易患感冒。下列"九饮"能增强人体抵御"外邪"的能力，晚上睡觉前饮用，可以有效地预防感冒的发生。

（1）葱白饮：大葱白 100 克，切碎煎汤，趁热饮。

（2）姜茶饮：生姜 10 片，茶叶 7 克，煎汤，趁热饮。

（3）菜根饮：大白菜鲜根 200 克，切片煎汤，趁热饮。

（4）姜枣饮：生姜 5 片，大枣 10 枚，煎汤，趁热饮。

（5）萝卜饮：萝卜适量，切片煎汤，加食醋少许，趁热饮。

（6）三辣饮：大蒜、葱白、生姜各适量，煎汤，趁热饮。

（7）姜糖饮：鲜姜末 3 克、红糖（或白糖）30 克，开水冲泡代茶饮。

（8）橘皮饮：鲜橘皮 50 克，糖适量，开水冲泡代茶饮。

（9）菊花饮：菊花 6 克，开水冲泡代茶饮。

18. 冬季保护好您的五官

冬季气候的特征是气温低、空气湿度小、多偏北风、冷空气活动频繁、降雪几率较大，而人体五官与空气接触的机会最多，因而容易罹病。

（1）鼻出血，又称鼻衄。

鼻出血是由鼻腔黏膜内的小血管，尤其是鼻中隔前下方的动静脉血管网破裂引起的。冬季气候寒冷而干燥，鼻黏膜容易结痂，使人产生不适感，常常会用手挖鼻孔，从而导致鼻出血。此外，冬季还是鼻炎的高发季节，其中的变态反应性鼻炎患者最容易发生鼻衄。

（2）口角炎。

口角皮肤和黏膜交界处发生潮红、脱屑、糜烂、皲裂、出血、疼痛的现象称为口角炎。冬季空气干燥，嘴唇也因为发干而不舒服，一些人自觉不自觉地就会用舌头去舔，唾液暴露在干燥的空气中，会立刻蒸发，从而越舔越干，直接导致嘴唇、口角的干裂，若口腔中的细菌趁机侵入口角，就会引起口角发炎。

（3）耳冻疮诱发。

耳冻疮的主要原因是机体对寒冷的异常反应。耳朵之所以最容易生冻疮，与末端血循环障碍、气血运行不畅等因素有关。

耳朵的血液供应比其他部位少，天冷时，血管受到寒冷刺激，流到耳朵的血液就更少了。而整个耳廓，除了耳垂有脂肪组织可以保温外，其余部分只有较薄的皮肤包着软骨，里面的血管很细微，保温能力较差，因而很容易受冻。

（4）青光眼。

具有病理性高眼压合并视功能障碍者称为青光眼。此病有很多种类型，除先天性外，一般多发生在冬季，尤其在强冷空气过后 24 小时内容易发作。强冷空气之所以会诱发青光眼，是因为气温降幅过大，影响了体温调节中枢，使得植物神经调节异常而干扰了血压，造成眼压波动，继而发病。

（5）雪盲症又称雪光性眼炎。

形成此病的主要原因是太阳光中的紫外线经雪地反射到人眼角膜，引起角膜损伤。据研究，当阳光中的 300 毫微米的中波紫外线照射到积雪上，由其反射的阳光射到眼睛后，便有可能发生雪盲症，其症状是畏光、流泪、奇痒、刺痛、水肿、异物感等。

19. 冬季预防肺心病

随着冬季的到来，有些体弱者（以老年人较多）容易出现咳嗽、多痰、气促、发热等情况，严重的还会出现心慌气喘、口唇发绀，甚至昏迷。这些常与老人肺部疾病有关。

造成该类疾病的原因，有生理因素也有外界的因素。随着年龄的增大，老人胸部及肺组织发生了一系列退行性变化。例如，胸廓舒缩运动减弱，胸式呼吸减少；肺泡缺乏弹性，肺功能降低；呼吸道黏膜上皮纤毛运动受抑制，杯状细胞增生，黏液分泌增多而排痰减少，抵抗外来病原体侵袭的能力下降。加上部分病人吸烟、空气污染等可使老人从慢性支气管炎转变为阻塞性肺气肿，甚至导致肺心病。此外，秋冬季节气温变化大，老人往往适应不了，更容易引起感冒等疾病，诱发肺气肿的发生。

对于冬季常见的这种疾病，应以预防为主。如果能在病人开始出现慢性支气管炎症的同时，就采取各种措施，阻断诱因，那么就不会发展为肺气肿甚至肺心病。具体措施是加强体质锻炼，增强抗病能力，保护肺功能，每天早上可做一些运动，如扩胸、深呼吸、腹式呼吸、慢跑等，坚持冷水洗脸，增加耐寒能力，增加肺活量。其次是要彻底戒烟，改善家庭环境，减少空气污染，避免各种不良的刺激。再次是要及时治疗感冒及慢性咳嗽，减少该病的诱因。平时可以肌注疫苗等，增加抗病能力。如发现有发热、咯痰等情况，应尽快选用对呼吸道感染较敏感的抗生素。同时应用解痉、化痰、止咳等药物，加快痰液排出，改善肺部的通气。如有气促、口唇发绀等缺氧症状，则应给予吸氧治疗，送医院及时处理。

冬季气候寒冷干燥，极易诱发呼吸道感染，使肺心病复发、加重和恶化。为安渡"冬关"，应对肺心病人加强养护。

（1）保持愉快乐观情绪。

肺心病人身体虚弱，长期卧床，会产生悲观失望、忧郁、自卑心理，不良情绪又反过来降低免疫力，加重病情。故病人应树立战胜疾病的信心，保持豁达乐观情绪，积极配合治疗。家人应关心体贴、经济上支持，饮食起居合理安排。

（2）改善居室环境。

冬季居室温度应保持在18℃以上，寒冷是发病的首要因素。平时注意保暖，特别要做到三暖：暖头、暖背、暖足。室内可以洒些水，保持湿润和空气清新，严防烟雾、尘埃等吸入，加重病情。

（3）饮食保养肺心。

病人因胃肠淤血，故消化功能差，应少食多餐，宜进食低盐低脂肪、高蛋白、易消化的饮食，不食易产气食物，否则胃肠胀气使呼吸更为困难。有水肿的病人应控制食盐量，尿多时应控制饮水量，以防加重水肿，进而加重呼吸和心脏负担。

（4）控制感染，及时排痰。

一旦受到感染，应及时就医用药，以免加重病情。肺心病的治疗以清除肺部感染为主，辅以心脏病的有关治疗。多痰是肺心病的重要特点，应采取种种措施及时排痰，以免阻塞呼吸道而继发感染。特别是对长期卧床而无力自排痰者，应及时翻身拍背吸痰促其痰液排出。痰液黏稠的，可用化痰药，但慎用镇咳药。自备氧气袋。重症肺心病常严重缺氧，家庭应自备氧气袋，必要时可以坚持低浓度吸氧，缓解缺氧症状。

20. 寒潮频频防心梗

寒冬季节，尤以12月份至次年2月份心肌梗塞的发病率提高，特别是在连续低温、阴雨绵绵和大风天气，急性心梗发病率更是显著增高。

心肌梗塞是冠心病的一种急剧而严重的临床表现。主要是因冠状动脉被血栓阻塞或冠状动脉持续性痉挛，使心肌缺血死亡。冬季发病率高，是因为寒冷的刺激，使机体的交感神经系统兴奋性增高，体内儿茶酚胺分泌增多，促使肢体血管收缩，心率加快，心脏工作负荷增大，耗氧量增多，心肌就容易缺血缺氧，引起心绞痛发生。同时，交感神经兴奋和儿茶酚胺本身可导致冠状动脉痉挛，低温又使血小板易于凝聚，血液黏稠度增大，容易形成血栓，也是导致心梗的重要原因。

另外，冬天人们活动减少，又值冬季进补季节常常吃得多动得少，会使血脂水平升高，血黏度增大。另外，当室温降至10℃以下时，人会感到沉闷、情绪低落也易诱发心绞痛，严重者发生心梗。

鉴于寒冬时节易于诱发心梗的种种不良因素，在寒潮频频的冬季，患心血管疾病尤其是患有冠心病的人要特别注意天气预报，合理安排好工作和休息。要在医生的指导下坚持服药，如小剂量的阿斯匹林或潘生丁等。世界卫生组织建议：冬季室温应该不低于18℃，对于老年人和冠心病患者应再提高2～3℃为宜。在寒潮来临时，要及时增加帽、衣、被褥并减少外出。饮食上要适当控制食盐和脂肪的摄入量，多吃新鲜蔬菜和水果，避免过度劳累和情绪激动。40岁以上，有冠心病家族史、高血压病、高血脂症等易患因素的人，在寒冬时节更应注意防寒保暖，以免因此而酿成后患。

【健康小护士】

冬天要注意颈部保暖

天气变冷后，人们忘不了加些保暖内衣裤，却往往忽视了颈部保暖，颈部保暖可以有效预防颈椎病的发生。

颈椎病是指颈部退化性病变而导致的一系列症状的综合征。颈椎病的发病率很高，症状比较复杂，可以表现为颈部疼痛、僵硬感，头晕，头痛，肢体麻木，视力模糊等。颈椎病的发病原因很多，大体上可分为两方面。一是随着年龄增长，颈部长期承受压力过大，椎间盘退化、变窄，或者突出，影响局部神经和血管的功能而出现症状。二是颈部肌肉的急慢性损伤，常导致局部力量失衡，颈椎关节出现微小移位而头晕、肢体麻木等。天气变冷以后，暴露在外的颈部肌肉的血液循环缓慢，常可导致局部发生肿胀。因此，在寒冬要注意颈部保暖。

颈部保暖除了白天在颈部围围巾外，晚上还可以用热水袋外敷颈部，也可以用中药加防风、白皮、透骨草、丹参、红花、丁香、肉桂等煎水做颈部外敷，以增加局部血液循环，使损伤组织的血液供应增加，代谢物排泄加快，局部肌肉弹性功能恢复，颈椎间隙相对增大，预防颈椎移位的发生，避免颈椎病症状的出现。当然，如果颈椎病症状已经出现，就应该积极到医院专科就诊治疗，避免发生严重的继发病变。

特别提示：艾滋病的预防常识

如果你怀疑自己受到了艾滋病病毒感染，一定要到卫生机关批准的具有艾滋病病毒抗体检验条件的医疗卫生机构去检查。全国各大医院、卫生防疫站、性病防治机构均是获准的检验机构。千万不要找"游医"检查治疗。如果经实验检验证明抗体是阳性，说明你自己是艾滋病病毒感染者，但还不是艾滋病病人。

该病的潜伏期很长，一般为 5～8 年，有的超过 10 年。艾滋病病毒感染者及病人都是传染病病魔的受害者，周围的人应以关怀和爱心相待，切不可歧视这些人。

（1）艾滋病是一种病死率极高的严重传染病。目前还没有治愈的药物和方法，但可预防。

（2）艾滋病病毒主要存在于感染者的血液、精液、阴道分泌物、乳汁等体液中，所以通过性接触、血液和母婴三种途径传播。绝大多数感染者要经过 5～10 年时间才发展成病人，一般在发病后的 2～3 年内死亡。

（3）与艾滋病人及艾滋病病毒感染者的日常生活和工作接触（如握手、拥抱、共同进餐、共用工具、办公用具等）不会感染艾滋病，艾滋病不会经马桶圈、电话机、餐饮具、卧具、游泳池或公共浴室等公共设施传播，也不会经咳嗽、打喷嚏、蚊虫叮咬等途径传播。

（4）洁身自爱、遵守性道德是预防经性途径传染艾滋病的根本措施。

（5）正确使用避孕套不仅能避孕，还能减少感染艾滋病、性病的危险。

（6）及早治疗并治愈性病可减少感染艾滋病的危险。正规医院能提供正规、保密的检查、诊断、治疗和咨询服务，必要时可借助当地性病、艾滋病热线进行咨询。

（7）共用注射器吸毒是传播艾滋病的重要途径，因此要拒绝毒品，珍爱生命。

（8）避免不必要的输血、注射以及使用没有严格消毒器具的不安全拔牙和美容等；避免使用经艾滋病病毒抗体检测的血液和血液制品。

特别提醒： 献血一定要到正规的献血点或正规的医疗机构。

（9）关心、帮助和不歧视艾滋病病人和艾滋病病毒感染者，他们是疾病的受害者，应该得到人道主义的温情和帮助。

家庭和社会要为他们营造一个友善、理解、健康的生活和工作环境，鼓励他们采取积极的生活态度，改变危险行为，配合治疗；这样有利于提高他们的生命质量、延长生命，也有利于艾滋病的预防和维护社会安定。

（10）艾滋病威胁着每一个人和每一个家庭，预防艾滋病是全社会的责任。

⓪⑧　防　　盗

盗窃案在校园发生的各类案件中约占 90% 以上。校园里的宿舍、教室、食堂、体育场、英语角等处属易发生盗窃案的地点，对于同学们来说，最重要的防盗方法是加强防范意识，努力使自己的财物不受侵害。

1. 校园盗窃的方式及手段

纵观以往发生在校园的盗窃案件，可以看出盗窃分子在作案前或作案过程中往往有种种活动，供我们识别。

（1）借口找人，投石问路。

外来人员流窜盗窃，首先要摸清情况，包括时间、地点、治安防范措施等。往往以找人为借口打探虚实，一旦有机会就立即下手。

（2）乱闯乱窜，乘虚而入。

有些犯罪分子急于得到财物，根本不"踩点"，而是以找人、借东西为由，不宜下手就道歉告退，如有机会立即行窃。

（3）见财起意，顺手牵羊。

有些偶然的机会，使盗窃分子有机可乘。看见别人的摩托车、自行车没锁，顺手盗走。趁宿舍内无人，将他人放在床上的钱物窃为己有。

（4）伪装老实，隐蔽作案。

个别人从表面看为人老实，工作、学习积极，实为用此作掩护，作案后不会被人怀疑。

（5）调虎离山，趁机盗窃。

有些人故意提供虚假"信息"诱你离开宿舍，然后趁室内无人行窃。

（6）浑水摸鱼，就地取"财"。

宿舍内发生意外情况或学校组织大型活动时，乘人不备，进行盗窃。

（7）里应外合，勾结作案。

学校学生勾结外来人员，利用学生情况熟的特点，合伙作案。

（8）撬门拧锁，胆大妄为。

不法分子趁学生上课、假期宿舍无人等时机，大胆撬门拧锁，入室盗窃。

2. 宿舍、教室和食堂防盗措施

（1）最后离开教室或宿舍的同学，要关好窗户、锁好门，要养成随手关窗、随手锁门、身不离包的习惯，不给不法分子留下任何可乘之机，若一时大意，往往后悔莫及。

（2）不要留宿外来人员，尤其是不要留宿不知底细的人。

同学们都远离家乡，热情好客很正常，但是，不能违反学校管理规定，更不能丧失警惕，引狼入室。

（3）发现形迹可疑的人应提高警惕、多加注意。

遇到可疑人员，同学们应主动上前询问，如果来人说不出正当理由又说不清学校的基本情况、疑点较多且神色慌张时，则需要进一步盘问，必要时可交值班人员处理。

如果发现来人携有可能是作案工具或赃物等证据时，则必须立即报告值班人员和学校保卫部门或当地派出所。

（4）不要把学生宿舍作为聚会、聚餐、打牌、会客等交际的场所。

假如学生宿舍都形成了各种形式的"娱乐中心"，来往的人员就会十分繁杂，就容易发生各种违法案件。

（5）注意保管好自己的钥匙，包括教室、宿舍、箱包、抽屉等处的各种钥匙，不能随便借给他人或乱丢乱放，以防"不速之客"复制或伺机行窃。

（6）溜门贼可能以不同的身份混入学生住宿楼，推门发现屋里有人时，他们会借口回避，一旦屋里没人，就迅速下手顺走手机、笔记本电脑、MP3 等。有些作案轻车熟路的老贼作案时根本不会惊动闷头睡觉或伏案写作的同学。

防范措施：① 门前挂风铃，用风铃的响动提醒同学们有人进出宿舍；② 经济条件许可的情况下，安装笔记本电脑锁，固定锁的两端，防止笔记本电脑"一抄就走"。

（7）一些同学为了纳凉晚上睡觉不关窗户，嫌疑人就趁机攀爬至阳台钻窗潜入宿舍行窃。

夜间睡觉最好锁好门窗，睡前要把笔记本电脑、相机、手机等贵重物品放到抽屉或书柜中妥善保存，窗台、门后上可以放置一个倒立的酒瓶或易拉罐，防止钻窗贼入室行窃。

（8）学生食堂是校园里人员密集且复杂的场所之一，特别是中午和晚上就餐高峰时，学生占座的现象极为普遍。有的同学看见空座位就迫不及待把书包往座位上一扔就忙着到窗口排队去了，还有的同学只顾吃着可口的饭菜而把书包随意放在身后，因而极易发生拎包盗窃案。

同学之间经常因占座发生纠纷，因此最好不要占座。

由于校园餐厅绝大部分座位安排都是背靠背式座位，因此在就餐时，要尽量把书包放在怀里，防止嫌疑人从背后行窃。

（9）有的同学喜欢边听 MP3 边散步或做一些舒缓运动，但看见其他同学踢球或打篮球时又非常愿意加入，此时，就把 MP3 或手机等随身携带的小物件放在自认为没人注意的犄角旮旯。

此种情况下，最好是把这些小物件放在身上或交给旁边未参加活动的同学代为保管。

（10）应积极参加教室和宿舍等部位的安全值班，协助学校有关部门共同做好安全防范工作。

3. 几种易盗物品的防盗方法

（1）现金及银行信用卡。

最好的保管现金办法是将其存入银行，切忌将大额现金随意存放在宿舍或衣袋里。数额较大时，应及时存入银行并加密码。密码应选择容易记忆且又不易解密的数字，千万不要选用自己的生日等容易被人解读的数字做密码。

特别要注意的是，存折、信用卡等不要与自己的身份证、学生证等证件放在一起，更不应将密码写在纸上，与存折一起存放，以防被盗窃分子一起盗走后冒领。

在银行存取款时，核对密码要轻声、快捷，切忌旁若无人、大声喊叫。发现存折丢失后，应立即到银行挂失。

（2）各类有价证卡。

各类有价证卡最好的保管方法，就是放在自己贴身的衣袋内，袋口应配有纽扣或拉链。密码一定要注意保密，不要告诉他人。

如果参加体育锻炼等项活动必须脱衣服时，应将各类有价证卡锁在抽屉或箱子里，并保管好自己的钥匙。

（3）自行车、摩托车。

买新车一定要到有关部门办理落户手续。

自行车要安装防盗车锁，养成随停随锁的习惯。

骑车去公共场所，应将车停在存车处。如停放时间较长，最好将车锁固定在物体上或者放在室内。

自行车一旦丢失，应立即到学校保卫部门或当地派出所报案，并提供有效证件、证明及其他有关情况，以便及时查找。

摩托车、自行车存入学校专人看管的车棚内。假期离校将车搬回宿舍，或交朋友看管。

（4）贵重物品。

如手提电脑、手机、黄金饰品等，较长时间不用的应该带回家中或托给可靠的人代为保管。

人离开宿舍时，一定要锁在抽屉或箱（柜）子里，以防被顺手牵羊、乘虚而入者盗走。

门锁钥匙不要随便乱放或丢失。

在价值较高的贵重物品、衣服上，最好有意地做上一些特殊记号，即使被偷走将来找回的可能性也会大一些。

4. 发生盗窃案件的应对办法

一旦发生盗窃案件，一定要冷静应对，并做到：

（1）立即报告学校保卫部门或当地派出所，同时封锁和保护现场，不准任何人进入。不得翻动现场的物品，切不可急急忙忙地去查看自己的物品是否丢失。这对公安人员准确分析、判断侦察范围和收集证据，有十分重要的意义。

（2）发现嫌疑人，应立即组织同学进行堵截，力争捉拿。

（3）配合调查，实事求是地回答公安部门和保卫人员提出的问题，积极主动地提供线索，不得隐瞒情况不报。

学校保卫部门和公安机关有义务、有责任为提供情况的同学保密。

（4）如果发现存折被窃，应当尽快到银行挂失。

【健康小护士】

生活中的小技巧

（1）吃芝麻可以美发：芝麻中含有大量的维生素E，多吃可使头发乌黑亮丽，市面上有冲泡式的芝麻糊，可以直接冲泡或加在牛奶中饮用。

（2）醋有美容的功效：醋除了调味之外，还有美容的功效，皮肤若干燥，抹点醋可使之润滑。

把苹果汁、蜂蜜、醋用冷开水调匀，每天服用一次，可治疗令人头痛的便秘，防止粉刺的生长，使皮肤白嫩。

（3）橙子克服消化不良：橙子中含有丰富的维生素C及纤维，对消化不良或有便秘的人很有帮助。

许多人喜欢吃榨挤的橙子汁，其实这是暴珍天物，因为吃不到橙子中的纤维。吸收橙子营养的方法，还是以切片吃最理想。而且是将果肉全部吃掉，这样不但可以帮助消化，还可以通便。

（4）啤酒使头发柔软易梳理：很多人都不知道，啤酒其实对头发保健有很大的帮助。倒一点啤酒在洗过的头发上，可以充当润丝精，使头发变得柔软而易于梳理。

⑨ 防　骗

1. 新生防骗要领

（1）火车站：火车站人多又乱，不但要防骗，还要防偷，下了火车，不要理会私下单独找你搭腔的人，直接找公开迎新的工作人员，或直接到火车站广场的迎新站。

在火车站不要买任何东西，因为别人看你拿着大包小包的知道是外地人，容易欺骗你。

（2）火车站迎新站——学校迎新站：上车的时候看好你的行李，可能会有一些热心的工作人员帮你提行李，但是你自己也要看清楚了，免得搞丢了。到了学校迎新站，先到院系迎新点登记，安排了住宿，把行李放好了，随身带上贵重物品，然后再出去。

（3）报到：报到的手续不多，人多了要等，就显得很复杂了。需要交钱的事情一定要自己去交，不要让别人代交，交了之后记得要发票或收据。

到医院体检的时候，如果医生要你配眼镜，你可以告诉他自己已经有眼镜了。医院配眼镜比较贵，离上课还有一段时间，眼镜可以慢慢配。不同的眼镜差价很大，是好是坏一定要了解一下它的功能，多作一下比较。

（4）购物：不管是到宿舍推销的，还是自己去买，都不要着急着买随身听、MP3、复读机、计算器等暂时不需要的东西，推销员会告诉你一上课马上要用到，告诉你这些东西是必需的。其实这些东西可以等真的用到的时候再买不迟，过一段时间，你熟悉价格了，才不会吃亏。

进宿舍的推销员推销的一般是很便宜的劣质产品，即使很便宜也不要买。

到外面商店购买大一点的消费品，一定要了解清楚其功能，试用正常后再买，不要怕麻烦，店老板在你要买东西的时候一定是不厌其烦的，等你以后发现了问题，再找他的时候，就不一定怎么样了。

2. 诈骗者常用骗术

（1）假冒身份，流窜行骗。

诈骗分子利用虚假身份、证件等与人交往，骗取财物后迅速离开，且诈骗地点，居住地点不固定。

（2）投其所好，引诱上钩。

诈骗分子利用新生入学人地生疏、毕业生择业心切等心理，以帮学生找熟人、拉关系为学生办事为由行骗。

（3）招聘为名，设置圈套。

诈骗分子利用部分学生家住农村、贫困地区、家庭困难等条件，抓住学生勤工俭学减轻家庭负担的心理，以招聘推销员、服务员等为诱饵，虚设中介机构收取费用，骗人财物。

（4）以次充好，恶意行骗。

诈骗分子利用学生社会经验少，购买商品苟求物美价廉的特点，到宿舍或私定的场所销售伪劣商品，骗取钱财。

（5）虚请家教，实为掠"色"。

诈骗分子利用假期学生担任家教之机，以虚请家教为名，专找女学生骗取女生的信任，骗财又骗"色"。

（6）精心策划，网上行骗。

诈骗分子利用学生上网时机，在网上用假名交谈一些不健康的内容，之后打印成文找你恐吓：拿钱了事，不然就交××地处理进行威胁，诈骗财物。

3. 防骗措施

（1）提高防范意识。

在日常生活中，要做到不贪图便宜、不谋取私利；在提倡助人为乐、奉献爱心的同时，要提高警惕性，不能轻信花言巧语；不要把自己的家庭地址等情况随便告诉陌生人，以免上当受骗；不能用不正当的手段谋求择业和出国；发现可疑人员要及时报告，上当受骗后更要及时报案、大胆揭发，使犯罪分子受到应有的法律制裁。

（2）交友要谨慎，切忌以感情代替理智。

严格做到"四戒"。即：戒交低级下流之辈，戒交挥金如土之流，戒交吃喝玩乐之徒，戒交游手好闲之人。与人交往要区别对待，保持应有的理智。对于熟人或朋友介绍的人，要学会"听其言，查其色，辨其行"，而不能"一是朋友，都是朋友"。对于"初相识的朋友"，不要轻易"掏心窝子"，更不能言听计从、受其摆布利用。对于那些"来如风雨，去如微尘"的上门客，态度要热情、处置要小心，尽量不为他们提供单独行动的时间和空间，以避免给犯罪分子创造作案条件。

（3）同学之间要相互沟通、相互帮助。

有些交往关系，在自己认为适合的范围内适当透露或公开，更适合安全需要，特别是在自己觉得可能会吃亏上当时，与同学有所沟通或许就会得到一些帮助并避免受害。

（4）服从校园管理，自觉遵守校纪校规。

绝大多数校园管理制度都是为控制闲杂人员和犯罪分子混入校园作案，以维护学生正当权益和校园秩序而制定的。因此，同学们一定要认真执行有关规定，自觉遵守校纪校规，积极支持有关部门履行管理职能，并努力发挥出自己的应有作用。

（5）识破伪装身份。

诈骗分子常常以各种假身份出现：国外代理商、××领导亲属、华侨、军官等。有时用"托"称来人是××首长，乘××高级车等，遇这种情况不要急于表态，不要草率相信，要仔细观察，从言谈话语中找出破绽，辨别真伪。

（6）识破变化手法。

诈骗分子常常变换手法，如改变姓名、年龄、身份、住址等。此地用 A 名，换地用 B 名，而诈骗分子一身多职，时而港商、时而华侨、时而高干子弟、时而专家学者，但全是假身份。因此要发现对方多变的现象，从中引起警惕，找出疑点，识破其真面目。

（7）注意反常。

如果您对犯罪分子仔细观察一言一行、一举一动，就会发现有反常现象：别人办不了的事他能办到；别人买不到的东西他能买到；别人犯法他能担保等。这些与常规差距越大，虚假性就越大。因此对这些谎言，要冷静思考识破骗局。

（8）当心麻醉剂。

诈骗分子为了达到目的，有时宴请、有时赠礼或投其所好，不惜花本，吃小亏占大便宜诱你上当。

（9）主动出击，打破骗局。

可通过犯罪分子的讲话口音、谈语内容以及对当地的风土人情、地名地点，对社会的了解等识破其真面目；从犯罪分子的举止行动、行为习惯、业务常识、所谈及人的姓名、职务、住址、电话等，判断其真伪；从身份证中核实其人，并千万牢记"没有免费的宴席，天上不会掉馅饼"，这样就能防止或减少被骗。

特别提示：

在日常生活中，要提高防范意识，学会自我保护；谨慎交友，不以感情代替理智；同学之间互相沟通、互相帮助；遇有不明问题，充分依靠组织、老师和同学；自觉遵纪守法，不贪占便宜；发现诈骗行为，及时报警。

4. 求职防骗

目前求职找工作竞争非常激烈，求职者心情迫切、想方设法去求职，但是，许多时候都非常盲目，其中重要的原因就是对职场认识迷茫、一叶障目，没有做好有针对性的准备。毕业生择业的过程，是一个复杂的变化过程。面对严峻的就业形势，面对众多的竞争对手，要想获得择业的成功，需要过五关、斩六将，其中一关就是陷阱和骗局。一些骗子就是利用求职者的急切心理，绞尽脑汁、挖空心思对找工作的人特别是初入职场的毕业生，伸出罪恶的黑手，骗术多多、花样翻新、偷梁换柱、以假乱真。

职场骗术一：假扮经理骗手机。

招聘会上，人山人海，毕业生拿着简历东张西望，挤不上去，这时有个某单位的经理过来，夸你气质好、有教养，向你要简历并介绍单位怎样好，你一定高兴坏了。骗局也就由此开始，他先向你询问几句后，便说初步可以录用，但要请示一下老总，于是拿起手机给老总打电话，刚说两句手机没电，用你的吧，你一定急于等老总回话，于是会慷慨地递上手机。又说两句，招聘会人多信号不好，一起到到外面说吧，出去后哪热闹往哪去，你更不在意了，转眼他便消失在茫茫人海中。这样的事常发生在招聘会场，所以，你要注意递简历要到正式单位的摊位上，和招聘经理去谈，不要以为招聘会上都是来招人的，也有来"招物"的。

职场骗术二：巧立名目骗钱财。

严肃正规的经过面试，很快被录取，心里高兴极了，公司有什么要求，新员工当然要听话，于是，就要交报名费、服装费、保险费、培训费、押金等，等交完钱，去上班，实际上等于自己给自己开了一个月工资，这还是好的；有的去上班时才知道，压根都没这单位，收钱的早已人去楼空。劳动部门早有规定，招工不许收费，所以，凡是要你交钱的事，就躲开，那单位准有问题，第一笔钱交了，马上就处在被动地位，让人牵着鼻子走。

职场骗术三：非法网站骗资料。

看到与自己相匹配的工作，急忙发出简历，没有收到招聘单位的任何信息，却招来一些中介公司的短信和邮件，让人莫名其妙、心绪不宁。原来是非法网站以招聘为幌子，骗取详细资料后出售给中介公司牟利。而中介公司急功近利，频繁骚扰，给你的求职带来很多麻烦，如果继续受骗，那就更糟糕了。所以，网上求职，一定要到正规有名气的网站，才能达到预期效果。

职场骗术四：非法强迫逼传销。

自从国家不让搞非法传销后，一些非法分子就将传销转入地下，为了发展传销网，强迫拉人、逼迫传销，一旦被高收入诱惑，骗入伙内，就成了地下人，想不干或要回家都不行，他们会非法扣留。

骗术五：模糊概念给工资。

好不容易拿到一份 Offer，高兴地去入职，谁知并不是求职大吉，而是入职在前、陷阱在后，就拿试用期这件事来说，有的单位是考察新人的工作能力，有的公司却在做"倒手生意"。先是以吸引人的条件吸引员工入职，入职后，先谈试验期三个月，付给刚够吃饭的工资，然后再讲转正后根据工作能力"月薪面议"，不给明码标价，在这种口号的鼓励下，新人们不知内情，工作吃苦在前，任劳任怨，让干啥就干啥，让加班就加班，辛辛苦苦三个月快过去了，眼看就到了"月薪面议"的日子，老板却开始以种种借口炒人了，并在某天来一群新的"月薪面议"，三个月前进来的人几乎全部换手，没人告诉新来的人内情，他们依然在期望中为公司任劳任怨地干着。有的人在公司里只见过主管，都没见过老板就被炒掉了。主管就是带着老板的旨意，在招聘会上招了一批又一批，换手率之高，让主管都眼晕。

职场骗术六：录取过程中骗成果。

以吸引人才为名，高薪优待，请到公司，让人才感到跳槽成功，在新老总比原来老总待自己好多了的感召下，忠心耿耿，实实在在，把自己的研究成果、设计方案、程序、原理等通过考试、试用、培训、写书等方式贡献出来，等宝贝一出手，老总马上就让人事部门找借口将你炒掉，再用这份高薪优待作为新的诱饵，去钓新的人才。

特别提示：

骗术种种，扰乱了职场秩序。大家求职前一定要认真参加学校组织的培训，学习《劳动法》、《劳动合同法》等法律法规，以免上当受骗。

5. 求职时小心身份证

某大学大三学生小媛利用假期出来打工，去某公司应聘没有成功。可没过多久，就收到了法院传票，要她偿还上百万元的贷款。原来她在应聘这家公司时留下了身份证复印件，公司的人就拿这张身份证复印件去办理注册、贷款等各项业务，贷款后卷款逃跑，法院据此而找到了小媛。

身份证是公民最好的身份证明，里面那串长长的信息号码详细记录了你的来源出处，离开了它，连你自己都无法证明你是谁。而在生活中，需要身份证的地方又数不胜数，尤其是在求职应聘时用得比较多。如何在求职中保护自己的身份不被歹人所利用，这应该引起求职者足够的重视。

（1）别轻易将身份证号码向外界公开，特别是在一些人人皆可翻阅的地方。

（2）千万不要碍于情面，把自己的身份证借给亲戚、同学、同事和朋友，以免造成不必要的麻烦。

（3）需要注意的是，在求职应聘时，对方只有核对身份证的权利，没有必要留存身份证复印件；如果需要身份证复印件存档作资料时，应当在身份证的复印件明显处打上自己非常清楚的标志，并注明是专作某项用途使用，且书写时从左到右画过整个身份证的表面，以防被别人拿去再次复印时做手脚。

（4）当一件需要用身份证复印件的事情并没有存档需要时，或是求职无望后，别怕麻烦，最好要记得索回自己留存的身份证复印件，以免后患。

6. 暑假打工警惕五大陷阱

案例一： 某名牌大学大二学生小田，家在农村，父母都是农民，家境贫穷，父母为供小田上学，已经欠债数万元。小田为了减轻父母的负担，暑假没有回家，找了一家职介中心，该职介中心的工作人员仔细查看了小田的学生证和身份证后，让小田先预交了 500 元押金，还签订了所谓的"合同书"，问了小田有何种特长、爱好后，就告诉小田回去听通知，说一有适合小田的工作，立即就打电话通知他，一周过去了，小田没有等到通知，两周过去了，还是没有通知。小田就打电话询问，得到的答复是：再稍等等。三周过去了，还没有消息，小田就去了该职介中心责问工作人员说："合同上说 15 天找不到工作就退回 500 元押金，我不找工作了，把钱退给我。"工作人员说："合同上明确规定，期限为一年，15 天找不到工作退钱可以，只能退 20%，也就是 100 元。"小田此时才知道上当了，遇到了黑职介中心。

案例二：据报道，2006 年 7 月的一天，某大学学生张某在报纸上看到一则招聘陪聊的广告："招聘陪聊、陪玩人员，月薪万元……"因为家庭困难，他就想利用假期来找份工作挣点钱，减轻父母的负担，于是他就来到这家职业介绍所，一名女工作人员接待了他。他说先让张某交 200 元钱的建档费用，先填写资料，随后又和张某谈合同，让他交 300 元的保证金。在职介所的要求下，张某交了 500 元。交纳费用后，职介所的人员问他想找什么样的工作，张某说想做陪聊，工作人员说他的外表不错，可以去试一下，工作人员告诉他很快就能给他安排工作，第二天，张某果然接到一个要求陪聊的电话，对方说约他出来谈一下，他便答应了。约张某出来的是个女士，大约 30 岁左右，他们找了一个咖啡厅聊了几个小时，离开的时候，那个女士给了他 100 元钱。

自从张某陪聊一次挣了 100 元钱后，以后很长时间，张某再也没有接到职介所安排他陪聊的电话。张某去找职介所，问他们为什么不给安排陪聊的工作，他们说他的条件不合格，所以很难帮他继续找人聊。

（1）内幕揭秘。

王某曾经在这类黑职业介绍所工作过，非常了解其中的内幕。王某说，只要求职者把钱交到职介所工作人员的手上，所有的一切就在他们的掌握之中了，接下去就是给求职者安排陪聊的时间或其他工作。这时候职介所会把一些求职者送到"托儿"那里。为了让求职者相信他们，他们先让"托儿"假扮找人聊天的人，然后一次给求职者 100 元左右的费用。

王先生介绍说，他们只给求职者"安排"一次工作，求职者如果来找他们，职业介绍所的人一般以求职者条件不符合等借口推托，有时也采取一些暴力恐吓的手段赶走回来要求退钱的求职者。保守估算，一个黑职介所一年就能从求职者手中骗到 100 余万元。

（2）打工陷阱。

暑假期间，不少学生开始了打工生活。但是不少中介和非法公司采取种种手段让本已艰苦的打工者变得难上加难。

陷阱一：虚假信息。

一些不规范的中介机构以"急招"的幌子引诱学生前来报名，收取中介费。一旦钱到手，"信息"则遥遥无期，或者找几个做"托"的单位让学生前去联系。

陷阱二：预交押金。

一些用人单位在招聘时，往往收取不同金额的抵押金或收取身份证、学生证作为抵押物。但往往学生交钱后，便石沉大海。

陷阱三：不付报酬。

一些学生被个人或流动服务公司雇用，雇主往往在 8 月份找个借口拖延一下工钱，然后到了 9 月份消失得无影无踪。

陷阱四：临时苦工。

个别企业平日积攒下一些脏活、累活，待假期一到，找一些学生突击完成，学生不可能借此掌握社会知识、工作技巧。

陷阱五：高薪招工。

有的娱乐场所以特种行业的高薪来吸引求职者，年轻学生到这些场所应聘，往往容易误入歧途。

（3）防范措施。

① 一定要到资质、信誉好的职介中心找工作。看该职介所是否有《职业介绍许可证》和营业执照。

② 用人单位私自向求职者收取抵押金属于违法行为，更不能扣留身份证、学生证等证件作为抵押物。学生在求职时要予以回绝和揭发。

③ 一旦不幸进入这些公司，一定不要只考虑面子，不好意思开口。在这些单位找借口之前，就要报酬。

④ 应聘前要清楚所从事的工作内容和性质，一定要和用人单位签订书面协议。

⑤ 专家建议，中专、高中的学生可以选择在超市、商场做商品促销或到快餐店做服务生；大学生可以选择的打工面比较宽，但在一些娱乐场所打工时，一定要注意安全。

7. 警惕"高薪招聘陷阱"

案例一： 梁某是刚毕业的一名大学生，原本想尽快在所在的城市找到一份工作，但是尽管跑了很多人才招聘市场，他还是没有找到适合自己的一份工作。

一次，他在一个公交车站等车，突然看到站牌上贴着一张巴掌大的"高薪招聘"的小广告，上面写着："本酒店急招男女陪聊、私人伴侣等特种超级接待服务生多名，月收入1万~4万元，男性在18~26岁，身高在1.75米以上，五官端正，要有阳刚之气，并具有较好的语言表达能力……女性在18~24岁，身高在1.60米以上，端庄秀丽，善解人意，从事过公关工作的更佳……年轻的大学生优先……"梁某一看广告，非常符合自己的条件，便拨打了广告上的热线电话。接电话的是个女的，她听过梁某的简介后，夸奖说："像这种条件，一个月保险能挣3万~4万元。"为了得到这份工作，梁某按照对方提供的账号汇了600元报名费。又打电话过去，刚才那个女的告诉梁某，酒店已经同意梁某上班，一个星期后就能上岗。她要梁某再交1 000元岗前培训费和服装费，说来应聘的人很多，不经过专业培训，绝对不允许上岗。梁某只好向朋友借了1 000元，给对方汇了过去，汇款后，梁某再次拨打热线，对方已经关机。

案例二： 据报道，一天，吴先生的手机上突然收到了一则高薪招聘酒店服务员的广告："诚招男女服务员，月薪4 000元以上。"据吴先生讲，由于做生意刚赔了钱，手头紧张的他打通了上面留的电话，一名姓韩的女子接了电话，让吴先生到××路某大酒店的大厅里应聘。吴先生来到该酒店大厅待约5分钟，韩某打来电话说，吴先生形象不错，公司决定录用他，并让他交上2 000元钱押金，并准备好身份证原件及复印件。

求职心切的吴先生当即按照对方的账号，汇入了2 000元钱，谁知对方收到钱后根本不提上班的事了，又让他交8 000元的培训费，吴先生由于手头没钱拒绝了并表示不要这个工作了。韩某说一周后将2 000元钱退还，7天后当吴先生打电话要钱时，对方让他再存3 000元钱凑足5 000元转账，吴先生这才发现上当受骗了。

（1）行骗伎俩。

① 利用在路边张贴高薪招聘广告来吸引事主，在事主按照广告上的电话与对方联系时，对方要求事主将一笔钱存入指定的一个账号作报名费，让事主等结果，之后音讯全无。

② 打着知名企业的名义设招工点行骗，或以中介公司的名义租房行骗，一旦事主交了报名费和押金，骗子便毫无影踪。

（2）防范措施。

行骗者根本不在本地，所谓的面试、培训都是圈套，行骗者采用假身份证在异地开户，然后大量散发"高薪招聘"野广告，再不断要求上当人汇钱，等受骗者醒悟，骗子的手机就"关机"了。"天上不会掉馅饼"，所以，如果看到类似的广告，就要擦亮自己的眼睛了，以免上当受骗，后悔就晚了。

8. 警惕"虚拟招工"

案例一：2002年3月22日，年仅20岁的小徐几天前从家乡到南方，希望能在特区找到一份工作，却不想落入圈套，被骗走钱财。

小徐在街头看到某电子厂的招聘广告，需要大量普工、仓管员、杂工还有电工、保安等。原来在家乡曾经干过保安的小徐见到广告上说的800～1400元工资待遇便十分动心，马上赶到电子厂。

该厂一名接待人员当即让他交了20元，说先办工卡，再面试，如果不行就将20元钱退给他，求工心切的小徐也没有多想就交了钱。面试的是一个姓王的经理，问了他一些问题，便说"可以试用，但要先交200元钱，用于试用期的生活费、厂服等。"小徐答应了。

2002年3月13日第一天上班，小徐发现这家工厂只有一个工人，但工厂有记录显示，从2月20日到3月14日有了卡的人是175人。后来他发现车间里没有任何机器设备，所有的人加在一起不过20多人，保安的职责不是负责安全，而是要出去张贴广告，到公共汽车站接待招聘的人。他想要回自己的200元钱，辞工不干了，可工厂方面的人说自动离职不退钱。像小徐这样上当的人很多，许多人发现被骗后就离开了，只有小徐决定要讨回公道。

据了解，该厂房的房主是某房地产公司，该厂在签租合同时既没有公章也没有营业执照。

案例二：2003年5月23日，执法人员接到一个名叫潘某的打工青年的投诉。5月10日，已经在该市逗留了几天、急于想尽快找到工作的小潘，在一家报纸的右下角看到了希望："某实业有限公司诚聘吊顶、天花板销售业务员、办公室话务员、长途运输押运员、司机、天花板销售策划"，并附有报名地址和电话。这条招聘信息让潘某十分激动。他曾经学过一些少林功夫，应聘押运员十拿九稳。

很快，潘某找到了广告招聘的所在地——某大酒店。看了求职材料后，主管招聘的杨主任说他条件优秀，三天后就可上班，但必须先交 120 元抵押金。求职心切的小潘难以掩饰心中的喜悦，未及多想便如数交了钱，对方却连一张白条都不给开。

5 月 13 日，接到已被录用通知的潘某非常高兴，急忙赶到某大酒店报到。没想到见面后杨主任又说，为防治"非典"，他必须再交 260 元办"健康证"，然后才能正式上班。这引起了小潘的疑心，他借口没有带钱就离开了。离开公司后，小潘立即打电话咨询劳动部门，对方说招工时不准收取抵押金和其他不合理费用。此时，潘某才预感到上当了。此后，公司一直没有安排他上班，他多次要求退款，均遭拒绝。

遭遇这种骗局的求职者远不止潘某一人，务工人员吴某也同样被"公司招工"骗去 120 元抵押金，有的人按照对方要求交了 380 元各种费用后仍无法上班。

（1）行骗伎俩。

目前，社会上类似的"公司招工"招聘信息多如牛毛，其中不乏专职行骗的虚拟公司，这与以前的黑职中介相比欺骗性更强。对此有关部门再次提醒求职者，求职时一定不要太心急，不要轻易相信街上的一些非法小中介，要注意看招聘方的营业执照原件，如果要求交相关费用，必须让对方出具正规发票。这样做既可避免上当，又有利于维护自身权益。

招工诈骗是以招工为幌子骗取应聘对象钱财的一种诈骗手法。上当受骗的往往都是在生活上原本就困难的下岗工人和进城务工农民。这种诈骗形式主要表现为如下几种：

① 假借公司名义进行非法招聘。要达到使多数人上当受骗而诈取较大数额钱财的目的，诈骗者往往假借公司的名义。而他们所假借的公司，有的手续不全，条件较差，明显不具备开办公司的条件；有的濒临破产，严重缺乏资金，甚至有的公司完全就是虚构的。

② 多以下岗失业人员和进城务工农民为诈骗对象。因为这一部分人的就业压力大，因而在应聘时经常出现"病急乱投医"的现象。

③ 多以优惠的招聘条件为诱饵。在招工诈骗活动中，为了让更多的应聘对象上当，诈骗分子设置的"门槛"肯定不高，他们往往承诺一些过于"优惠"的招

聘条件，如保证金低、工资高、工作轻松、能力要求不高等，以诱使应聘者上钩。

④ 多以收取保证金、手续费等手法诈骗现金。实践中，诈骗分子在招聘时都要求应聘者预先交付一笔小额保证金、手续费，一旦收取现金后，他们却并不会向应聘者提供任何实质意义的工作机会，而是千方百计地寻找借口拒不退还应聘者预交的现金。

（2）防范措施。

① 克服"病急乱投医"的心理，避免盲从。对于那些条件过优的招聘广告要特别警惕，要实事求是地估计自己的能力，切忌好高骛远。对于自己明显感到条件不够的职位要审慎处之。

② 要尽可能到政府有关部门指定或管理的职业中介场所应聘，小心场外招聘、中介招聘等情况。在应聘时要查看公司的有关法律手续是否完备、规范。

③ 签订合同时，不要盲目签字，要认真审查合同内容，防止合同"陷阱"。保存好合同及预交费用的有关凭证。

④ 发现公司故意不兑现承诺、多次推诿等情况，就应想到可能是招工诈骗行为，要及时向当地工商行政管理部门或公安机关反映情况，要求及时查处。

【健康小护士】

热食配冷饮宜相隔3分钟

冬天到了，许多同学相约去吃火锅，吃了火锅之后身体变热，常常会搭配着火锅店的冷饮"降温"，这时候就很容易对自己的身体造成伤害。吃火锅的时候要注意：喝完热汤之后，别太急着喝冷饮，应该休息一下再喝。如此才能保持血压的稳定，因为，血压变动是与食物温度差异息息相关的。另外，也能防止肠胃因忽冷忽热而受损。

大家在吃火锅时，通常会一边吃热食喝热汤，然后再喝冰饮料或水，冷饮与热食的相互温差对于血压和人体内部各种器官有很大影响，因此除了要严防胃肠道受损之外，也要多加注意一旦自身发现有头痛警讯的情况出现，就应该赶紧确定自己是否有高血压，以尽早预防并接受治疗。

一般而言，大家都知道气温差异的变化，会造成血压不稳的情况，但其实血压变动也是与食物温度差异息息相关的，这一点是容易被大家忽视的。

冷饮会造成胃肠中血管收缩、肾上腺素分泌，导致血压上升，热汤则会造成血管扩张、血压降低，以致血管在极短时间内一缩一张，使得血压极度不稳定，如本身又有高血压问题者，轻者会头痛、头晕，严重者则会发生脑中风与心肌梗塞，大家应多加谨慎。

特别提示：

每当冬季严寒的时候，大家除添加厚重衣物帮自己的"外部器官"保暖之外，也要做好"内部器官"的保暖工作，谨记吃火锅或热食如有搭配冷饮时，宜相隔3分钟左右，如此一来才能内外兼顾，真正达到"内外部器官都保暖"。

10 防抢与防伤害

1. 校园抢劫案件的特点

抢劫是作案人以暴力、胁迫或其他方法强行抢走财物的行为。抢劫具有较大的危害性、骚扰性，往往转化为凶杀、伤害、强奸等恶性案件，严重侵犯人民群众的财产及人身权利，对被害者造成生命、健康及精神上的损害。

受校园环境的制约，校园内的抢劫案件有其显著特点。

（1）作案时间一般为师生休息或校园内夜深人静、行人稀少之时。

（2）大多抢劫案件发生于校内比较偏僻、人少的地带，一般为树林中、小山上、远离宿舍区的教学实验楼附近或无灯的人行道、正在兴建的建筑物内。

（3）抢劫的主要对象是携带贵重财物的，单身行走的，晚归无伴或少伴的，谈恋爱滞留于阴暗无人地带的大学生。

（4）作案人一般对校园环境较为熟悉，往往结伙作案，作案时胆大妄为，作案后易于逃匿。外地流窜作案的可能性较小。

2. 如何避免遭抢劫

注意做到如下几点，就有可能避免成为抢劫攻击的目标。

（1）不外露或向人炫耀随身携带的贵重物品，单独外出不轻易带过多的现金；

（2）尽量不要独自外出，注意结伴而行；

（3）不要独自在偏远、阴暗的林间小道、山路上行走，不到行人稀少、环境阴暗、偏僻的地方，避开无人之地；

（4）尽量避免深夜滞留在外不归或晚归；

（5）穿戴适宜，尽量使自己活动方便；

（6）单身时不要显露出过于胆怯害怕的神情。

3. 应急措施

万一遭遇抢劫，要保持精神上的镇定和心理上的平静，克服畏惧、恐慌情绪，冷静分析自己所处的环境，对比双方的力量，针对不同的情况采取不同的对策。

（1）首先要想到尽力反抗。

只要具备反抗的能力或时机有利，就应及时发动进攻，制服或使作案人丧失继续作案的心理和能力。

（2）尽量纠缠。

可借助有利地形，利用身边的砖头、木棒等足以自卫的武器与作案人僵持，使作案人短时间内无法近身，以引来援助者并给作案人造成心理上的压力。

（3）无法与作案人抗衡时，可看准时机向有人、有灯光的地方或宿舍区奔跑。

（4）当已处于作案人的控制之下无法反抗时，可按作案人的需求交出部分财物，采用语言反抗法，理直气壮地对作案人进行说服教育，晓以利害，造成作案人心理上的恐慌。

切不可一味求饶，要保持镇定，或与作案人说笑，采用幽默的方式，表明自己已交出全部财物，并无反抗的意图，使作案人放松警惕，看准时机反抗或逃脱控制。

（5）采用间接反抗法。

即趁其不注意时在作案人身上留下暗记，如在其衣服上擦点泥土、血迹；在其口袋中装点有标记的小物件；在作案人得逞后，悄悄尾随其后，注意作案人的逃跑去向等。

（6）要注意观察作案人。

尽量准确地记下其特征，如身高、年龄、体态、发型、衣着、胡须、疤痕、语言、行为等特征。

（7）及时报案。

作案人得逞后，有可能继续寻找下一个抢劫目标，更有甚者在附近的商店、餐厅挥霍。各校一般都有较为严密的防范机制，如能及时报案，准确描述作案人特征，有利于有关部门及时组织力量布控，抓获作案人。

（8）无论在什么情况下，只要有可能，就要大声呼救，或故意高声与作案人说话。

4. 预防抢劫

抢劫是作案人以非法占有为目的，乘人不备，公然劫取财物的行为。其特点是作案人未使用暴力、胁迫等手段，但作案人在实施抢劫行为时，极有可能造成攻击目标的人身损害，具有较大的危害性。

预防抢劫案件的发生，必须注意：

（1）外出不要携带过多显眼的现金和贵重物品；

（2）不要炫耀或显露现金或贵重物品；

（3）现金或贵重物品最好贴身携带，不要置于手提包或挎包内；

（4）尽量避免在午休、深夜或人少的时候单独外出；

（5）不要单独滞留或行走在偏僻，阴暗处；

（6）发现有人尾随或窥视，不要紧张，露出胆怯神态，可回头多盯对方几眼，或哼首歌曲、并改变原定路线，朝有人、有灯的地方走。

（7）当抢劫案件发生时，应保持镇定，及时做出反应。

抢劫犯作案后急于逃跑，利用其这种心理，应大声呼叫，并追赶作案人，迫使作案人放弃所抢劫的财物。若无能力制服作案人，可保持距离追赶并大声呼救，引来援助者。

（8）追赶不及，应看清作案人的逃跑方向和有关衣着、发型、动作等特征，及时就近到人多的地方请求帮助，并及时向校保卫部门或治保人员报案。

5. 其他不安全事故的预防

① 提高自我保护意识，提高警惕性，以防坏人有机可乘。

② 不要让不太熟悉的人随意进宿舍，以防不测。

③ 晚上睡觉前要关好门、窗，并检查门、窗插销是否牢固。

④ 夜晚有人来访，不要轻易开门接待；对陌生人绝对不能开门。

⑤ 假期不能回家的学生，应集中就寝。如只剩下一人时，应和老师说明情况，让老师妥善解决。

⑥ 夜晚到室外上厕所，一定要穿好外衣，找同伴一起去，如遇到坏人应全力呼救，并进行自卫，最好不要单独一人上厕所。

⑦ 宿舍内一旦遭到坏人袭击，不要害怕，要鼓起勇气与坏人搏斗，并大声呼救。

⑧ 按时就寝，不要在宿舍内点蜡烛，不要在床上打闹。

⑨ 晚上回家，应结伴而行，遇到不怀好意的人挑逗或侵害要给予严厉斥责，并高声呼救；如果四周无人，又来不及逃脱，要设法与其周旋，切不可鲁莽地与罪犯搏斗。

6. 女生安全常识

（1）女生集体宿舍安全。

① 经常进行安全检查。

如发现门窗损坏，及时报告学校有关部门修理。

② 就寝前要关好门窗，在天热时也不例外；防止犯罪分子趁自己熟睡时作案。

③ 夜间上厕所，要格外小心；如厕所照明设备损坏，应带上手电筒，上厕所前应仔细查看一下。

④ 中午或夜间如有人敲门，要问清是谁再开门；如发现有人想捅门、撬门进来，室内同学要大声呼救，并做好齐心协力反抗的准备。

⑤ 周末或节假日，其他同学回家或外出，最好不要独自一人住宿。

回宿舍就寝时，要留心门窗是否敞开，防止有犯罪分子潜伏伺机作案，如遇异常情况，可请一、二位同学同时去，以确保安全。

⑥ 无论一人或多人在宿舍，当犯罪分子来侵害时，都要保持冷静的态度，做好临危不惧，遇事而不乱；一方面呼救，一方面同犯罪分子作坚决斗争。

（2）女生夜间行路安全

① 保持警惕。

如果在校园内行走，要走灯光明亮、来往行人较多的大道；对于路边黑暗处要有戒备，最好结伴而行，不要单独行走。

如果走校外陌生道路，要选择有路灯和行人较多的路线。

② 陌生男人问路，不要给对方带路；向陌生男人问路，不要让对方带路。

③ 不要穿过分暴露的衣衫和裙子，防止产生性诱惑，不要穿行动不便的高跟鞋。

④ 不要搭乘陌生人的机动车、人力车或自行车，防止落入坏人的圈套。

⑤ 遇到不怀好意的男人挑逗，要及时斥责，表现出自己应有的自信与刚强。

如果碰上坏人，首先要高声呼救，即使四周无人，切莫紧张，要保持冷静，利用随身携带的物品，或就地取材进行有效反抗，还可采取周旋、拖延时间的办法等待救援。

⑥ 一旦不幸受侵害，不要丧失信心。

要振作精神，鼓起勇气同犯罪分子做斗争；要尽量记住犯罪分子的外貌特征；如身高、相貌、体型、口音、服饰以及特殊标记等；要及时向公安机关报告，并提供证据和线索，协助公安部门侦查破案。

7. 天气变暖预防性侵害

案例一： 某夏天的一个夜晚 11 时左右，胡小姐加班后独自步行回家，在回家的途中，她发现身后有两名男子一直跟随着她。她知道可能遇到歹徒了，于是，她加快了脚步，身后的两名男子也加快了脚步。最后，这两名男子终于追上了她。企图对胡小姐非礼，她大声呼救，所幸有路人经过才吓跑了歹徒。

警方提醒说，春末夏初是性侵害事件的高发时段。而在一天当中，23 时左右，外出的单身女性最易受到性侵害。

当最高温度在 18℃ 以下时，发案数总体很低，变化特征不明显；气温在 18℃ ~ 27℃ 之间时，发案数的平均增幅较大；气温达到 28℃ 时，发案数达最高峰，而后缓慢下降；气温超过 33℃ 以后，发案数突然降到低谷。

28℃ 这个温度值，大至分布在春末夏初这个阶段。当气温进入 28℃ 时，从穿衣的舒适度来计，比较适合女孩子们穿短裙、短裤、无袖衫等清凉服装。

夏初气温逐渐升高，人们外出活动增多，女性衣着较为暴露单薄，容易诱导性侵害的发生。而且在这个季节，男性在外饮酒的次数和数量都会有所增多，更易产生冲动，导致性侵害的发生。

如果温度过高，人的情绪会变得烦躁不安，体力也会下降，性欲相对来说会有所降低。

6 ~ 9 时这一时段发案数极少，14 ~ 16 时发案数较多，21 时到次日凌晨 1 时是发案高峰期。其中，23 时发案频率最高，占到发案总数的 12.72%。

（1）防范措施。

夜间回家时最好乘坐出租车，让车停在楼下，减少单独一个人在路上行走的可能性。如果遇到必须单独通过无人、黑暗的道路，可以做好以下几个预防措施。

① 晚上加完班回家时，最好不穿过于暴露的服装或连衣裙等一体式服装，有条件的话最好换身衣服。事先计划好最安全的夜间出行路线，相信自己的直觉，发现可疑人员立即躲避。

② 事先告知朋友或家人自己要经过的路段和大致时间，将家人、朋友的电话设定为拨号快捷键，手机拿在手中，遇到危险情况快速按下。

③ 要通过危险路段前，先拨通家人或朋友电话，告知对方自己所在的位置，与对方大声聊着天经过。

④ 遇到可疑人员后，首先要与其保持距离，避免被   把抱住。与其周旋时，可以向对方说："要干什么、把钱都给你、不报案"等话，在周旋同时暗中拨打110。

⑤ 如果离居住地比较近，可以面对可疑人员慢慢往后退，寻找能跑开的机会。跑的时候，嘴里要大声呼救，不要单纯喊"救命"，试着喊"着火了"等求救语，既可以迷惑、削弱可疑人员的警惕性，又能使住在附近的人出来救火从而吓退意图侵犯者。

案例二：某初一学生小欣酷爱电脑上网，以"你的宝贝"为网名，每天晚上都生活在虚幻世界中，不能自拔。某"黄金周"的一天晚上，在网上小欣结识了"我是你的恋人"，几句话"过招"后，小欣甚感相见恨晚。第二天，"我是你的恋人"约小欣见面。第二天上午，小欣如约而至，在陪着"我是你的恋人"去某公园玩的过程中，在小树林中被强暴。

性侵犯案发地点依次为：嫌疑人住处、被害人住处、拆迁工地、树林等偏僻地点、深夜无人的道路、小区边，其他发生在嫌疑人或被害人住处的性侵害案，大都发生在熟人之间，此外，被嫌疑人以招聘、请保姆等名义将受害人骗到家里，或者在入室抢劫、盗窃时强奸事主的也占有一定比例。

当事人长相漂亮、穿着暴露等，都是嫌疑人产生性冲动的原因。因为在封闭性的房间内呼救不易，实施犯罪不易被人发现，更壮了嫌疑人作案的胆量。同时，一些女性往往更注重外出时的人身安全，而在自己熟悉的室内场所时缺乏警惕心，从而遭到侵害。

（2）防范方法。

① 首先从言语、动作上判断对方的意图，如果对方在试探就要直接拒绝，如

果对方直接进行性侵犯，就想办法避免。

② 根据当时情况先找借口摆脱对方纠缠，与对方保持一定的距离，找对方比较紧张或者比较伤感的话题聊天。聊天可以分散对方的注意力，为自己提供观察周围环境、寻找自卫工具的机会。

③ 寻找能够拿到手机的机会，将手机藏在身上，寻找机会跑到可以锁上门的厨房或者厕所，拨打110报警。

④ 寻找能够跑到阳台上的机会，反锁阳台门，向楼下呼喊求救，同时告知对方迅速离开可以不予追究，避免对方出现过激的恶性危害行为。

⑤ 与网友见面，应选择在人多的公共场所，不要轻易去陌生的地方。与男性单独交往时，不要过量饮酒。外出时或返家前，最好先与家人联系，让家人了解自己的行踪。夜间出行时不要边走路边打手机，以免分散注意力。

⑥ 单独和男性接触时，应保持一定的身体距离，不要做出一些容易被误解的言行，更不要开带有性挑逗意味的玩笑。听到对方暧昧的试探性话语，立场、态度要明确。

8. 防性侵害的招数

案例一：某日深夜，在某酒店喝完酒的程某，在回家的路上，碰到以前的初中女同学柳某，程某以老同学一年多不见面聊聊天为由，将20岁的柳某带到某开放公园的小树林内，在向柳某提出性要求被拒绝后，强行将柳某奸污。

（1）警方提醒。

根据以往的性侵犯案件，警方提醒说四类年轻女性容易成为性侵犯目标。第一类：长相漂亮，打扮入时，衣着暴露者；第二类：独身一人，孤立无援者；第三类：文静懦弱，胆小怕事者；第四类：体质衰弱，无力自卫者。

此类犯罪分子多是躲在不易被人察觉的偏僻路段，深夜或凌晨作案，拦路强奸年轻女性。

（2）防范招数。

招数一：年轻女性夜晚最好不要去偏远的地方，不走偏僻、阴暗的小路。发生意外，要及时报警或报案。

招数二：陌生男人问路，不要带路；向陌生男人问路，不要让他带路。

招数三：不要搭乘陌生人的车辆，防止落入坏人圈套。

案例二：吕某与陈某是要好的朋友，陈某有一个漂亮乖巧的 6 岁的女儿小媚，女儿小媚与小吕非常熟悉，见了小吕就爱与他玩。有一天，陈某夫妇都加班，陈某就打电话请小吕帮忙从幼儿园接一下女儿。小吕很爽快地答应了。小吕给小媚买了很多她爱吃的零食，并把她带到了自己的家中，实施了强奸。

（1）警方提醒。

多数受害人及家长都与犯罪分子相识，所以才会给犯罪分子以接触孩子的机会，往往因对对方疏于防范而使孩子受害。

（2）防范招数。

招数一：不要轻易把女童交由他人照顾。

招数二：如果发现孩子有异常，家长一定要在第一时间带孩子去医院检查并及时报案。

招数三：告诉女孩子要有自我保护的意识，即使是熟人，也不能单独和男子进入房间。

案例三：16 岁的中学生小悦酷爱电脑上网，以"万人迷"为网名，每天晚上都生活在虚幻世界中，不能自拔。一天晚上在网上小悦结识了"护花使者"，几句话"过招"后，小悦甚感相见恨晚。一个周末，"护花使者"约小悦见面"交流电脑知识"。第二天上午，小悦如约而至，在陪着"护花使者"玩了一整天后，晚上 8 时在"护花使者"租住的房间内被强暴。

（1）警方提醒。

犯罪分子往往通过网络聊天，取悦于女网友，利用见面的机会实施侵害。

（2）防范招数。

招数一：不要轻易答应与网友见面，见网友时最好不要打扮得过于艳丽。见面地点最好选择自己熟悉的地方，网友给的食物尽量不吃。见到对方不只是一个人，最好马上选择离开。

招数二：见面前要告诉家人自己的行踪，并保证通信工具的顺畅。

案例四：李某大学毕业后找工作，经人介绍认识了某公司总经理熊某。第一次见面，李某请熊某到某饭店吃饭。吃饭时，熊某告诉李某，她工作的事熊某包了。李某非常感动，不胜酒力的李某还是敬了熊某一杯，熊某见机行事，频频和李某碰杯，将李某灌醉后实施强奸。

（1）警方提醒。

犯罪分子利用受害人有求于己或抓住受害人的个人隐私进行要挟、胁迫，使女性就范。

（2）防范招数。

招数一：女性睡觉前一定要检查门窗是否关好，尤其是宿舍只剩一个人的时候。

招数二：对于抓住自己把柄进行要挟的人，切不可纵容，最好的办法是寻求警方的帮助。

案例五：曹某是某公司的业务员，为了能拉到业务，经常陪人应酬。一次，她陪几个客户吃完饭后，又随他们到某歌厅唱歌，唱歌时有两个男客户一直对她动手动脚。

（1）警方提醒。

犯罪分子会在拥挤的公共场所，有意无意地触摸或顶擦女性的身体和敏感部位。还有一种情况是与自己熟悉的女性借言语之机摸摸其头发、拍拍其肩膀，以接触女性的身体。

（2）防范招数。

招数一：外出应尽量避免穿暴露的衣服。乘车时发现可疑对象，尽量与之拉大距离。如对方得寸进尺，要大声斥责。

招数二：在办公室里，无袖衣、露背装、露脐装、低胸装、超短裙最好不穿。遇到爱在女性身上占便宜的同事，尽量躲远。

9. 警惕针对少女的犯罪

案例一：北京的媒体在1998年11月19日曾报道了14岁的少女马某在流星雨夜与堂弟共同外出观看流星雨这一天象奇观时，流星雨没看着，却在深夜失踪的消息。经过艰苦侦察，公安机关于11月22日找到了用枯草树叶掩埋着的马某的尸体，证明马某是被犯罪分子强奸后杀害的。不久，残杀马某的犯罪嫌疑人庞某被捉拿归案。

据庞某交代，18日凌晨，他手持黑色木棍，窜至八里庄地区，在北京国棉三厂西门附近发现了刚从操场上失望归来的马某姐弟，顿起歹意。自称警察的庞某以查看证件为由，要马某的堂弟先回家拿证件，将他支走，此地距马家只有约300米的距离。之后，让马某随他去派出所，待将少女诱骗至高碑店乡的一小公园内隐蔽处时，提出与少女发生性关系，遭到严词拒绝后，庞猛然将少女摔倒在地，双手掐其脖颈，并挥舞木棍击打马某的头部，用布堵住马某的嘴，致使少女昏死过去。庞某对少女实施奸污后，发现马某已经气绝身亡，便将尸体掩藏后逃跑。

据了解，马某生前学习成绩优秀，是班里的干部，她被害身亡的消息传出后，引起了北京市民的极大义愤。庞某很快就被押赴刑场，执行枪决。但是，少女马某却再也不能复生了。

（1）警方提醒。

对于少女，家长应该教育她们：

① 最首要的是与父母保持亲密关系和坦诚沟通。发现有人对自己实施了异常行为，应及时报告父母，以便处理。

② 有些抚摸是一种爱护，但是有的则别有用心。身体的隐私部分不可以让外人接触，例如内衣和泳衣遮盖的部分，就不可以让外人触摸。

③ 如果大人总是给你好处，然后触摸你的隐私部分，还叮嘱不与大人说。碰到这种情况，即使受到威胁，也要报告父母。

④ 要警惕经常给你送糖果或其他礼物的大孩子、大人甚至老人，留神他们别有用心。

（2）防范招数。

对于少女的性侵害大部分是以强奸为目的的。保护少女最直接、最有效的手段是搞好家庭教育和防范。通过教育，帮助少女形成基本的防范意识与能力。

招数一：超前的防范意识。未成年少女如含苞欲放的花蕾，最容易成为"色狼"猎取的对象，所以必须有强烈的自我防范意识。未成年的少女体力有限，社会经验较少，不要轻信陌生人的许诺。对熟悉的男性也应保持交往距离，掌握活动的合适地点和方式。例如，女学生到男教师办公室或宿舍，应该将屋门打开半边，或是二三人结伴同去；女生不要穿过于暴露身体的衣着，穿校服是对自己最好的保护；少女身体的任何部位，都是不能允许男性随便亲近和抚摸的；少女还应该向母亲和其他成熟女性请教一些与异性交往的常识和自护的方法。一般来说，中、小学女生不适合与一位异性单独相处，有教师和家长监护的小组和集体活动比较安全。最根本的预防措施是：使自己置身于受保护的环境中，避免与陌生男子单独接触，不要使自己脱离家庭、学校和社会的保护。

招数二：冷静的分析能力。如果你的同学、朋友中有的特别爱谈"性"话题，要注意疏远他。带到家中的女伴，如果爱交男朋友也要警惕。有的男教师要单独留你或约你去他家，一定要慎重对待，一般应约上伙伴同去为好。陌生男子向你问路并请你带路，不要去。独自在家，如果有陌生男人敲门，无论什么急事、好事，都不要开门，等大人回来再说。如果有男人向你大献殷勤，请你喝饮料、请你吸烟，应留心不要被他"麻醉"。

招数三：勇敢的自卫能力。抓住一切机会锻炼自己的身体，如果有可能，学一些女子防身术。在遇到危险时，大声呼救，这是所有女孩都会做的。放开喉咙尖叫，一是表示反抗，二是呼吁帮助。万一陷入困境时，应竭尽全力还击歹徒。自己的头、肩、肘、手、胯、膝、脚等任何坚硬的部位都可以成为攻击歹徒的武器。要设法击中歹徒身体的要害部位，如踢其小腹，会使其疼痛难忍，放弃自己的罪恶企图。也可以不失时机地咬他。还可以使劲踢他的裆部。

招数四：规范的行为能力。不要将不熟悉的异性带进家中，不要与陌生人约会，也不要去他人住处。不要在夜晚外出，一定要外出时，应请求家人的保护或与同伴一起去；乘出租车时，最好约一个伴儿，不要独自在晚间乘出租车。不看黄色的书、画、录像带或 VCD、DVD 盘。

招数五：清醒的报警意识。万一遭遇不幸，一定要及时报案，尽可能详尽地向警方描述被害过程和犯罪分子一切特征。自己的内衣、内裤不要洗，以留下犯罪分子的罪证。千万不要因为怕羞、怕坏了自己的名声而不敢报案。犯罪分子见你软弱可欺，很可能再次找上你或继续作恶害人。

10. 警惕网友骗财骗色

案例一： 22 岁的君美（化名）没有工作，但非常喜欢上网聊天。一天，君美在某网站的聊天室里，搭识了一个叫"温柔媚媚"的女孩。"温柔媚媚"在网上一直叫君美"姐姐"，并经常在聊天室里向君美讲述一些靠卖淫赚钱的事。每一次看到这些露骨的话，君美都面红耳赤，但想到网上本来就是你骗我、我骗你，君美慢慢接受了这种漫无边际撒谎吹牛的方式，并骗"温柔媚媚"说，自己也是利用网络找客人的卖淫女。

当时，君美只觉得这样做很好玩，很刺激，但不想几天后，"温柔媚媚"竟然在网上对她说，有个叫"痴情公子"的男网友想和她做朋友。接着，"痴情公子"进入聊天室，和君美聊了起来。"痴情公子"写给君美的话更露骨，他说，他是本市某局局长的儿子，愿意出 2 000 元与君美发生关系。君美一口拒绝，她这个"卖淫女"是假的，网上聊聊可以，真的要去做，她可不乐意。"痴情公子"很快改变策略，说愿意与她交朋友，想到对方是"温柔媚媚"介绍来的，而且又是一个有身份的人，君美就和他交换了手机号码。

此后，这位"痴情公子"多次在聊天室里和手机短信中用露骨的话挑逗君美。由于成天打交道，君美慢慢对"痴情公子"产生了兴趣，两个月后的一个下午，"痴情公子"发短消息给君美，称希望当天晚上和她在某宾馆见一次面。君美想了半天，竟然同意了。这天晚上，君美和"痴情公子"在约定的宾馆里见了面。"痴情公子"自称叫"林伟"，是一个20多岁、长相很不错的小伙子。君美对他的第一印象非常不错，就随他进了房间。在"林伟"的花言巧语下，君美还和他发生了关系。当君美和"林伟"躺在床上休息时，突然房门开了，进来一个20多岁的青年男子，他拿着照相机对准光着身子的君美连按了几下快门后，又走到君美面前说，他是警察。君美吓得花容失色，转头去看"林伟"，"林伟"说出来的话让她想不到，他说他也是警察。后来"林伟"和那名闯进门的男子让君美看了他们的警官证，并说君美是卖淫女，必须老老实实地交代问题。君美又怕又绝望，只好在两名"警察"的摆布下，写下了"犯罪事实"。"林伟"说，她这种情况至少要坐牢2年，而后又安慰她说，只要拿出3万元治安罚款这事就算了。君美吓得没了主意，只好同意。作为抵押，"林伟"拿走了君美随身携带的证件，还拿走了她的手机和零钱。

事后，君美想来想去总觉得这件事不对劲。第二天，她主动到警方投案并报警。6天后，当"林伟"和"同事"按事先约定去取钱时，被埋伏的民警人赃并获。

案例二：2001年2月23日，一个网名叫"十八岁的迪厅女孩"的女学生，她在××网上与人上网聊天，认识了一个叫"失落"的男孩子，两个人在网上越聊越投机，最后约好在某商场麦当劳餐厅见面。10点钟她准时赶到该商场与网友见了面，当时网友身边还有另一个较胖的男孩子，他的网友自我介绍叫李嘉聪（化名），另外那个胖男孩自称姓刘。聊了一会儿，他的网友提出到该商场买两张充值卡，先离开，过了几分钟，另外胖男孩对她说：我们到附近的一家公园，去边玩边等李嘉聪吧！两个人在公园里越聊越投机，都有一种相见恨晚的感觉。刘某抓住机会，与"十八岁的迪厅女孩"发生了性关系。完事之后，刘某说："我的手机没电了，借你的手机用一下，我给李嘉聪打个电话。"她说："我手机里的卡也没钱了。"胖男孩又说："那用我的卡，放在你的手机里打电话。"她想也没想就答应了，胖男孩换好卡后，又说："我不想让女朋友听见旁边有女孩的声音，我去边上打电话。"说完就拿着她的手机离开了。过了20多分钟，她的网友和刘某都没回来，这时她才发觉受了骗。

案例三：薛燕（化名）平时喜欢上网聊天。"弟弟"是薛燕在网上的聊友，两个人通过QQ在聊天室已经聊了有大半年的时间。22岁的薛燕一直很关心"弟弟"的生活，经常对他嘘寒问暖，"弟弟"也经常说一些好听的话逗她高兴。

一天上网时，薛燕在"弟弟"的哀求下，答应和"弟弟"见面。在某咖啡厅和"弟弟"见面后，"弟弟"便约薛燕到T市自己家玩，并且说可以让家人帮她在那里找份好工作。出于对"弟弟"的"信任"，正闲着没事的薛燕便瞒着家人从家乡到了T市。到T市的当天下午，两个人便住到了某宾馆里，随即发生了性关系。晚上"弟弟"就带薛燕到了一家歌舞厅后就走了，当她发现情况不对想走时，却被几个满身刺青的大汉拦住。她这才知道，自己已经被她在网上认识的这个"弟弟"以1 000元的价钱卖给了歌舞厅。歌舞厅的人告诉她，想走也可以，但她必须先坐台挣钱，等把钱还上了，才能离开，否则，就让她一辈子待在T市，别想跑掉。

2003年8月3日下午5时左右，薛燕在歌舞厅周围好心人的帮助下，从歌舞厅的二楼跳下逃了出来，用藏在身上的20元钱乘车从T市回到家乡，并向警方报了案。

案例四：四川女孩赵某本想到北京投靠网友，却被网友骗走了2 000元钱和数码摄像机，并被强奸。而网友在接到女孩想要回摄像机的短信后，又以摄像机为诱饵发短信敲诈女孩。

2006年10月，赵某在网上结识了网友李某。李某自称在北京开了一家服装厂，生意很好，于是"五一"长假刚过，一直没有找到合适工作的赵某便来到北京打算投奔李某。

2007年5月9日两人见了面，李某称他的房子正在装修，便出钱租了一家旅舍给赵某住，并陪着她在北京周边玩了几天，5月15日，李某以请朋友吃饭，手头没有现金为名，从赵某手中骗走了2 000余元现金和价值数千元的数码摄像机。

发现受骗的赵某无奈中给李某发了一条短信息，希望他归还摄像机。5月18日，赵某收到了李某的短信息：若想拿回摄像机，明天带5 000元现金来见我，一手交钱，一手交货。看到短信后，赵某向呼家楼派出所报了案。

5月19日上午，李某如约出现，被早已埋伏好的民警抓了个正着，当场起获赵某被骗的数码摄像机。

（1）警方提醒。

尽管这些骗子的手段非常简单，但却能屡屡得手，说明一些网友的自我保护意识薄弱。提醒广大网友随时提高警惕：当心，网上温柔行骗！

（2）防范招数。

招数一：众多上网的人们，千万不要轻信网友，尤其是年轻的女孩子，不要因为几句好话，上了坏人的当。

招数二：与男网友见面时，最好不要一个人去。与男网友见面时，尽量选择在人多的公共场合；不要随便喝他递过来的水、饮料等；碰到男网友对自己花言巧语、动手动脚时，一定要进行呵斥，然后离开，不要让他的阴谋得逞。

11. 女性要谨慎防范被伤害

案例一：2007年6月11日中午，一男子在某学院南门外与女友发生冲突时，竟然掏出匕首朝女友脸部连划数刀。虽然几名路人随后追赶，但行凶男子仍逃脱。据了解，受伤女子是某学院的研究生，两人可能是因分手发生争执。

目击者张先生说，中午11点半左右，在某学院南门外的三环辅路边，一对男女互相争吵，随后厮打在一起。由于之前两人相互依偎在一起，神态亲密，因此附近路人都以为两人只是在打闹。"忽然那男的把对方摁倒在地上，就听着那女的发出很痛苦的声音。"张先生说，等两人站起来，他发现男子手中竟握着一把带血的水果刀，并仍欲刺向女子，被路人拦住。男子将刀扔在路边，神态比较平静地让张先生打110报警，随后走上过街天桥。

待女子拨开散乱的头发，围观众人才发现她脸上满是鲜血，脸颊上还有几道既深且长的刀口。张先生与另一位目击者刘先生拔腿向行凶男子追去，对方见状撒腿便跑，很快跑下天桥那头，拐进了附近小区。随后大家把受伤女子送进医院进行伤口处理。

案例二：2007年6月14日10时许，一名女子在北京市某建材城内将另一名女子背部及右腿各捅一刀。伤者丈夫称，双方是亲戚，因债务纠纷发生冲突。目前，警方已将行凶者控制，受伤女子正住院治疗。

伤者王女士的丈夫周先生称，他们曾向扎人的女亲戚借款两万元，最近该亲戚开始逼债。"前日她曾带了七八个人前来追债。"周先生称，当时因手头无钱未还款，双方说好第二天周先生还5 000元。周先生准备好5 000元还债。10时许，女亲戚同两位男子来到周先生店铺。"突然说一定要还足两万元。"周先生说，女亲戚随后和妻子发生争执。"她突然抓起旁边切瓜刀要伤孩子，我妻子忙把孩子护住，结果后背和右腿分别中了一刀。"两名男子见状迅速离开，周先生从屋里冲出将女亲戚拉住。警方赶到，将伤人者控制，将伤者王女士送到医院救治。

案例三：女子韩某的儿子被同村的男孩掐死后，得不到民事赔偿的她，将一斤硫酸泼到了男孩无辜的姐姐身上，致其重伤毁容。2007年6月18日上午，因涉嫌以危险方法危害公共安全罪，韩某在法院受审。

"我儿子被他们家儿子杀了，他们一分钱不赔，还逼着我把儿子火化了，我实在是气不过了。"35岁的韩某在法院哭诉自己的不幸遭遇。韩某本是受害人，但她拿硫酸泼向"仇家"的闺女后，自己也成为施害方。记者了解到，2005年4月24日，韩某6岁的儿子在和邻居家13岁的孩子炎炎打架的过程中不幸被掐死。2006年1月3日，法院判决炎炎的父母赔偿韩某15万余元。然而，这笔钱由于张家的贫困一直无法执行。丧子之痛让韩某产生了报复的念头。2006年11月25日，韩某在房山一辆正在行驶的公交车上，将一斤浓硫酸泼到炎炎18岁的姐姐晴晴身上。后经法医鉴定。晴晴全身被烧伤面积达15%，属于重伤。

案例四：23岁的杨某因为出了交通事故而让女友替自己去还钱，遭到拒绝后，就将汽油泼在女友身上并点燃，结果将女友烧成重伤。

杨的女友王某曾向警方陈述说，杨某让她去送钱，被拒绝后，杨某就从摩托车里抽出汽油，把汽油泼到王的前胸上并点着。王某瞬间成了"火人"。而杨某不但没有施救，还跪下来，求王某不要让他坐牢。在王的一再呼叫下，杨某才帮着救火，并拨打了120。

经法医鉴定，王某损伤程度为重伤，伤残程度为八级。

（1）警方提醒。

人为伤害能致使被害人及群众产生恐惧感，社会危害性比较大。有时甚至对被害人的生命安全构成直接威胁。应当引起足够的防范。

（2）防范招数。

招数一：可能要遭遇人身伤害时，应尽量与犯罪嫌疑人周旋，寻找时机脱身；尽量记住犯罪嫌疑人的人数、体貌特征、所持何种凶器等情况，待处于安全状态时，尽快报警。

招数二：必要的时候，要采取正当防卫，但防卫过当也需承担法律责任。

招数三：在偏僻的地方或无力抵抗的情况下，应放弃财物，保全人身，待处于安全状态时，尽快报警。

12. 警惕炎热季节车辆故障

案例一：某夏日，丁小姐开车去某公司办事，由于路途较远，在行驶途中，她发现汽车水温表的指针快接近红线了，她就赶紧降低车速，把车开到一个非常凉快的地方，把车停了下来，过了一段时间后，水温却怎么也降不下来，丁小姐就赶紧把车熄火了。由于时间很紧，丁小姐非常着急，车一熄火，她马上就打开水箱盖，结果人被蒸汽烫伤。

案例二：一个夏日的周末，陶女士开车回乡下老家看望父母，车在行驶的过程中，突然前轮爆胎，她急忙用力控制转向盘，紧急制动，想使车辆平稳减速停车，出人意料，由于紧急制动，导致汽车侧翻，陶女士受重伤。

案例三：某夏季的一天中午，某女士开车到某酒店与大学同学吃饭，车开到半路上，突然发现汽车冒烟了。她赶紧停车后进行检查，发现发动机盖下已经开始冒烟了，该女士一着急，马上掀起了发动机盖，结果被烫成重伤。此时由于氧气的进入，火势加大，汽车发生爆炸。

（1）注意事项

① 炎热季节，车辆经过太阳长时间的曝晒，燃油挥发比较多，有时会出现很明显的汽油味，这是非常危险的，有可能会出现车辆自燃。因此，遇到这种情况应该立即停车。

② 在炎热季节里，车辆经常会出现水温过高的情况，在行驶中，如果发现水温表的指针快接近红线时，就应该尽快降低车速，把汽车驶到树荫下或驶到相对比较凉快的地方，把车停下来。停车后不要马上熄火，这样会对发动机造成损伤，应该让发动机怠速运转一段时间。如果过一段时间水温还是降不下来，就应将车熄火。

③ 天气炎热容易发生爆胎，尤其是前轮爆胎，容易导致方向失控。因此，如果有补过的轮胎，最好能放在后仓当做备胎。当然，准备一个新轮胎当备胎更好。

（2）给您支招。

招数一：在出车前要认真检查点火线圈、分电器、高压线、火花塞、电瓶线等机体，及时更换跑电、漏电的电器机件；汽车保险设置要配备齐全，每天收车后进场，入库要关闭总闸开关，切断全车电源，防止因静电起火。

招数二：要自觉按照驾驶操作规程去做，随车配备灭火器；大货车、小货车、小客车、无轨电车、轿车等要安装1211灭火器或干粉灭火器，其规格可根据车型、自重按规定配备。

招数三：汽车在加油时，发动机必须熄火才能加油，油箱加满后，将油箱盖盖好、拧紧，要敞口停放，切记不准在汽车加油时发动汽车或吸烟。

招数四：在检查、维修车辆时，严禁用手锤、撬棍、扳手等金属工具敲击汽油箱，严禁不按规定焊接油箱；当检修运输易燃、易爆的特种车辆时，必须将罐内的易燃、易爆的物品清洗干净，并将罐拆下，放在远离车辆和易燃、易爆的地方，并准备好灭火装置，再进行焊接。

招数五：各种汽车必须配备好消声器、排气管，进出仓库、油库应安装防火罩；运送易燃、易爆物品的汽车必须装有导静电拖地带。

招数六：当汽车发生火灾时，应沉着冷静，关掉总电门开关，迅速拔掉电瓶火线，防止引燃全车；及时查找发生火源的地方，用随车配备的灭火器灭火；若是由汽油引起的火灾，不要用水扑，可用灭火器、沙子及隔离充气的方法扑灭。

招数七：夏季测胎压时不应在行驶过后马上测量，因为这时轮胎温度较高，测出的胎压不准，应该等轮胎凉了以后再测。

招数八：汽车在行驶过程中，如果突然发生爆胎，千万不要紧急制动，否则会发生甩尾或侧翻事故。

13. 别做美容变毁容

案例一："他说没有给我做过手术，他也不是法人。"马女士称，当她再次给对方的法人代表打电话时，对方却这样回复她。刘女士产后想减肥，结果在吃了一种胶囊后竟导致其急性重金属中毒、中毒性肝损伤、铅中毒后轻度贫血。为此，她将销售商告上法庭。

法院审理后认为，从现有事实来看，被告卖给刘女士的减肥胶囊是其未经国家药政主管机关批准自行配制的药物。因此，法院认定刘女士服用被告的减肥胶囊与刘女士重金属中毒存在因果关系。被告的答辩缺乏事实及法律依据，法院不予采信。因此，法院判决两被告连带赔偿刘女士损失共计42 431.72元。

案例二：为了能在结婚时更加漂亮，2007 年 3 月，马女士在一家整形诊所花 2.5 万元做了眼皮手术。手术过后，马女士发现自己的左眼一天比一天小；又过了几天，左眼和右眼的大小就完全不一样了。

马女士说，她原本打算 10 月份结婚，现在眼睛变成了一大一小，她只能每天戴着眼镜出门。"他把我的眼睑开豁了，开到下面来了。"马女士指着自己的左眼说。

出现这种情况后，马女士找到这家整形诊所。"他给了我 5 万元钱，说如果 3 个月之后眼睛好了，再把钱还给他就行。"马女士称，对方将钱给她后，她就直接把钱存到了银行。

3 个月后，马女士发现自己的眼睛还是没有好转，可当她再次到这家诊所时，却发现对方的大门紧锁，里面的东西也都搬走了。

（1）注意事项。

有关美容行业的投诉连年来呈上升趋势。但是，工商部门在处理上确实有难度，因为这些美容院往往是打擦边球，如"压货"给顾客等。但对于虚假广告宣传、利用"压货"牟取暴利的，工商部门一定会查处，消费者要留好证据。

（2）给您支招。

查验这些单位是否通过资质验证。如果顾客出现美容问题，可以向相关部门举报，或者寻求法律途径解决。

14. 机智应对绑匪

案例一：一天上午，做木材生意的吴某接到一个陌生电话，对方急匆匆地说："您好！我是您儿子小刚的体育老师，姓周，小刚上体育课时不小心摔伤了腿，现在××医院某病房，如果能抽出时间最好现在就来一下。"吴某听后，来不及细想，开车就直奔医院而去。刚到医院的停车场，就见二个人朝自己走来，那个自称姓周的体育老师说："小刚已经检查完了，只等做手术了，您现在也不用太着急。现在王老师还有一堂课，看麻烦您送他回学校可以吗？"吴某也不好说什么，就说可以。这时一个身体强壮的大个子坐到了副驾驶员的位置。吴某刚要开车，这时这名大个子看看四周没人，说要和周老师再交代一下，等所谓的周老师到了车前，突然打开后门上了车。前面的大个子从怀里掏了一把匕首顶住了吴某，吴某知道自己被劫持了。这时另一个人也过来，伙同大个把吴某劫持到后座。用胶纸封住了吴某的嘴和眼。由自称周某的小个子开车离开了医院。吴某虽然被蒙住双眼，可他通过计数的方式，估算汽车行驶的时间和路途的远近，记住了转弯的次数，大致的方向。晚上绑匪把吴某带到了一间非常偏僻的小房子里，大个子绑匪说："我们今晚去饭店庆祝一下，顺便让你的家人准备钱。"待绑匪离开房间走远后，吴某用了近40分钟的时间磨断了绳子，快速地逃脱，并迅速向警方报了警。

案例二：据报载，2005年10月31日深夜，重庆市某小区内的保安正在巡逻，突然，从一栋居民楼上扔下一个东西，引起了小区保安的注意。保安走近一看，是一个布娃娃，上面还粘着一张纸条，写着"被绑架救救我"的字样，并写清了求救的门牌号码。保安一看，以为是谁搞恶作剧，没在意。

没过多久，又一个布娃娃凌空掉下来。这次的布娃娃上仍粘着一张纸条，除了求救之外，上面多了几个字：这不是开玩笑。保安警觉起来，立即拨打110报警。

原来，这是一起发生在该小区6层的一户居民家中的绑架案。深夜，房主的15岁女儿趁劫匪不注意，机智地从窗户扔下写有求救信息的布娃娃报警。

案例三：一天上午，吴女士取完5 000元钱从某银行出来，刚走到一个胡同中，遭两歹徒抢劫并绑架，歹徒抢走了吴女士身上全部钱款、一张银行卡和一部手机后，把吴女士带到了某个小区内。三天过后，其中一名歹徒问吴女士的银行卡上还有多少钱，并问密码是多少。吴女士说，卡上还有3万多，密码不能告诉你们，我可以帮你们取来，我一个弱女子根本跑不掉的，取款的时候你们可以跟着我。于是两名歹徒跟着吴女士进了某银行取款，在她填写完取款单准备交给银行工作人员的时候，趁歹徒不注意，飞快地在取款单上写了我身后两个人是绑匪。这名工作人员看后，显得很镇静，迅速把消息传给了另外一名工作人员，并让其迅速报警。这名工作人员在给吴女士办理业务时，显得十分缓慢，当后面的绑匪等得有点不耐烦、催工作人员抓紧办理的时候，警方赶到将两名绑匪抓获。

案例四：据媒体报道，农民李某53岁，因患有小儿麻痹症，右腿残疾的李某一直没有讨上媳妇。1995年4月经人介绍认识了在郑州打工的东北女人林某，林某30多岁，有一男一女两个孩子，男孩还不到一岁。林某对李某说她刚刚离婚，想找一个诚实可靠的男人过日子，觉得李某人品不错。李某欣喜若狂，立刻拿出5 000元钱布置新家。李某让林某和他一起去办理结婚证书，林某却以种种理由推脱。半年后，林某的妹妹从老家赶来说父亲病重，林某就和李某变卖家产5 000元，李某又借了4 000元钱，一同去了东北。

到了东北，林某并没有让李某和她住在一起，却想方设法把李某的钱全部骗走后不见了踪影。身无分文的李某偷偷抱着林某一岁多的儿子小强一瘸一拐地步行回河南。一路上，孩子吃喝拉撒全在他怀里，李某边赶路边捡破烂，用换来的钱给孩子买奶粉。20天徒步、千余千米的乞讨，李某终于回到新郑老家。但为躲避要账的人，李某抱上小孩到郑州打工。在郑州，李某租了一间民房，每天起早贪黑给人补鞋、修理自行车。李某把大部分时间用在了照顾孩子上。既当爹又当妈的李某等待了整一年，林某也没有出现。这时候李某把孩子送到了托儿所，他一定要让孩子也受教育上大学。孩子3岁的时候，李某身患重病，实在没有能力养活孩子了，就把孩子送给了开封县的一户人家，那户人家见李某可怜给了他14 000元钱。2003年10月的一天，林某找到李某要孩子小强，李某不肯，林某便报了警，最终将李某逮捕。2004年6月8日，经法院审理判李某犯绑架罪判处有期徒刑10年；犯拐卖儿童罪判处有期徒刑5年；决定执行有期徒刑14年，剥夺政治权利一年，并处罚金10 000元。

相信看过这篇报道的每一个人，都会对李某的为人所叫好，都会对他精心照顾小强的做法所感动。李某一直就没有意识到自己是在犯法，认为自己是在讨说法、找心理平衡，自己犯法却浑然不知，但是，法律面前人人平等，你触犯了法律，就理应受到法律的制裁，这也在情理之中。虽然人们都会十分同情李某，但不能因为李某实施了人道主义就一切全免。所以说，我们每一个公民都应该学法、知法、懂法、用法，只有这样才能更好地维护自己的合法权益。

案例五： 据媒体报道，某日，就在北京市某歌舞厅经理赵丽（化名）快走到家时，一辆捷达车停在身后，3名男子围住赵丽："我们是警察，你有吃、贩摇头丸和组织卖淫嫌疑，跟我们走一趟。"说完给赵丽戴上手铐押上捷达车。一到车里，他们就用胶带封上赵丽的眼睛，并将她藏在车后座下。当天晚上，赵丽的好友李楠（化名）接到电话："我有急事，赶紧准备10万元钱。"赵丽电话里略带惊惶的话语引起了李楠的怀疑。于是李楠说："你旁边有警察，你就'咳'一声，有坏人你就'哼'两声。"在听见两声"哼"后，李楠当晚报了案。绑匪要求李楠把钱打到赵丽的银行卡里。11月16日16时许，银行卡里的2.2万元钱被取走，侦查员通过银行监控录像发现，取钱的是一个挎黄皮包、身材瘦小的女子。17日上午，卡里续存了1.1万元，当天下午又是该女子将钱取走。不久，赵丽打电话来，绑匪在通州区将她扔下，赵丽无意中听见绑匪要吃庆功宴。当晚19时许，侦查员在某酒店二层当场抓获 5 名嫌疑人。

据交代，北京人赵军（化名）等人在一赌场聚赌，输了几十万元后预谋绑架赵丽。作案前，他们租了一辆捷达车和一套两居室的房子。11 月 14 日 20 许，赵军等人就开始守在歌厅门口，直至跟到赵丽的住处。得手后，赵军雇了一个按摩女取赎金。收到了 3 万余元赎金后，赵军怕被警察发现，便将赵丽扔在通州了事。

案例六：育有 8 个月幼子的董某曾与男子王某有过一段情缘，并一起经营一煤厂，后因钱款问题，二人不欢而散。为报复王某，她伙同丈夫郭某等人将王某绑架索要赎金。

4 月 23 日，王某女儿的老师打来电话，称有几个可疑人来接孩子，王某立即和妻子邹某赶到学校，发现前女友董某和三名男子在学校门口等候，王某上前与对方交涉时被强行带走。8 小时后，董某等人打电话向邹某索要 1 万元钱，才肯将王某放回。当晚 7 点，董某等 4 人如约取钱时，被北京丰台警方抓获，王某得救。

案例七："当胸口被尖刀抵住，才明白自己被绑架了。"孙先生告诉记者，绑架他的李某 28 岁左右，2004 年曾在他开的饭店内工作过 3 个月，辞职后一直和他有联系。2007 年 6 月 18 日晚，对方打电话称想开一个餐厅，让他帮忙参谋一下。19 日 9 时，李某开一辆河北牌照的红色桥车将孙先生从家中接走。当车辆行驶到国贸附近时，李某突然从腰间拔出一把 30 多厘米长的尖刀，将刀尖抵在他的胸口，将他挟持到河北燕郊的一家招待所里。

10 时左右，在招待所房间内，李某先在自己的左前臂上剌了一块肉，警告孙先生说自己是来真的，并称自己做生意失败，希望孙先生能借他 100 万元，在遭到拒绝后，随后几个小时里，孙先生身中 8 刀，其中左手的两根手指被砍断。对方一直用尖刀抵住他的脖子，让他打电话准备钱，并威胁要杀死他。

"凭我的直觉，他并不是想杀我，只是想要钱。所以只能冷静地与之周旋。"孙先生说，在这个关键时刻，他大喊对方的名字，答应他提出的条件，为逃生寻找机会。

"当对方听到我许诺可以给他钱的时候，停止了继续伤害的行为，并将我送往燕郊人民医院包扎伤口。"孙先生说。由于伤势较重，燕郊人民医院表示医治不了，李某不得不将他送至积水潭医院治疗。

19 日 15 时许，孙先生被李某带到积水潭医院。为了把对方支开，孙先生让李某也去看手臂上的伤。"恰巧护士把我们分到了不同的急诊室。"孙先生说，在急诊室，他悄悄地告诉医生自己被人绑架，医生立即报警。

据积水潭医院急诊室的李医生说，当得知伤者是被绑架后他马上通知了门口的保安，并把孙先生带到另一个抢救室。与外界隔离起来，并对他的伤口进行初步的处理。

"警察到医院时，对方已经不知去向。"孙先生说，在警方赶到后，李某还一直拨打他的电话，询问具体给钱的时间。

根据监控录像和犯罪嫌疑人李某在医院就诊的病历，北京东城警方于 21 日在外地将犯罪嫌疑人李某抓获。

（1）注意事项。

绑架是指以勒索财物为目的，使用暴力、胁迫或麻醉等方法，劫持要挟人质或他人的犯罪行为。人质被绑架过程中，千万不要激怒对方，生命是第一位的，尽可能地显示出配合的样子，给警方破案提供时间。

（2）给您支招。

招数一：被绑架的人质应尽量保持冷静，尽可能了解自己所处的位置。在不影响生命安全的情况下巧妙地把绑架信息传递出去，比如标志性建筑、绑架车的车号，等等。如果被蒙住双眼，可通过计数的方式，估算汽车行驶的时间和路途的远近，记住转弯的次数，大致的方向等。

招数二：在确保自身不会受到更大伤害的情况下，尽可能与犯罪嫌疑人巧妙周旋，如利用犯罪嫌疑人准许人质与亲属通话的时机，巧妙地将自己所处的位置、现状、犯罪嫌疑人等情况告诉亲属；采取自救措施时，要选择好时机，在确保自身安全的情况下逃脱。

招数三：逃脱后，要立即向警方报案，提供犯罪嫌疑人的有关情况。

招数四：人质亲朋应立即向公安机关报案，并提供：人质的年龄、体貌特征、生活习惯、活动规律、随身携带物品、手机号码、车辆及近期的照片；案件发生前后是否有可疑人、可疑电话或可疑车辆等情况；案发后，犯罪嫌疑人以什么方式与亲属联系，使用的电话号码、犯罪嫌疑人要求家属做些什么事等。

招数五：人质亲朋应按照警方的提示与犯罪嫌疑人保持联系；根据警方制定的解救方案协助警方开展解救行动。不要自作主张。

招数六：被绑架人质亲朋报案时，应采取隐蔽方式。

15. 不要到"黑诊所"治病

案例：秦先生说，妻子崔女士的颈椎和腰椎病在山西老家多处求医无效。2007年3月份，他家对门的邻居说，北京有一位姓梅的医生治疗颈椎、腰椎病不错。4月30日，妻子坐火车来到北京就直奔梅医生家。当天，梅医生给妻子在脖子上和腰上各打了2针。妻子感觉有点头晕，但没有放在心上。

5日9时，崔女士在先生的陪同下再次到梅医生家打针。"梅医生说这次把针稍微往上打一些，效果会更好。"结果，刚打完针的妻子就感觉头晕、嘴麻、左臂不能动弹。梅医生说是正常反应，让崔女士喝了些水躺在沙发上休息。直到14时，崔女士仍陷于昏迷状态。梅医生连忙打120将其送到医院。

经检查，崔女士成为"植物人"。

（1）注意事项。

患者千万不能图省事、省钱到"黑诊所"医治。

（2）给您支招。

自己在家开私人诊所的医生必须有卫生局正式注册的医疗机构执业许可证和工商营业执照，注册地点和行医地点也要一致。

16. 防范医疗事故

案例一：据报道：冯女士在某医院因被怀疑"脾脓肿"住院治疗。住院十几天，花费近6 000元，既没打针吃药，也没输过液，做了几项检查都未发现异常。出院后，冯女士因对医院的诊疗产生怀疑遂返回医院查看病历，发现病历记载与当时情况不符，而且病历上的患者签字并非本人所为。

案例二：据报道：北京某三甲医院把一患者的干燥综合征当成了淋巴癌治了6年，花费30万元并实施了化疗，被纠正之后不但没有反省，反而说对该患者淋巴癌的治疗方案和对干燥综合征的治疗差不多，用药也差不多。

案例三：据媒体报道说，深圳某医院医务人员连日来戴钢盔上班，据说是怕患者家属聚众闹事；2003年，南京警方就已经在江苏省中医院设立了警务室。此后海口、沈阳、昆明等地也先后效仿。警务室进驻医院都已经三年多了，但"医闹"现象不见消散。

（1）注意事项。

既然怕患者的家属聚众闹事，只能说明某些医院医务人员的技术和能力令人担忧，因此，医院要善于分析自身的问题，不要只抱怨病人，抱怨外部的环境，要从构建和谐医患关系的角度，认识和解决自身问题。这样做才是医院的明智之举。

（2）给您支招。

招数一：病人住院时，至少必须有一个家人或朋友全天守在病房中或保持与病人的近距离联系。当病人感到疲倦、头昏或因病失去警觉的时候，家人或朋友可以及时叫来医生，不至于因医院人手紧张而疏忽了对病人的关注。

招数二：了解病人每日医疗事项的具体时间表。这样，如果某项检测或治疗没能按时进行，你可以提醒护士。碰到计划外的检测或治疗，有必要问个明白。同时还要搞清楚在哪个班次该找哪位护士，一旦出现问题，你立即就能找到她。不要忘了要她们的电话号码。

招数三：搞清楚用药的每个细节。在医疗事故中，药物使用错误是最普遍的情况。你最好索取一份病人需要服用的药物列表，包括剂量和服用时间都要一一标明。无论何时，拿到一瓶药，先确认护士是否查看过病人的身份标签并且报的是不是病人的名字。如果药名写法与列表上不符，应向护士询问。按日程表该来的药没有及时来的话，得赶紧联系护士。

招数四：在病人身边贴一张写着"请洗手"的标签。如果医生、护士或勤杂人员往来于不同病人之间，又忘记洗手，那么传染病就可能被扩散。家人可以考虑在显眼的位置放一张标签，写上"请先洗手，谢谢"。这种提醒针对的不仅仅是医院的工作人员，还有前来探视的亲友，包括你自己。

招数五：有任何不明之处都要提问。当发现有什么事看起来不对劲时，不要犹豫，一定要指出。

17. 如何鉴定医疗事故

案例一：据报道：2002 年，广东发生了一起医疗纠纷，萧某带孩子到某医院诊疗过程中，孩子突然呼吸停止，虽然抢救过来但已脑瘫。萧某认为医院应负全责，于是将其告上法庭，诉讼过程中，他怀疑医院提供的病历多处涂改，要求进行笔迹鉴定。

案例二：据报道，北京某三甲医院，从主管医师到护士，无视患儿病历上对某三种抗生素过敏的提示，5 名护士接连给孩子注射了其中一种抗生素，导致孩子死亡。接下来，医护人员撕毁了原始病历，重新抄了一份，撕毁的病历被随手扔进了医院的垃圾箱……

案例三：据多家媒体报道，2006 年，山西省 53 岁的张某在某医院手术，结果术后出现脑梗塞、右侧肢体瘫痪。张某的儿子发现，母亲的病历上多次出现了改动痕迹。最终，经法院鉴定，患者的病历被修改了 183 处。

（1）注意事项。

① 根据卫生部医政司、政法司联合下发的通知，凡是证实病历被伪造过的，将直接定性为医疗事故，其等级、责任具体另行讨论。所以，发生医疗纠纷时，一旦发现医生篡改病历，将直接被定性为医疗事故。患者可以保存原始病历复印件举证或者申请公安部门"痕检"鉴定。患者有权利索取病历复印件，可以作为原始资料保存举证，也可以向公安、司法部门独立的鉴定机构申请"痕检"鉴定。

② 在申请医疗事故技术鉴定前要慎重考虑。如果当事人发生了医疗纠纷，打算申请医疗事故鉴定，应具备哪些条件，走哪些程序，注意哪些问题，可到卫生局和医学会医疗事故鉴定办公室咨询。

③ 根据规定，门诊病历、住院志、体温单、医嘱单、化验单（检验报告）、医学影像检查资料、特殊检查同意书、手术同意书、手术及麻醉记录单、病理资料、护理记录等客观病历资料，患者可以进行复印或复制。

④ 根据规定，死亡病历讨论记录、疑难病历讨论记录、上级医师查房记录、会诊记录、病程记录等主观性病历资料，不能复印或复制给病人，应当在医患双方在场的情况下封存和启封。

⑤ 鉴定会的 5 个环节：

A. 患者先陈述意见和理由，后医疗机构陈述；

B. 专家鉴定组成员提问，必要时可对患者进行现场医学检查；

C. 双方当事人退场；

D. 专家鉴定组对双方当事人提供的书面材料、陈述及答辩等进行讨论；

E. 经合议，过半数的专家都同意的意见形成鉴定结论。

⑥ 患方对首次医疗事故技术鉴定结论有异议的，可以在接到首次鉴定结论之日起 15 天内，向医疗机构所在地的卫生行政部门提出再次鉴定的申请。如果首次鉴定是由医院所在辖区的各区县医学会来组织的，那么申请再次鉴定，将由市一级的医学会来组织进行。如果首次鉴定就是由市级医学会组织进行的，那么申请再次

鉴定则由上一级医学会组织进行。

⑦ 有下列 6 种情形之一的，医学会不予受理医疗事故技术鉴定：

A. 当事人单方向医学会提鉴定申请的；

B. 医疗事故争议涉及多个医疗机构，其中一所医疗机构所在地的医学会已受理的；

C. 医疗事故争议已经法院调解达成协议或判决的；

D. 当事人已向法院提起民事诉讼的（司法机关委托的除外）；

E. 非法行医造成患者身体健康损害的；

F. 卫生部规定的其他情形。

⑧ 符合下列 3 种情形之一的，患者可向医学会提申请，要求专家回避：

A. 医疗事故争议当事人或者当事人的近亲属的；

B. 与医疗事故争议有利害关系的；

C. 与医疗事故争议当事人有其他关系，可能影响公正鉴定的。

⑨ 医疗事故技术鉴定书应当根据鉴定结论做出，并由专家鉴定组组长签发，盖医学会医疗事故技术鉴定专用印章。

医学会应当及时将医疗事故技术鉴定书送达移交鉴定的卫生行政部门，经卫生行政部门审核，对符合规定做出的医疗事故技术鉴定结论，应当及时送达双方当事人；由双方当事人共同委托的，直接送达双方当事人。一个鉴定周期通常需要 60 天左右。

做出鉴定结论后，鉴定结果及相应材料将由医学会存档，至少保存 20 年。

（2）给您支招。

招数一：医疗纠纷不一定是医疗事故。判定是不是医疗事故一般情况下应当由医疗事故技术鉴定组认定。当事人如果发生了医疗纠纷，打算申请医疗事故鉴定，首先要到相关医院复印有关材料。根据《医疗事故处理条例》规定，患者有权复印及复制病历等资料，医疗机构应当提供复印或者复制服务，并在复印的病历资料上加盖证明印记，复印的过程应当有患者在场。

招数二：向医学会申请医疗事故鉴定，共有三种途径，当事人可根据自己的具体情况任选其中的一种。一是直接委托医学会进行鉴定；二是向当地卫生行政部门申请，由卫生行政部门把鉴定申请移交到医学会；三是由人民法院委托。换句话说，通常情况下，发生了医疗纠纷，患者都会先找医院，由双方进行协商，在协商的过程中若达成一致协议，则双方可以共同向医学会提出鉴定申请；如果协商不成，当事人可单方投诉到卫生行政部门，由卫生行政部门来委托医学会组织鉴定（医学会不接受患者或者医院单方面的申请）；另外，当事人还可以直接起诉到法院，由法院受理后委托医学会组织鉴定。

招数三：医学会在接到鉴定申请后，会向医患双方发放提交材料的告知书，医患双方交齐鉴定材料后，由医学会确定专家鉴定组的人数，组织医患双方当事人随机抽取专家，并向鉴定专家送达鉴定材料，组织召开鉴定会。

招数四：专家组被确定后，此时，医学会将把相关材料提供给每个专家以便了解情况。一周左右的时间将通知专家和医患双方到场召开鉴定会。根据规定，医患双方到场的人数各自不能超过3人，值班医生和患方事故发生时在场者必须到场，也可以自己决定是否邀请律师参加。另外，任何一方当事人无故缺席、自行退席或拒绝参加鉴定的，不影响鉴定的进行。

【健康小护士】

多做有氧运动

地球逐年受到污染与破坏，大气层中的含氧量不断地下降，在整个大环境越来越缺乏氧气的情况下，你是否知道自己已经在慢性缺氧当中？一般人不知道自己已有缺氧现象，只觉得累、疲倦、腰酸背痛、头昏昏的，整个人陷入低潮、提不起精神或消化不良等，其实这便是慢性缺氧。

在日常生活中，需要多做有氧运动为身体补"氧"。

（1）有氧运动是可以帮助身体摄氧量达到最高点并促进新陈代谢的一种运动，前提是必须在氧气充足的地方进行。

有氧运动是指长时间进行运动（耐力运动），使得心（血液循环系统）、肺（呼吸系统）得到充分的有效刺激，提高心、肺功能，从而让全身各组织、器官得到良好的氧气和营养供应，维持最佳的功能状况。所以，有氧运动是指长时间的（大于15分钟，最好是30~60分钟）的：慢跑、游泳、骑自行车、步行、原地跑、有氧健身操等。而静力训练、举重或健身器械、短跑等运动称之为无氧运动。尽管它们能够增强人的肌肉及爆发力，但由于它们不能有效地刺激心、肺功能，其健身效果不如有氧运动。

（2）多喝水。

水是基本能量来源，不只是供应人体所需氢、氧的来源，水本身也可促进循环，人的体液不论是唾液、血液或精液，都是人体的动力。

（3）补充能量食物。

适度补充含氢、氧、酵素、微量元素等维持人体健康不可或缺的养料，可净化水质，对于补充营养的能量补充品也非常重要。

（4）疏解压力。

压力会导致加速呼吸，吸入的氧气量变少，呼出二氧化碳变多，身体整个会变成酸性，影响健康。

11　防雷与防水

1. 防　雷

对于雷雨大风和冰雹等强对流天气，雷击伤亡事件也时有发生，如何防止雷电袭击是每个人必须关注的问题。

（1）发生强对流天气时，如果在室外，应立即寻找庇护所。

如装有避雷针的、钢架的或钢盘混凝土建筑物，可作为避雷场所，具有完整金属车厢的车辆也可以利用；如找不到合适的避雷场所时，应采用尽量降低重心和减少人体与地面的接触面积，可蹲下，双脚并拢，手放膝上，身向前屈，千万不要躺在地上、壕沟或土坑里，如披上雨衣，防雷效果更好。

（2）切记，如果在野外，千万不要靠近空旷地带或山顶上的孤树，这里最易受到雷击；不要待在开阔的水域和小船上；高树林子的边缘，电线、旗杆的周围和干草堆、帐篷等无避雷设备的高大物体附近，铁轨、长金属栏杆和其他庞大的金属物体近旁，山顶、制高点等场所也不能停留。

另外，在野外的人群，无论是运动的，还是静止的，都应拉开几米的距离，不要挤在一起，也可躲在较大的山洞里。

（3）雷电期间，最好不要骑马、骑自行车和摩托车；不要携带金属物体在露天行走；不要靠近避雷设备的任何部分；不要打手机。

（4）注意当您头发竖起或皮肤发生颤动时，可能要发生雷击了，要立即倒在地上。

受到雷击的人可能被烧伤或严重休克，但身上并不带电，可以安全地加以处理。

（5）如有强雷鸣闪电时您正巧在家里，建议无特殊需要，不要冒险外出；将门窗关闭；尽量不要使用设有外接天线的收音机和电视机，不要接打电话。

2. 防 水

严重的水灾通常发生在江、河、湖、溪沿岸及低洼地区，遇到突如其来的水灾，该如何自救逃生呢？

（1）如果来不及转移，也不必惊慌，可向高处（如结实的楼房顶、大树上）转移，等候救援人员营救。

（2）为防止洪水涌入屋内，首先要堵住大门下面所有空隙。

最好在门槛外侧放上沙袋，沙袋可用麻袋、草袋或布袋、塑料袋，里面塞满沙子、泥土、碎石。

如果预料洪水还会上涨，那么底层窗槛外也要堆上沙袋。

（3）如果洪水不断上涨，应在楼上储备一些食物、饮用水、保暖衣物以及烧开水的用具。

（4）如果水灾严重，水位不断上涨，就必须自制木筏逃生。

任何入水能浮的东西，如床板、箱子及柜、门板等，都可用来制作木筏。

如果一时找不到绳子，可用床单、被单等撕开来代替。

（5）在上木筏之前，一定要试试木筏能否漂浮；收集食品、发信号用具（如哨子、手电筒、旗帜、鲜艳的床单）、划桨等是必不可少的。

在离开房屋漂浮之前，要吃些含较多热量的食物，如巧克力、糖、甜糕点等，并喝些热饮料，以增强体力。

（6）在离开家门之前，还要把煤气阀、电源总开关等关掉，时间允许的话，将贵重物品用毛毯卷好，收藏在楼上的柜子里。

将不便携带的贵重物品做防水捆扎后埋入地下或置放高处，票款、首饰等物品可缝在衣物中；准备好医药、取火等物品；保存好各种尚能使用的通信设施；出门时最好把房门关好，以免家产随水漂流掉。

【健康小护士】

十种运动瘦身原则

爱美的你，在节食之余，是否也想要来点小运动，向自己体内扰人的脂肪说"Bye-bye"呢？想要瘦身的你，究竟要如何做，才能做到最好呢？其实只要把握住以下几点原则，对自己严格一点，相信瘦下来的目标不是梦。

（1）多做伸展操：利用肌肉的伸展产生运动量。

（2）坐着也可以运动：在搭乘公交车或开车时也可以利用时间运动。

（3）勤劳一点：能够自己拿物品就自己拿，如拿垃圾去丢等。

（4）充分利用身边器具：只要有重量的都可拿来代替哑铃，如装水的保温瓶等。

（5）做运动不是可耻的事：做运动被发现也不用害羞，运动是一件好事。

（6）休息时可以多活动：看电视时、睡觉前都可以多做一些伸展运动、体操。

（7）不要坐电梯：多多爬楼梯。

（8）没事时可以多走路：上课前可以提早出门，多利用时间走路。

（9）别对自己太好：不要花钱减肥、或吃减肥药，一定要靠自己的力量瘦下来。

（10）礼貌多一点：多替大家服务，帮大家买东西或是多当跑腿小妹等。

12 防 震

1. 世界上的主要地震带

（1）环太平洋地震带。

全球规模最大的地震活动带。此带主要位于太平洋边缘地区，沿南北美洲西海岸，从阿拉斯加经阿留申至堪察加，转向西南沿千岛群岛至日本，然后分成两支，其中一支向南经马里亚纳群岛至伊里安岛，另一支向西南经琉球群岛、我国台湾省、菲律宾、印度尼西亚至伊里安岛，两支在此汇合，经所罗门、汤加至新西兰。全球约80%的浅源地震、90%的中深源地震以及差不多所有深源地震，都发生在这一带。所释放的地震能量占全球地震总能量的80%。该带是大多数灾难性地震和全球8级以上巨大地震的主要发震地带。

（2）欧亚地震带。

全球第二大地震活动带。横贯欧亚两洲及涉及非洲地区。其中一部分从堪察加开始，越过中亚，另一部分则从印度尼西亚开始，越过喜马拉雅山脉，它们在帕米尔会合，然后向西伸入伊朗、土耳其和地中海地区，再出亚速海。所释放的地震能量占全球地震总能量的15%。我国大部分地区处于此地震带中，此带内也常发生破坏性地震及少数深源地震。

2. 我国是地震灾害严重的国家

我国地处世界上两个最大地震集中发生地带——环太平洋地震带与欧亚地震带之间，在我国发生的地震又多又强，其绝大多数又是发生在大陆的浅源地震，震源深度大都在20千米以内。因此，我国是世界上多地震的国家，也是蒙受地震灾害最为深重的国家之一，我国内地约占全球陆地面积的1/4，但20世纪有1/3的陆上破坏性地震发生在我国，死亡人数约60万人，占全世界同期因地震死亡人数的一半左右。20世纪死亡20万人以上的大地震全球共两次，都发生在中国，一次是

1920 年宁夏海原 8.5 级大地震，死亡 23 万余人；另一次是 1976 年河北唐山 7.8 级地震，死亡 24 万余人。这两次大地震都使人民生命财产遭受了惨痛的损失。

2008 年 5 月 12 日 14 时 28 分，我国四川省汶川县发生 8.0 级地震，造成了人民群众生命财产的重大损失。

3. 地震预报是世界性科学难题

地震预报是地球科学中的一门前沿学科，也是当今世界上的科学难题之一。地震预报的艰巨性主要表现在两个方面。

（1）震源情况无法直接探测。

地震大多发生在 15 千米左右的地壳中。在近代科学发展的今天，虽然借助于天文望远镜，人类的目光已经达到数百亿光年之外的遥远天体，但对于地壳，就是应用最先进的技术和设备，花费巨额的资金和力量，目前其最大钻探深度也仅 12 千米。因此，人们无法直接探测震源情况，只能通过在地壳表层布设测震、地壳形变、地下水位、水化学、地磁、地电、重力、地应力、动物宏观等观测手段，间接探测地壳深处的变化情况。

（2）地震预报实践机会少。

具有破坏性的 7 级以上的地震，虽然全球每年平均发生 10 多次。但大部分发生在海沟或人烟稀少的地区，而在有稠密观测台网的地区却发生得比较少。大陆地区强烈地震在同一区域重复发生的周期往往在百年或千年以上。因此，人们从事地震预报的实践机会较少。

4. 识别地震谣言

地震谣言，指没有事实根据或缺乏科学依据的地震消息，主要有以下几个特征：

（1）带有封建迷信色彩或伴有离奇传说的地震传闻；

（2）传说地震是外国人预报的地震传闻；

（3）传说的地震震级很大或震级、发震时间、地点都很精确的地震传闻；

（4）打着某专家的旗号或说成是某地震机构的预报，不通过正常途径而由小道传播的地震传闻等。

我们可以根据地震谣言的上述特征来识别。

【健康小护士】

吃出 "青春"

日本是世界上最长寿的国家，主要归功于以黄豆、大米及鱼类为主的饮食模式。

豆类食物，如大豆、豌豆、扁豆，是重要抗老食品，一般说来是高钾低钠，含纤维多的食物。

吃粗粮、新鲜蔬果和增加生食，是抗老的关键。抗老蔬菜有：葱蒜、蘑菇、红辣椒和芦笋等，它们不仅含有大量维生素 B 群和维生素 C，硫和硒的含量也特别丰富。

水果中钾和铬含量最多的以香蕉、橘子、苹果和葡萄为首。另外，南瓜子、葵花子、芝麻、葡萄干、花生等，均具有特别高的营养价值。

最后，建议大家多喝茶，因为茶叶中富含锌、硒等微量元素，维生素 C、维生素 E 等和鞣酸、茶黄烷醇等强抗氧化物质，茶多酚可降血脂、抗血栓、抑制多元不饱和脂肪酸的脂质过氧化，可防止细胞及组织被氧化破坏；也能增加体内自由基的消除，延缓衰老。

5. 地震时的 10 条须知

(1) 为了您自己和家人的人身安全请躲在桌子等坚固家具的下面。

大的晃动时间为 1 分钟左右。

这时首先应顾及的是您自己与家人的人身安全。首先，在重心较低、且结实牢固的桌子下面躲避，并紧紧抓牢桌子腿。在没有桌子等可供藏身的场合，无论如何，也要用坐垫等物保护好头部。

(2) 摇晃时立即关火，失火时立即灭火。

大地震时，也会有不能依赖消防车来灭火的情形。因此，我们每个人关火、灭火的这种努力，是能否将地震灾害控制在最小程度的重要因素。

从平时就养成即便是小的地震也关火的习惯吧。

为了不使火灾酿成大祸，家里人自不用说，左邻右舍之间互相帮助，厉行早期灭火是极为重要的。

地震的时候，关火的机会有三次：

① 第一次机会：在大的晃动来临之前的小的晃动之时。

在感知小的晃动的瞬间，即刻互相招呼："地震！快关火！"，关闭正在使用的取暖炉、煤气炉等。

② 第二次机会：在大的晃动停息的时候

在发生大的晃动时去关火，放在煤气炉、取暖炉上面的水壶等滑落下来，那是很危险的。

大的晃动停息后，再一次呼喊："关火！关火！"，并去关火。

③ 第三次机会：在着火之后。

即便发生失火的情形，在 1～2 分钟，还是可以扑灭的。为了能够迅速灭火，请将灭火器、消防水桶经常放置在离用火场所较近的地方。

（3）不要慌张地向户外跑。

地震发生后，慌慌张张地向外跑，碎玻璃、屋顶上的砖瓦、广告牌等掉下来砸在身上，是很危险的。

此外，水泥预制板墙、自动售货机等也有倒塌的危险，不要靠近这些物体。

（4）将门打开，确保出口。

钢筋水泥结构的房屋等，由于地震的晃动会造成门窗错位，打不开门，曾经发生有人被封闭在屋子里的事例。请将门打开，确保出口。

平时要事先想好万一被关在屋子里，如何逃脱的方法，准备好梯子、绳索等。

（5）户外的场合，要保护好头部，避开危险之处。

当大地剧烈摇晃，站立不稳的时候，人们都会有扶靠、抓住什么的心理。身边的门柱、墙壁大多会成为扶靠的对象。但是，这些看上去挺结实牢固的东西，实际上却是危险的。

在 2008 年 5 月 12 日四川汶川地震时，由于水泥预制板墙、门柱的倒塌，曾经造成过多人死伤。务必不要靠近水泥预制板墙、门柱等。

在繁华街、楼区，最危险的是玻璃窗、广告牌等物掉落下来砸伤人。要注意用手或手提包等物保护好头部。

此外，还应该注意自动售货机翻倒伤人。

在楼区时，根据情况，进入建筑物中躲避比较安全。

（6）在百货公司、剧场时，依工作人员的指示行动。

在百货公司、地下街等人员较多的地方，最可怕的是发生混乱。请依照商店职员、警卫人员的指示行动。

就地震而言，据说地下街是比较安全的。即便发生停电，紧急照明电也会即刻亮起来，请镇静地采取行动。

如发生火灾，即刻会充满烟雾。以压低身体的姿势避难，并做到绝对不吸烟。

在发生地震、火灾时，不能使用电梯。万一在搭乘电梯时遇到地震，将操作盘上各楼层的按钮全部按下，一旦停下，迅速离开电梯，确认安全后避难。

高层大厦以及近来的建筑物的电梯，都装有管制运行的装置。地震发生时，会自动的动作，停在最近的楼层。

万一被关在电梯中的话，请通过电梯中的专用电话与管理室联系、求助。

（7）汽车靠路边停车，管制区域禁止行驶。

发生大地震时，汽车会像轮胎泄了气似的，无法把握方向盘，难以驾驶。必须充分注意，避开十字路口将车子靠路边停下。为了不妨碍避难疏散的人和紧急车辆的通行，要让出道路的中间部分。

都市中心地区的绝大部分道路将会全面禁止通行。充分注意汽车收音机的广播，附近有警察的话，要依照其指示行事。

有必要避难时，为不致卷入火灾，请把车窗关好，车钥匙插在车上，不要锁车门，并和当地的人一起行动。

（8）务必注意山崩、断崖落石或海啸。

在山边、陡峭的倾斜地段，有发生山崩、断崖落石的危险，应迅速到安全的场所避难。

在海岸边，有遭遇海啸的危险。感知地震或发出海啸警报的话，请注意收音机、电视机等的信息，迅速到安全的场所避难。

（9）避难时要徒步，携带物品应在最少限度。

因地震造成的火灾，蔓延燃烧，出现危及生命、人身安全等情形时，采取避难的措施。避难的方法，原则上以市民防灾组织、街道等为单位，在负责人及警察等带领下采取徒步避难的方式，携带的物品应在最少限度。

绝对不能利用汽车、自行车避难。

对于病人等的避难，当地居民的合作互助是不可缺少的。从平时起，邻里之间有必要在事前就避难的方式等进行商定。

（10）不要听信谣言，不要轻举妄动。

在发生大地震时，人们心理上易产生动摇。为防止混乱，每个人依据正确的信息，冷静地采取行动，极为重要。

从携带的收音机等中，把握正确的信息。相信从政府、警察、消防等防灾机构直接得到的信息，决不轻信不负责任的流言飞语，不要轻举妄动。

6. 日常准备工作

（1）自己家的安全对策是否万无一失？

平时的准备工作，是将受害控制在最小程度的基本。

对大衣柜、餐具柜厨、电冰箱等做好固定、防止倾倒的措施。

在餐具柜厨、窗户等的玻璃上粘上透明薄膜或胶布，以防止玻璃破碎时四处飞溅。

为防止因地震的晃动造成柜橱门敞开，里面的物品掉出来，在柜橱、壁橱的门上安装合叶加以固定。

不要将电视机、花瓶等放置在较高的地方。

为防止散乱在地面上玻璃碎片伤人，平时准备好较厚实的拖鞋。

注意家具的摆放，确保安全的空间。

充分注意煤油取暖炉等用火器具及危险品的管理和保管。

加固水泥预制板墙，使其坚固不易倒塌。

（2）紧急备用品准备好了吗？

① 饮用水；

② 食品、婴儿奶粉；

③ 急救医药品；

④ 便携式收音机、手电筒、干电池；

⑤ 现金、贵重品；

⑥ 内衣裤、毛巾、手纸等。

（3）从平时起，建立邻里互助的协作体制。

发生大地震时，可以预计在广大区域造成巨大灾害。在这种情况下，消防车、救护车不可能随叫随到。所以，有必要从平时起通过街道等组织，与当地居民进行交流，建立起应付突发火灾以及救助伤员时的互助协作体制。

从平时起，邻里之间应就一旦有事时互助协作体制进行商谈。

（4）积极参加市民防灾组织。

（5）积极参加防灾训练。

7.临震应急准备

在已发布破坏性地震临震预报的地区，应做好以下几个方面的应急工作：

（1）备好临震急用物品。

地震发生之后，食品、医药等日常生活用品的生产和供应都会受到影响，水塔、水管往往被震坏，造成供水中断。

为能度过震后初期的生活难关，临震前，社会和家庭都应准备一定数量的食品、水和日用品，以解燃眉之急。

（2）建立临震避难场所。

住的问题也是一件大事。房舍被震坏，需要有安身之处；余震不断发生，要有一个躲藏处。这就需要临时搭建防震、防火、防寒、防雨的防震棚。各种帐篷都可以利用，农村储粮的小圆仓，也是很好的抗震房。

（3）划定疏散场所，转运危险物品。

城市人口密集，人员避震和疏散比较困难，为确保震时人员安全，震前要按街、区分布，就近划定群众避震疏散路线和场所。

震前要把易燃、易爆和有毒物品及时转运到城外存放。

（4）设置伤员急救中心。

在城内抗震能力强的场所，或在城外设置急救中心，备好床位、医疗器械、照明设备和药品等。

（5）暂停公共活动。

得到正式临震预报通知后，各种公共场所应暂停活动，观众或顾客要有秩序地撤离；中、小学校可临时在室外上课；车站、码头可在露天候车。

（6）组织人员撤离并转移重要财产。

如果得到正式临震警报或通知，要迅速而有秩序地动员和组织群众撤离房屋。正在治疗的重病号要转移到安全的地方。对少数思想麻痹的人，也要动员到安全区。农村的大牲畜、拖拉机等生产资料，临震前要妥善转移到安全地带，机关、企事业单位的车辆要开出车库，停在空旷地方，以便在抗震救灾中发挥作用。

（7）防止次生灾害的发生。

城市发生地震可能出现严重的次生灾害，特别是化工厂、煤气厂等易发生地震次生灾害的单位，要加强监测和管理，设专人昼夜站岗、值班。

（8）确保机要部门的安全。

城市内各种机要部门和银行较多，地震时要加强安全保卫，防止国有资产损失和机密泄漏。消防队的车辆必须出库，消防人员要整装待发，以便及时扑灭火灾，减少经济损失。

（9）组织抢险队伍，合理安排生产。

临震前，各级政府要就地组织好抢险救灾队伍（救人、医疗、灭火、供水、供电、通信等）。必要时，某些工厂应在防震指挥部的统一指令下暂停生产或低负荷运行。

（10）做好家庭防震准备。

在已发布地震预报地区的居民须做好家庭防震准备，制定一个家庭防震计划，检查并及时消除家里不利防震的隐患。

① 检查和加固住房。

对不利于抗震的房屋要加固，不宜加固的危房要撤离。对于笨重的房屋装饰物如女儿墙、高门脸等应拆掉。

② 合理放置家具、物品。

固定好高大家具，防止倾倒砸人，牢固的家具下面要腾空，以备震时藏身；家具物品摆放做到"重在下，轻在上"，墙上的悬挂物要取下来成固定位，防止掉下来伤人；清理好杂物，让门口、楼道畅通；阳台护墙要清理，拿掉花盆、杂物；易燃、易爆和有毒物品要放在安全的地方。

③ 准备好必要的防震物品。

准备一个包括食品、水、应急灯、简单药品、绳索、收音机等在内的家庭防震包，放在便于取到处。

④ 进行家庭防震演练。

进行紧急撤离与疏散练习以及"一分钟紧急避险"练习。

8. 震区政府震时应急

破坏性地震一旦发生，震区政府应当做好以下内容的应急工作：

① 按照当地《破坏性地震应急预案》宣布成立抗震救灾指挥机构，发布震情通告，紧急动员各方面力量开展自救互救，迅速抢救被压埋人员。

② 调遣抢险救灾队伍和调配抗震救灾物资，组织医疗、工程抢险、救援、物质应急运输队等，有秩序地开赴灾区，抢救生命、财产和排除工程险情。

③ 抢修被破坏的交通、通信设施，保证灾区政府特别是指挥系统与外部的通信畅通，恢复供水、供电设施，抢修受损的水利、化工、核工业等要害工程。

④ 及时扑灭已发火灾，防止有毒及易燃、易爆气体的泄漏，严防瘟疫发生。

⑤ 迅速鉴定可居住宿舍，搭建临时防震棚，指定疏散点，分发救灾物资和食品，妥善安置灾民。加强治安管理和交通管制，维持社会秩序。

⑥ 及时对地震灾害损失进行调查评估，特别是人员伤亡数字，迅速报送上级政府，同时要稳定和鼓舞灾民抗震救灾情绪，加强震情，灾情报道，及时平息地震谣传。对于严重破坏性地震和特大破坏性地震，当地政府不能正常工作时，上一级人民政府或国务院将根据各自的应急预案成立抗震救灾指挥机构，组织抗震救灾，同时迅速进行灾情调查，为国家调拨救灾款和呼吁国际援助提供依据。

9. 家庭成员避震原则

大震来临时，家庭成员该如何避震，专家建议掌握三条原则：

原则一：因地制宜，正确抉择。

震时每个人所处的环境、状况千差万别，避震方式也不可能千篇一律，要具体情况具体分析。这些情况包括：是住平房还是住楼房，地震发生在白天还是晚上，房子是不是坚固，室内有没有避震空间，你所处的位置离房门远近，室外是否开阔、安全。

原则二：行动果断、切忌犹豫。避震能否成功，就在千钧一发之际，决不能瞻前顾后，犹豫不决。如住平房避震时，更要行动果断，或就近躲避，或紧急外出，切勿往返。

原则三：伏而待定，不可疾出。古人在《地震录》里曾记载："卒然闻变，不可疾出，伏而待定，纵有覆巢，可冀完卵"，意思就是说，发生地震时，不要急着跑出室外，而应抓紧求生时间寻找合适的避震场所，采取蹲下或坐下的方式，静待地震过去，这样即使房屋倒塌，人亦可安然无恙。

10. 家庭避震秘笈

（1）抓紧时间紧急避险。

如果感觉晃动很轻，说明震源比较远，只需躲在坚实的家具底下就可以。

大地震从开始到震动过程结束，时间不过十几秒到几十秒，因此抓紧时间进行避震最为关键，不要耽误时间。

（2）选择合适避震空间。

地震预警时间短暂，室内避震更具有现实性，而室内房屋倒塌后形成的三角空间，往往是人们得以幸存的相对安全地点，可称其为避震空间。这主要是指大块倒塌体与支撑物构成的空间。

室内易于形成三角空间的地方是：

炕沿下、坚固家具附近；

内墙墙根、墙角；

厨房、厕所、储藏室等空间小的地方。

屋内最不利避震的场所是：没有支撑物的床上；吊顶、吊灯下；周围无支撑的地板上；玻璃（包括镜子）和大窗户旁。

（3）做好自我保护。

首先要镇静，选择好躲避处后应蹲下或坐下，脸朝下，额头枕在两臂上；或抓住桌腿等身边牢固的物体，以免震时摔倒或因身体失控移位而受伤；保护头颈部，低头，用手护住头部或后颈；保护眼睛，低头、闭眼，以防异物伤害；保护口、鼻，有可能时，可用湿毛巾捂住口、鼻，以防灰土、毒气。

11. 高楼避震三大策略

专家建议，在以楼房为主的都市中，居民应该有意识地掌握一些科学适用的避震策略。

策略一：震时保持冷静，震后走到户外。

这是避震的国际通用守则，国内外许多起地震实例表明，在地震发生的短暂瞬间，人们在进入或离开建筑物时，被砸死砸伤的概率最大。因此专家告诫，室内避震条件好的，首先要选择室内避震。如果建筑物抗震能力差，则尽可能从室内跑出去。

地震发生时先不要慌,保持视野开阔和机动性,以便相机行事。特别要牢记的是,不要滞留床上;不可跑向阳台;不可跑到楼道等人员拥挤的地方去;不可跳楼;不可使用电梯,若震时在电梯里应尽快离开,若门打不开时要抱头蹲下。

另外,要立即灭火断电,防止烫伤触电和发生火情。

策略二:避震位置至关重要。

住楼房避震,可根据建筑物布局和室内状况,审时度势,寻找安全空间躲避。最好找一个可形成三角空间的地方。蹲在暖气旁较安全,暖气的承载力较大,金属管道的网络性结构和弹性不易被撕裂,即使在地震大幅度晃动时也不易被甩出去;暖气管道通气性好,不容易造成人员窒息;管道内的存水还可延长存活期。更重要的一点是,被困人员可采用击打暖气管道的方式向外界传递信息,而暖气靠外墙的位置有利于最快获得救助。

需要特别注意的是,当躲在厨房、卫生间这样的小空间时,尽量离炉具、煤气管道及易破碎的碗碟远些。若厨房、卫生间处在建筑物的犄角旮旯里,且隔断墙为薄板墙时,就不要把它选择为最佳避震场所。此外,不要钻进柜子或箱子里,因为人一旦钻进去后便立刻丧失机动性,视野受阻,四肢被缚,不仅会错过逃生机会还不利于被救;躺卧的姿势也不好,人体的平面面积加大,被击中的概率要比站立大5倍,而且很难机动变位。

策略三:近水不近火,靠外不靠内。

这是确保在都市震灾中获得他人及时救助的重要原则。

不要靠近煤气灶、煤气管道和家用电器;不要选择建筑物的内侧位置,尽量靠近外墙,但不可躲在窗户下面;尽量靠近水源处,一旦被困,要设法与外界联系,除用手机联系外,可敲击管道和暖气片,也可打开手电筒。

12. 学校避震

正在上课时,要在教师指挥下迅速抱头、闭眼、躲在各自的课桌下。

在操场或室外时,可原地不动蹲下,双手保护头部,注意避开高大建筑物或危险物。

不要回到教室去。

震后应当有组织地撤离。

千万不要跳楼！不要站在窗外！不要到阳台上去！

必要时应在室外上课。

13. 公共场所避震

（1）听从现场工作人员的指挥，不要慌乱，不要拥向出口，要避免拥挤，要避开人流，避免被挤到墙壁或栅栏处。

（2）在影剧院、体育馆等处。

就地蹲下或趴在排椅下；注意避开吊灯、电扇等悬挂物；用书包等保护头部；等地震过去后，听从工作人员指挥，有组织地撤离。

（3）在商场、书店、展览、地铁等处。

选择结实的柜台、商品（如低矮家具等）或柱子边，以及内墙角等处就地蹲下，用手或其他东西护头；避开玻璃门窗、玻璃橱窗或柜台；避开高大不稳或摆放重物、易碎品的货架；避开广告牌、吊灯等高耸或悬挂物。

（4）在行驶的电（汽）车内。

抓牢扶手，以免摔倒或碰伤；降低重心，躲在座位附近。

地震过去后再下车。

14. 户外避震

（1）就地选择开阔地避震。

蹲下或趴下，以免摔倒；不要乱跑，避开人多的地方；不要随便返回室内。

（2）避开高大建筑物或构筑物。

楼房，特别是有玻璃幕墙的建筑；过街桥、立交桥；高烟囱、水塔下。

（3）避开危险物、高耸或悬挂物。

变压器、电线杆、路灯等；广告牌、吊车等。

（4）避开其他危险场所。

狭窄的街道；危旧房屋，危墙；女儿墙、高门脸、雨篷下；砖瓦、木料等物的堆放处。

【健康小护士】

小小盐巴促健康

虽说是一粒小小的盐巴，可不能轻视它喔！它有消除疲劳、去头皮屑、消肿、润喉等功用，想让我们身体健健康康，生活舒舒服服吗？可别忘了它。

（1）漱口水。

取 1/2 茶匙的盐泡 240 毫升的温水，可当作喉咙的漱口水。

（2）清洁牙齿。

将 1:2 的盐和苏打粉混合后，用来刷牙可去除牙垢，洁白牙齿。

（3）脸部按摩。

盐和橄榄油以 1:1 的比例混合，敷在脸部和颈部以向上及向内的方向轻轻地按摩，待 5 分钟过后，再将脸部洗净即可。

（4）有助于手恢复柔润。

做家务事或洗碗碟而致双手泛红且皱纹满布，可取精盐 3 茶匙溶入一盆温水当中，浸泡双手约 5 分钟，有助于手恢复细白柔润。

（5）如遭蜂螫，可将螫处弄湿并沾点盐，再用冷水冲净即可减少螫痛。

（6）可治蚊虫咬伤。

被蚊子、跳蚤等虫子咬伤的患部，先浸泡盐水，在敷上加有盐的猪油。

（7）消除眼部肿胀。

拿一茶匙盐，加入 600 毫升温热水中，待其完全溶解后，取块棉花浸泡一会儿，再取出敷在眼部肿胀处，可消肿。

（8）消除疲累。

浴缸内的热水中加入几把盐，融化后进入浸泡至少 10 分钟，即可消除身体疲累。

（9）去除老化的皮肤。

洗完澡后身体仍湿润时，用适量的盐在老化的皮肤上摩擦，可除去已死的角质皮肤，有助血液循环。

（10）固定人造花。

首先将人造花架构出所要的型，然后将盐倒入容器内，再加入一点冷水，最后将花型稍加整理一下，等待盐干燥、凝结、花型即可固定。

（11）保护秀发。

用盐洗头，可使细而缺乏弹性的头发，变粗而有光泽使毛发再生。

（12）抗湿疹：在浴缸里适度撒盐浸泡全身，或直接拿盐揉搓身体，大约一、二周斑点即会逐渐消失。

（13）去除青春痘。

早晚洗脸时，用盐轻轻按摩脸部，再用水冲净，不仅可去除青春痘亦可消除皱纹。

（14）消除香港脚。

每天晚上沐浴时，可拿一把沐浴盐在患处加以揉搓，初期症状，一周可愈；严重者若持之以恒，亦可见效。

（15）疏解脖子和肩膀酸痛。

沐浴时浸泡 15～30 分钟，将脖子和肩膀处以温水浸湿，以盐来回按摩，再以温水冲净，月余症状即可减轻。

15. 被埋自救措施

地震时如被埋压在废墟下，周围又是一片漆黑，只有极小的空间，你一定不要惊慌，要沉着，树立生存的信心，相信会有人来救你，要千方百计保护自己。

地震后，往往还有多次余震发生，处境可能继续恶化，为了免遭新的伤害，要尽量改善自己所处环境。此时，如果应急包在身旁，将会为你脱险起很大作用。

在这种极不利的环境下，首先要保护呼吸畅通，挪开头部、胸部的杂物，闻到煤气、毒气时，用湿衣服等物捂住口、鼻；避开身体上方不结实的倒塌物和其他容易引起掉落的物体；扩大和稳定生存空间，用砖块、木棍等支撑残垣断壁，以防余震发生后，环境进一步恶化。

设法脱离险境。如果找不到脱离险境的通道，尽量保存体力，用石块敲击能发出声响的物体，向外发出呼救信号，不要哭喊、急躁和盲目行动，这样会大量消耗精力和体力，尽可能控制自己的情绪或闭目休息，等待救援人员到来。如果受伤，要想法包扎，避免流血过多。

维持生命。如果被埋在废墟下的时间比较长，救援人员未到，或者没有听到呼救信号，就要想办法维持自己的生命，防震包的水和食品一定要节约，尽量寻找食品和饮用水，必要时自己的尿液也能起到解渴作用。

16. 震后互救

震后，外界救灾队伍不可能立即赶到救灾现场，在这种情况下，为使更多被埋压在废墟下的人员，获得宝贵的生命，灾区群众积极投入互救，是减轻人员伤亡最及时、最有效的办法，也体现了"救人于危难之中"的崇高美德。

抢救时间及时，获救的希望就越大。据有关资料显示，震后20分钟获救的救活率达98%以上，震后一小时获救的救活率下降到63%，震后2小时还无法获救的人员中，窒息死亡人数占死亡人数的58%。他们不是在地震中因建筑物垮塌砸死，而是窒息死亡，如能及时救助，是完全可以获得生命的。唐山大地震中有几十万人被埋压在废墟中，灾区群众通过自救、互救使大部分被埋压人员重新获得生命。由灾区群众参与的互救行动，在整个抗震救灾中起到了无可替代的作用。

震后救人时间要快。震后救人，力求时间要快、目标准确、方法恰当，互救队伍不断壮大的原则。具体做法是：先救近处的，不论是家人、邻居，还是陌生人，不要舍近求远；先救容易救的人，这样，可迅速壮大互救队伍；先救青壮年和医务人员，可使他们在救灾中充分发挥作用。

特别提示：先救"生"，后救"人"

唐山地震中一妇女，每救一个人，只把其头部露出，避免窒息，接着再去救另一个人，在很短时间内使几十人获救。

17. 找寻被压埋的人

利用救助犬和测定微量二氧化碳气体的方法，可以很方便地对遇险者定位。但为了抢救时间，也可以用简易的方法找寻被压埋的生存者。

（1）问。

向了解情况的生存者询问，了解什么人住在哪些建筑内，震时是否外出，有什么生活习惯等，从中寻找可靠的线索。

（2）看。

观察废墟叠压的情况，特别是住有人的部位是否有生存空间；也要观察废墟中有没有人爬动的痕迹或血迹。

（3）听。

倾听存活人员的动静。

听的方法是：要卧地贴耳细听；利用夜间安静时听；一边敲打（或吹哨）一边听。有时你敲他也敲，内外就联系上了。

（4）分析。

分析倒塌建筑原来的结构、用处、材料、层次、倒塌状况，判断被压埋人员的生存情况。

18. 科学挖掘被埋压人员

挖掘时要注意保护好支撑物，清除压埋阻挡物，保证被压埋者的生存空间。

在使用挖掘机械时要十分谨慎，越是接近被压埋者，越应多采用手工操作。

（1）没有起吊工具无法救出时，可以送流汁食物维持生命，并做好记号，等待援助，切不可蛮干。

（2）救人时，应先确定被压埋者头部的位置，用最快速度使头部充分暴露，并清除口、鼻腔内的灰土，保持呼吸通畅。然后再暴露胸腹腔，如有窒息，应立即进行人工呼吸。

（3）要妥善加强被压埋者上方的支撑，防止营救过程中上方重物新的塌落。

（4）被压埋者不能自行出来时，要仔细询问和观察，确定伤情；不要生拉硬扯，以防造成新的损伤。

（5）对于脊椎损伤者，挖掘时要避免加重损伤。

在转送搬运时，不能扶着走，不能用软担架，更不能用一人抱胸、一人抬腿的方式。最好是三四个人扶托伤员的头、背、臀、腿，平放在硬担架或门板上，用布带固定后搬运。

（6）遇到四肢骨折、关节损伤的压埋者，应就地取材，用木棍、树枝、硬纸板等实施夹板固定。

固定时应显露伤肢末端以便观察血液循环情况。

（7）搬运呼吸困难的伤员时，应采用俯卧位，并将头部转向一侧，以免引起窒息。

19. 救人方法

应根据震后环境和条件的实际情况，采取行之有效的施救方法，目的就是将被压埋人员，安全地从废墟中救出来。

通过了解、搜寻，确定废墟中有人员被埋压后，判断其埋压位置，向废墟中喊话或敲击等方法传递营救信号。

营救过程中，要特别注意被埋压人员的安全。一是使用的工具（如铁棒、锄头、棍棒等）不要伤及被埋压人员；二是不要破坏了被埋压人员所处空间周围的支撑条件，引起新的垮塌，使被埋压人员再次遇险；三是应尽快与埋压人员的封闭空间沟通，使新鲜空气流入，挖扒中如尘土太大应喷水降尘，以免被埋压者窒息；四是埋压时间较长，一时又难以救出，可设法向被埋压者输送饮用水、食品和药品，以维持其生命。

在进行营救行动之前，要有计划、有步骤，哪里该挖，哪里不该挖，哪里该用锄头，哪里该用棍棒，都要有所考虑。

过去曾发生过救援人员盲目行动，踩塌被埋压者头上的房盖，砸死被埋人员，因此在营救过程中要有科学的分析和行动，才能收到好的营救效果，盲目行动，往往会给营救对象造成新的伤害。

先将被埋压人员的头部，从废墟中暴露出来，清除口鼻内的尘土，以保证其呼吸畅通，对于伤害严重，不能自行离开埋压处的人员，应该设法小心地清除其身上和周围的埋压物，再将被埋压人员抬出废墟，切忌强拉硬拖。

对饥渴、受伤、窒息较严重，埋压时间又较长的人员，被救出后要用深色布料蒙上眼睛，避免强光刺激，对伤者，根据受伤轻重，采取包扎或送医疗点抢救治疗。

20. 地震后的卫生防疫工作

（1）搞好卫生防疫的重要性。

在地震发生后，由于大量房屋倒塌，下水道堵塞，造成垃圾遍地，污水流溢；再加上畜禽尸体腐烂变臭，极易引发一些传染病并迅速蔓延。历史上就有"大灾后必有大疫"的说法。因此，在震后救灾工作中，认真搞好卫生防疫非常重要。

（2）把好"病从口入"关。

夏秋季节，痢疾、肠炎、肝炎、伤寒等传染病很容易发生和流行。

预防肠道传染病的最主要措施，就是搞好水源卫生、食品卫生，管理好垃圾、粪便。

① 饮用水源要设专人保护，水井要清掏和消毒。

饮水时，最好先进行净化、消毒；要创造条件喝开水。

② 搞好食品卫生很重要。

要派专人对救灾食品的储存、运输和分发进行监督；救灾食品、挖掘出的食品应检验合格后再食用。

对机关食堂、营业性饮食店要加强检查和监督，督促做好防蝇、餐具消毒等工作。

③ 管理好厕所和垃圾。

震后因厕所倒塌，人们大小便无固定地点；垃圾与废墟分不清，蚊蝇滋生严重。

震后应有计划地修建简易防蝇厕所，固定地点堆放垃圾，并组织清洁队按时清掏，运到指定地点统一处理。

（3）消灭蚊蝇。

蚊蝇是乙型脑炎、痢疾等传染病的传播者。

消灭蚊蝇，不仅要大范围喷洒药物，还要利用汽车在街道喷药，用喷雾器在室内喷药，不给蚊蝇留下滋生的场所。

在有疟疾发生的地区，要特别注意防蚊。晚上睡觉要防止蚊子叮咬。

如果发现病人突然发高热、头痛、呕吐、脖子发硬等，就要想到可能得了脑炎，赶快找医生诊治。

（4）保持良好的卫生习惯。

地震灾区的每一位公民，在抗震救灾期间，都应力求保持乐观向上的情绪，注意身体健康，加强身体锻炼。

应根据气候的变化随时增减衣服，注意防寒保暖，预防感冒、气管炎、流行性感冒等呼吸道传染病。

老人和儿童要特别注意防止肺炎。

冬季应注意头部和手、脚的保暖，防止冻疮；夏季要准备些凉开水，吃一些咸菜，补充体内因大量出汗而损失盐分和水分，预防中暑。

21. 房屋的抗震鉴定

有人对世界上130次伤亡巨大的地震震害资料进行统计，发现其中95%以上的伤亡是由于建筑物倒塌造成的。

第一，鉴定房屋抗震安全度，首先应查明房屋所处的场地条件、地基基础条件有没有不利于抗震的因素。比如所处的场地是否有发震的断层？有无古河道？地表下15米范围内是否有可液化的饱和沙土和亚黏土层？地形地貌是否为突出的山嘴、高耸的山包、非岩质的陡坡？是否处于不稳定的冲沟以及可能发生滑坡、地陷、崩塌、危岩滚落的地段？

第二，看看房屋的平面和立面形状是简单方正、自重、刚度布置匀称，还是形状复杂，刚度变化多，局部突出或外部轮廓曲折。

第三，是看房屋的平面和立面形状是简单方正、整体性强、材料延性好，体力简单有利。结构自重大，重心高，整体性差，支撑圈梁少，材料脆性者为不利。

第四，建筑布局上，根据设计施工资料，看采用的是抗震性能很差的纵墙承重布局，还是抗震性能较好的横墙承重或纵横墙承重的布局；建筑物的总高度、横墙的间距是否符合抗震规范的规定，等等。

第五，鉴定墙体坚实程度如何，有无较大裂缝，有无明显的外闪、鼓松以及墙壁有无严重碱蚀的现象。

第六，检查屋盖的安全度。本构架的承重是否歪斜？各个节点有无腐朽、虫蛀、开裂等情况？木梁、穿枋、桁条下的围绕弯曲是否过大？构架变形的程度是否严重？

第七，检查房屋圈梁的设置是否符合规范规定？墙体转角、内外墙之间、骑楼的梁托墙与砖柱之间有没有咬砌，有无拉结措施？

第八，鉴定预制楼板与圈梁、墙体有无锚固？主要抗侧力的高大墙体、砖柱的顶部与屋盖系统锚固得怎样？壁柱是否到顶？

第九，鉴定屋盖支撑系统是否完善？各节点的连接是否可靠？屋面板与屋架、桁条连结是否牢固？

第十，检查山墙、围护墙、高低跨处的封墙与承重结构有无可靠的拉结？内隔墙的顶部与屋架有无可靠的拉结？

第十一，检查突出屋顶的附属物和高大门脸、女儿墙等在地震时的危险程度？注意外悬很大的雨篷、走廊、挑檐等嵌入墙内是否过浅？

第十二，鉴定地震时紧急疏散的街巷会不会被两侧建筑物倒塌堵塞？消防栓、管道阀门、排水井会不会被震塌的建筑物所掩埋？剧院、会堂等人群集中的建筑物的太平门开向是否朝外等。

【健康小护士】

高跟鞋的美丽后遗症

在报纸杂志上时常看见女明星们脚上穿着又尖又高的尖头鞋，而她们的打扮也往往成为时下年轻女性追求流行的指标。你知道吗？爱穿过尖或鞋跟过高的鞋，可能导致脚拇趾外翻的后遗症提前报到喔！正常的脚拇趾会外偏10°～15°，若超过15°就叫做脚拇趾外翻。

脚拇趾外翻70%是后天造成的，30%才是先天遗传的。

穿高跟鞋会使身体的重量转移到脚的前部，脚拇趾受力较多，加上鞋子空间太小，脚趾只好挤在一起，造成脚拇趾压在第二脚趾上，脚拇趾的关节就会突出来而形成拇趾外翻的现象。再者，脚拇趾往二脚趾挤压会使二脚趾翘起来，发炎产生鸡眼。

由于东方人通常脚型较宽，日常所穿的鞋子大部分并不合脚，原因是鞋头过尖，尽管感觉上穿起来还算舒服，然而绝大部分的情形是双脚在迁就鞋子，穿久了不仅不舒服，还会造成脚拇趾外翻、及足趾关节变形，严重者必须动手术治疗。

预防之道是选择一双合脚或是大一号的鞋，袜子不要过紧也不要过松。

爱美是女生的天性，但选择一双合脚又舒适的鞋才是最重要的，以免脚趾永久变形。

13 自然灾害中的救护

1. 水灾救护知识

（1）洪水来临前要做好的准备工作。

要关掉煤气阀和电源总开关，以免引起火灾，或漏电伤人。

迅速收拾好家中贵重的物品放在楼上，或将其置于高处，如衣柜、桌子或架子等处，以防水淹。

要采取必要的防御措施，首先应在门槛外（如预料洪水会涨得很高，还应在底层窗槛外）垒起一道防水墙，最好的材料是沙袋，沙袋可自制，用塑料袋、米袋、面袋装入沙石、碎石、泥土、煤渣等，然后再用旧地毯、旧毛毯、旧棉絮等塞堵门窗的缝隙。

地处河堤缺口、危房等风险地带的人群应尽快脱离现场，迅速转移到高坡地或高层建筑物的楼顶上。对于家中的财物，不要斤斤计较，更不能只顾家产而忘记生命安全。为了保护财产，在离开住处时，最好把房门关好，这样待洪水退后，家产尚能物归原主，不会随水漂流掉。避难所一般应选择在距家最近、地势较高、交通较为方便处，应有上下水设施，卫生条件较好，与外界保持良好的通信、交通联系。在城市中可选择高层建筑的平坦楼顶，地势较高或有牢固楼房的学校、医院，以及地势高、条件较好的公园等。农村中可选择河堤或高地，也可以爬到树上等候救护人员营救。

如果来不及转移，绝不能惊慌失措，不会游泳的人可以抓住木块或坐在门板、木盆上，让其漂泊，等候救援；熟悉水性的人，不要只顾自己求生，应该想方设法把年老体弱和不会游泳的人救到高处避难。

如果水面上涨的时候被困在坚固的建筑物里，应在原地等待救援。首先要关闭煤气和电路，准备应急的食物、保暖衣服和饮用水（用密闭性好的容器，避免漏水或被污染）。可能的话，收集手电、口哨、镜子、色彩艳丽的衣服或旗子，作为信号之用。如果被迫上了屋顶，可架起一个防护棚。如果屋顶是倾斜的，注意将自己系在烟囱或别的坚固的物体上。如水位持续上升，准备小木筏，如果没有绳子捆扎物体，就用床单。除非大水可能冲垮建筑物，或水面没过屋顶迫使撤离，否则应留守等待水停止上涨。

（2）洪水到来时的求生方法。

先躲到屋顶、大树或附近的小山丘暂避，并用绳子或被单等物将身体与烟囱、树木等固定物相连，以免从高处滑下，被洪水卷走。

立刻发出求救信号，以争取被营救的时间。

万不得已之时才能用木筏之类的东西逃生，上木筏的时候要试验其浮力。带好发放求救信号的东西及一些食物，最好要穿戴上颜色较为鲜艳的衣物，醒目好辨认，有助于被营救。

即使会游泳，也要尽量避免下水，防止暗流漩涡和漂浮物冲击。

如果是在驾车时遇到洪水的话，当你是在宽阔地带驾车遇上洪水时，你应该把车迎着洪水开过去，并闭紧窗户。

不能让洪水冲到车子的侧面，以免被掀翻卷走。

如你处在峡谷或山地，要迅速驶向高地。

（3）山区旅游遇洪水的措施。

山区旅游若遇暴雨，少则十几分钟、多则半小时，就有山洪暴发的可能，缺少经验的城里人往往在大雨来临后，还在山沟里游玩、在河水中游泳，旅游车仍在危险地段行进，以致遭遇灾难。因此在山区遇雨，一定要马上寻找较高处避灾，同时要听从管理人员的指挥。

到山区旅游为躲避山洪，应注意以下几点：

提前预防：

① 旅游或外出前，要了解目的地及经过路段是否经常有山洪或泥石流暴发，要避开这些地区。

② 山洪和泥石流的发生通常有一定季节特征，在多发季节内尽量不到这些地区旅游。

③ 在不熟悉的山区旅行，要有向导，从而可避开一些地质不稳定地区。

④ 要注意天气预报，凡有暴雨或山洪暴发之可能，就不能贸然成行。

应急对策：

① 如在山间行走遇到洪水暴涨可向高处找路返回。山洪暴发，常有行洪道，

要向其两侧避开。千万不要待在山脚下，否则会被冲下来的洪水淹没，同时小心洪水常常携带着泥沙和能置人于死地的树木及岩石的残渣碎块。

② 在山间如因洪水将桥梁冲垮，无法过河，而又必须向对岸目的地进发时，可沿山涧行走找河岸较直、水流不急的河段试行过河。一般说河面宽、水浅处流速自然慢，是过河的好地方。会游泳者可游泳过河，一般斜着向上游方向游。当估计无力游到对岸时，可试行涉水过河。一般先由会游泳者腰系安全绳，另一端扎在岸边大树或岩石上，并由同伴抓住，下水探河水深度，河床是否结实。试探可以涉水时，游到对岸，将绳扎牢在树上等处，其他人再抓住绳子过河。

③ 过河有绳时手拉绳，无绳时可手持竹棍、木棒，这样可以探水深以及河床情况，并有利于保持平衡。迈步时要前一足踏稳，后一足才提起，步幅不宜过大。有数人时，也可 2～3 人相互挽在一起过河。

④ 如因山洪暴发，河水猛涨已无法前进或返回，困在山中时，要选高处平地或高处的山洞，离行洪道远的地方休息和求救。将能带的食物、火种以及必需用品带上并保管好，节约粮食和熟食品，注意饮水清洁（烧开或用漂白粉消毒）。

2. 泥石流、山体滑坡救护知识

泥石流以极快的速度，发出隆隆巨响穿过狭窄的山谷，倾泻而下。它所到之处，墙倒屋塌，一切物体都会被厚重黏稠的泥石所覆盖。

山坡、斜坡的岩石或土体在重力作用下，失去原有的稳定性而整体下滑的现象，被称作山体滑坡。遇到泥石流或山体滑坡灾害，采取脱险的办法如下：

（1）沿山谷徒步行走时，一旦遭遇大雨，发现山谷有异常的声音或听到警报时，要立即向坚固的高地或泥石流的旁侧山坡跑去，不要在谷底停留。

（2）一定要设法从房屋里跑出来，到开阔地带，尽可能防止被埋压。

（3）发现泥石流后，要马上与泥石流成垂直方向向一边的山坡上面爬，爬得越高越好，跑得越快越好，绝对不能向泥石流的流动方向走。发生山体滑坡时，同样要向垂直于滑坡的方向逃生。

（4）要选择平整的高地作为营地，尽可能避开有滚石和大量堆积物的山坡下面，不要在山谷和河沟底部扎营。

3. 雪崩救护知识

雪崩是积雪山区常见的自然灾害。由于雪崩具有突然、快速和量大的特点，往往有较大的破坏力，对遇险者的生命构成巨大威胁。第一次世界大战期间，在奥地利蒂罗林（今意大利境内）阿尔卑斯山南麓的雪崩造成 4 万 ~ 8 万人死亡，那次雪崩是有史以来雪崩死亡人数最多的一次。1957 年，新中国第一位登山烈士丁行友死于贡嘎山雪崩。1991 年 1 月，由 17 人组成的中日联合登山队在怒江与澜沧江间的梅里雪山遭遇雪崩，无一生还。

25° ~ 60°的雪坡均有雪崩的危险，而 30° ~ 45°雪坡最容易发生大雪崩。另外，向阳的雪坡由于易于融雪容易发生雪崩，光滑、无植被或岩山表面的山坡也容易发生雪崩。北山坡的雪容易在冬季中期雪崩，南山坡的雪容易在春季或阳光强的时候雪崩。新雪后次日天晴，上午 9：00 ~ 10：00 容易发生雪崩。

雪崩危险期间，如降雪、大雾、暖风、地震及其后两三天，最好不要进入雪崩危险区，无论何时进入雪崩危险区时，不得单独行动。

高山滑雪或旅游者遇到的雪崩，大多是由登山者扰动雪层诱发的。登山者应充分了解如何不扰动雪层。

午后，不要去刚刚有阳光照射的地方，可以去已经在阳光照射很久的地方。

在雪山活动，还要注意雪檐，从顺风侧看去，不容易识别雪檐，通常为一个光滑的斜坡伸向天际。贸然踏进雪檐的断裂段十分危险。

任何登山者都应停驻于可能雪崩处的上方。山脊处行走最安全，在谷底行走危险性就大，漏斗形谷底更是雪崩的堆积场。

在通过雪崩的危险区时，要衣着暖和，戴上手套，必要时口、鼻也要防护，以免被埋时发生体温过低或吸入雪尘死亡。身上的器材要系得较松，以便随时抛弃。

如果雪坡刚发生雪崩不久，表明此处不是久留之地，一次雪崩之后还很有可能再次发生。如果有或大或小的雪球从变暖的松雪区自由滚动，往往表示深层的雪已经不稳定。如果滚落很频繁，就务必从速离开。

遇到雪崩时，切勿向山下跑，雪崩的速度可达 200 km/h，你无论如何也不是竞跑对手。你应该向山坡两边跑，或者跑到地势较高的地方。

如果被雪崩赶上，无法摆脱，应闭口屏气，因为气浪的冲击比雪团本身的打击更可怕。雪崩时大量的积雪会往下泄，如果雪崩不是很大，你可以抓住树木、岩石等坚固物体，待冰雪泄完后，便可脱险。如果被雪崩冲下山坡，一定要设法爬到冰雪表面，同时以仰泳或狗扒式泳姿逆流而上，逃向雪流边缘，压住你的冰雪越少，你逃生的机会越大。

如果被雪埋住，就要奋力破雪而出，因为雪崩停止数分钟后，碎雪就会凝成硬块，手脚活动困难，逃生难度更大。如果雪堆很大，一时无法破雪而出，就双手抱头，尽量造成最大的呼吸空间，让口中的口水流出，确定自己是否倒置，然后往上方向破雪自救，要快！

如果有人被雪崩卷走，在雪崩没有停止前，不要急于抢救，而应密切注视遇险者的位置，待雪崩完全停止后，迅速救援。

4. 台风救护知识

全球每年出现的台风大致有 60 多次，其中大约 76% 发生在北半球。台风灾害是世界上最严重的自然灾害之一，平均每年死亡 2 万人左右，造成经济损失达 60 亿~70 亿美元。我国是世界上遭受台风影响最多、最广、灾害最严重的国家之一。影响我国的台风平均每年约有 20 次左右，其中登陆的约占 40%，是日本的 2 倍、美国的 4 倍。据统计，我国受台风的影响，平均每年损失达 30 多亿元。

一般在台风到来之前都会有台风警报。得到警报后不要再到海边游泳或驾船出海，在外人员要尽快回家。

海边最危险，台风破坏力也最大，所以要远离海边。

准备好足够的食品、蜡烛和水，台风可能打断数天的正常生活。

地势低洼处的人一定要躲到台风庇护所；各种船舶要驶进避风港。电线附近的居民尤其要注意安全。

加固屋顶，关牢窗户，要做好玻璃被打破的准备工作。一般来说，台风侵袭时待在家里最安全。

强风过后，天色会变得晴朗些，千万不要误认为台风已过，仍需待在家里，因为更强、更猛烈的暴风骤雨会紧随而来。

如果你正在野外高地，此时请待在原地，在飓风中行走是极其危险的。

台风过后，掉在雨洼里的电线可能带有电，要小心闪避。

要注意做好卫生防疫工作。

5. 龙卷风救护知识

龙卷风其旋转速度估计达 620 km/h，地面直径为 25～50 m，移动速度为 50～65 km/h，所过之处破坏是毁灭性的。

（1）龙卷风到来时，应待在最坚固的庇护所里，如地下室、水泥屋。

（2）远离窗户。

（3）不要待在车里或大篷里，因为它们会被龙卷风吸入空中。

（4）看准龙卷风到来的方向，朝其垂直方向逃跑。

（5）如果你无法躲开，最好躲在沟渠中或地面低洼处，用手保护头部。

6. 沙尘暴救护知识

（1）沙尘暴的形成。

沙尘天气是天、地、人共同运动的产物，分为浮尘、扬沙、沙尘暴三类，沙尘天气的形成有三个要素，一是地表有丰富的沙尘源，一有风吹，便能卷起沙尘；二是气温回升速度过快，导致地表温度过高，因此高空一有冷空气经过，便可与地面形成冷热对流，从而将地面的沙尘带入高空；三是强劲的风力过程，这是将我国西北的沙尘吹入东部地区的搬运动力。扬沙与沙尘暴都是由于本地或附近尘沙被风吹起而造成的，其共同特点是能见度明显下降，出现时天空混浊，一片黄色。在北方，沙尘天气通常是在春季容易出现。所不同的是，扬沙是指风将地面沙尘吹起，使空气相当混浊，水平能见度在 1～10 km 以内；沙尘暴是指强风将地面尘沙吹起，使空气很混浊，水平能见度小于 1 km。在北京，遇有沙尘天气且能见度小于 500 m 时，气象部门将发布沙尘暴警报。浮尘是由于远地或本地产生沙尘暴或扬沙后，悬浮在大气中的沙或土壤粒子，使水平能见度小于 10 km 的灾害天气。

沙尘暴是一种风与沙相互作用的灾害性天气现象，它的形成与地球温室效应、厄尔尼诺现象、森林锐减、植被破坏、物种灭绝、气候异常等因素有着不可分割的关系。其中，人口膨胀导致的过度开发自然资源、过量砍伐森林、过度开垦土地是沙尘暴过频、规模过大的主要原因。按照沙尘天气的形成规律，我国专家经过多年的观察研究。目前已经明确了我国沙尘天气的四大策源地，即甘肃河西走廊和内蒙古阿拉善盟地区、陕、蒙、宁、晋西北长城沿线的沙地、沙荒土旱农业区；位于北京北部、东部的浑善达克、呼伦贝尔、科尔沁沙地以及新疆塔里木盆地边缘。其中，甘肃河西走廊和内蒙古阿拉善盟是强度最大的沙尘暴策源地，除对周边地区造成危害外，还有能力对东北、华北，甚至黄河、长江中下游地区产生影响。

（2）沙尘暴的危害。

① 沙埋。

沙尘暴发生时，会以排山倒海之势向前移动，下层的沙粒在狂风驱动下滚滚向前。遇到障碍物或风力减弱时，沙粒落下来，就会埋压农田、村庄、工矿、水源等。还会摧毁建筑、电讯、铁路公路等交通设施。

② 风蚀。

强大的风力对地表物质形成吹蚀，农作物赖以生存的微薄的表土被刮走后，风还把带来的细沙堆积在土壤表层，使原来比较肥沃的土壤变贫瘠。伴随着沙尘暴的大风，所到之处狂风怒吼，能把大树连根拔起，刮倒墙壁、毁坏房屋、刮翻火车、摧毁电杆，造成人、畜伤亡。

③ 污染大气环境，损害人类健康。

沙尘暴降尘中至少有 38 种化学元素，它的发生大大增加了大气固态污染物的浓度，将多方面损害人类的健康。眼、鼻、喉、皮肤等直接接触部位会出现刺激症状和过敏反应，严重的可以导致皮肤炎症、结膜炎等。沙尘暴还会加重呼吸系统疾患，对肺部的危害较为严重和广泛，吸入肺内的尘粒的增加量一旦超过肺本身的清除能力，就会导致肺及胸膜的病变，引起支气管炎、肺炎、肺气肿等疾病。在以上病变的基础上，肺癌的发生率将明显升高。

（3）防范沙尘暴的措施。

① 关注气象预报，及时做好防范沙尘暴的应急准备。

遇有沙尘暴天气，要及时关闭门窗，尽量避免室外活动。必须在室外活动时，要使用防尘、滤尘口罩，戴头巾或帽子以有效减少吸入人体内的沙尘。要戴合适的防尘眼镜，穿戴防尘的手套、鞋袜、衣服，以保护眼睛和皮肤，勤洗手和脸（尤其是进食前）。

② 在沙尘天气时，应该多喝水，多吃清淡食物。

沙尘暴多发季节，天气普遍较干燥，加上扬尘，皮肤表层的水分极易丢失，造成皮肤粗糙，尘埃进入毛孔后易发生堵塞，若去除不及时，可能会引起痤疮，过敏体质的人还容易发生各种过敏性皮炎及皮疹。多饮水能及时补充丢失的水分，加快体内各种代谢废物的排出，对皮肤保健和全身健康都是非常有益的。

③ 身体免疫力较差者以及患有呼吸道过敏性疾病者要加强自我监护。

沙尘暴天气最好不要外出，一旦发生慢性咳嗽伴咳痰或气短、发作性喘憋及胸痛时均需尽快就诊，求助于专业的医护人员，并在其指导下进行相应治疗。

7. 冰雹救护知识

冰雹俗称雹子，在夏季或春夏之交最为常见，它是一些小如绿豆、黄豆，大似栗子、鸡蛋的冰粒，特大的冰雹比柚子还大。冰雹是固体降水的一种，降自发展旺盛、强度特别大的积雨云——冰雹云，这种云内的上升气流特强，可达 15 m/s 以上，云内含水量可达 10 g/m³ 以上。冰雹出现时，常伴有大风、暴雨、雷电等，是大气中一种短时、小范围、剧烈的灾害性天气现象。

冰雹对农作物和人畜破坏性大，砸毁庄稼，损坏房屋。我国除广东、湖南、湖北、福建、江西等省冰雹较少外，各地每年都会受到不同程度的雹灾。尤其是北方的山区及丘陵地区，地形复杂，天气多变，冰雹多，受害重，对农业危害很大，造成农作物减产或绝收。冰雹出现时常伴有阵性降水、降温、大风等，加剧灾害的危害程度。如果发生冰雹颗粒、密度、强度都很大的冰雹时，对人员可造成重大伤亡，如：急性颅脑损伤、各种砸伤、擦伤、淤血、骨折以及冻伤等。

（1）防雹方法。

我国目前主要使用爆炸方法来防雹。近年来各地普遍采用和推广了空炸炮和土迫击炮，可发射至 300～1 000 m 高度。这种炮造价低、爆炸力强、防雹效果好。有些地区制造了各种类型的火箭，也使用了高射炮，可以射到几千米高空。

第二种防雹方法是化学催化方法。利用火箭或高射炮把带有催化药剂（碘化银）的弹头射入冰雹云的过冷却区，药物的微粒起了冰核作用。过多的冰核分"食"过冷水，而不让雹粒长大或拖延冰雹的增长时间。

（2）个人防护。

① 在多雹季节，注意收听有关降雹的预报（一般冰雹直径超过 1 cm，气象部门将发布冰雹警报）；届时要采取应急措施，注意添加衣物，注意保暖；要减少室外活动。

② 下冰雹时，应在室内躲避；如在室外，应用雨具或其他代用品保护头部，并尽快转移到室内，避免砸伤。遭遇冰雹时，应就近寻找躲避处，躲避在坚固物体

下面。如果身边有便携物品，必须先护住头部。

8. 森林火灾救护知识

森林火灾指在森林分布区因自然或人为原因引起的，对森林产生一定破坏性作用的一种燃烧现象。全世界每年发生森林火灾20万次左右，过火林地面积数百万公顷，约为全球现有林地面积0.1%。我国每年发生森林火灾1万次左右，过火林地面积约在百万公顷以上。

（1）如果发生森林大火，要尽快躲避在天然的防火带，比如树林中一条开阔的平地就可以阻挡火势。

（2）河流是最理想的防火带。即使火苗能够越过河流，待在水中依然相当安全。

（3）如果大火随风扑面而来，大火的推进速度极快，应迅速绕道避开大火。如果大火在前面绵延数千米，既不能绕过边缘也不能将大火远远抛在身后，可寻找一个宽大开阔的深谷、水道或峡谷躲在其中。

（4）如果没有天然隔离带或山谷可以躲避，火势又猛，想穿过它就会有生命危险，可采取如下方法：在地面挖一个坑，钻进去，用泥土覆盖。这样做当然十分危险，不仅因为热度，而且会引起窒息。所以，尽可能挖出一个合适的凹形坑，将泥土盖在大衣或布料上（如果有），然后将泥土覆盖的大衣拉到身上，手曲成环状放在口鼻上以利于呼吸。这样虽然不能增加氧气量，但可降低气温，以防伤害呼吸系统。

（5）如果条件许可，无法穿越火场，而大火仍有一段距离，可采用以火攻火法，在大火到达前点燃一片地，燃烧过后，清除残留可燃物，火苗自然无法前进，这样就给自己提供了一个避难所。注意与大火体必须间隔一段距离，有时间烧出一块空地，并注意风向。

9. 火山喷发救护知识

应迅速逃离火山喷发区，朝大路奔跑。不要沿峡谷逃跑，那里极可能是熔岩浆流经之地。

如果熔岩流逼近，则应立即爬上附近高地躲避。

火山喷发往往夹带大量毒气和石块，所以要用湿手巾或湿衣服掩住口鼻，这样可过滤尘埃和毒气。另外，应好好保护头部，不要被乱飞的石块击中脑袋，防护办法是戴上头盔或帽子。往帽子里塞满报纸或毛巾，也可起保护作用。

火山爆发时常有炽云（一种发红发热的气体和灰尘球体）以每小时 160 km 左右的速度滚下火山，躲避它的办法就是躲进坚固的地下建筑，或跳入水中屏住呼吸半分钟之久，可躲此劫。

注意保护眼睛，戴上眼镜或面罩之类装置。

火山喷发地区往往有紧急庇护站，可用来作暂时的藏身之地。

火山第一次喷发后会有一个短暂的间歇期，应抓紧时间逃生，因为接下来的喷发力可能比第一次强数倍甚至数十倍。

10. 海啸救护知识

2004 年 12 月 26 日，印度尼西亚苏门答腊岛以北海域当地时间上午 8 时发生里氏 8.7 级强烈地震（据国家地震网测定），并引发海啸，东南亚和南亚数个国家受到波及，造成重大人员伤亡。

海啸是一种具有强大破坏力的、灾难性的海浪。这种波浪运动引发的狂涛骇浪，汹涌澎湃。它卷起的海涛，波高可达数十米。这种"水墙"内含极大的能量，冲上陆地后所向披靡，往往严重摧残生命，造成巨大财产损失。

海啸通常由震源在海底深处 50 km 以内、里氏震级 6.5 以上的海底地震引起。水下或沿岸山崩或火山爆发也可能引发海啸。在一次震动之后，震荡波在海面上以不断扩大的圆圈向外传播，传播距离很远，正像卵石掉进浅池里产生的波一样。海啸波长比海洋的最大深度还要长，轨道运动在海底附近也没受多大阻滞，不管海洋深度如何，波都可以传播过去。

（1）当感觉强烈地震或长时间的震动时，需要立即离开海岸，快速到高地等安全处避难。

（2）如果收到海啸警报，没有感觉到震动也需要立即离开海岸，快速到高地等安全处避难。通过收音机或电视等掌握信息，在没有解除海啸警报之前，勿靠近海岸。不要去看海啸，因为如果你和海浪靠得太近，危险来临时就会无法逃脱。

（3）一旦落入水中，尽可能寻找可用于救生的漂浮物，尽可能地保留身体的能量，沉着冷静，等待救援。

11. 热浪救护知识

热浪是指天气持续保持过度的炎热，也有可能伴随有很高的湿度。与我国气象部门在天气预报中发布高温相类似，世界许多国家用"热浪"一词。按照中国气象局的规定，日最高温度大于35℃发布高温预报。许多城市连续3天的气温达到35℃时将发布高温警报。

热浪可分为日射型和热射型两种类型。日射型多发生于干热天气，由于太阳辐射中的红外线可穿透颅骨，导致脑组织温度骤然升高，致使脑神经功能受损。热射型是因为皮肤在高湿热浪的侵袭刺激下，温度骤然升高，使得皮肤散热功能下降，体内热量不但不能散发，还会影响全身各器官组织的功能，出现局部肌肉痉挛、发热、口干、咳嗽、哮喘、呼吸困难、血压升高和呼吸衰竭等症。

热浪会给人民生活和工农业生产带来影响，尤其是用水、用电等的需求量急剧上升，造成供需矛盾，严重影响生活和生产。

伴随热浪的高温到达一定程度对植物的生长发育和产量以及畜、禽、水产鱼类等动物的养殖都可造成损害，故在农业气象上又称其为高温热害。

热浪对健康的影响在城区比郊区和农村要大得多。由于城市"热岛效应"，市区温度不仅高且持续时间长，炎热强度及持续时间比瞬时最高温度对死亡率有更大影响。空气污染也是城区较高，而热浪又往往与高的污染水平相联系。热浪对人体健康的影响还与城市生活状况、社会经济因素和预防干预措施等有关。

在热浪来临时，最重要和最有效的措施是健全公共卫生基础设施、完善热浪预警系统和采取合适的热浪紧急应对策略。对于个人而言，应该有效地采用各种适应措施来大大地减少热浪对健康的可能影响。

（1）白天尽量减少外出，从而减少太阳照射。使用电扇、空调，但不要过分贪凉导致热伤风。水能带走暑热，可以在家冲个温水澡，使皮肤微血管扩张，增加散热。

（2）注意饮食。多喝水，一天至少饮用2 000 mL以上的水。炎热的环境中，要经常喝水，不要等口渴才喝。一般情况下喝茶就行了，出汗多时应饮用0.3%的冷盐开水。平时多食用西瓜、白扁豆、绿豆汤等，有消暑效果。避免饮用酒类和含糖、咖啡因的饮料。因为酒精和咖啡所含成分有利尿作用，反而会加速水的丧失。含糖饮料会使体液向消化道集中，减少血液循环量，不利散热。

（3）必须外出时，做好防暑准备。戴上太阳镜和遮阳帽。并穿上宽松浅色衣服，以免吸热。随时携带防暑药品，如薄荷条、十滴水。

（4）进行健康检查，凡患有心脏病、持续性高血压、活动性肺结核、肺气肿、支气管哮喘及溃疡病等疾病的人，要避免在高温环境中学习、工作。

（5）重点呵护老弱病残、孕妇和儿童。

（6）早期治疗。一旦有疲倦感、头晕或觉得身体发热，就应立即到阴凉的地方稍作休息，必要时早到医院就诊，以免中暑发展到严重程度。

12. 辐射救护知识

（1）辐射对人体的危害。

自古以来，人类就受到环境中电离辐射不同程度的影响。随着核能开发，核反应堆、核电站的兴建，以及放射性核素和各种射线装置等人工辐射源在各个领域的日益广泛的应用，人类得益的同时，也可能受到直接或潜在的辐射危害，如核泄漏事故、医疗照射事故和环境污染等。

辐射主要通过 α 粒子、β 粒子和 γ 射线的形式对人体产生危害。

① α 粒子穿透力低，易于防卫，它们不能穿透皮肤，但被咽下或吸进会产生严重问题。

② β 粒子有轻微的穿透力，穿着厚衣服和鞋将提供充分的保护，在外裸露的皮肤会被灼伤。如果被吸进体内，会侵袭骨骼、胃肠道、甲状腺和其他组织。

③ γ 射线有高度穿透力，运行速度比 α、β 粒子更慢，可伤害身体所有细胞。

辐射危害的途径一是射线直射伤害人体，二是通过污染空气、土壤、水源及食物等对人体有伤害作用。一定剂量的射线进入人体后，对人体的组织产生电离作用，致使细胞变形、组织损伤，引起人体器官功能紊乱、新陈代谢障碍等疾病。

放射性物质对人体伤害的规律是：距离放射源越远。受照时间越短，隔离的"屏障"越多，受到伤害越小。

（2）预防辐射。

① 不要随意进入或靠近装有放射源的设备或场所。

② 严格遵守放射物保管规定，应双人双锁，无关人员不得动用。

③ 放射废物应由环保部门统一处置，不准随意丢弃或送到废品回收站。

④ 不要随意捡拾或留存金属圆柱形的可疑物体。发现来历不明的可疑物，应

引起警惕，并应及时报告有关职能部门。

⑤ 一旦发生放射源丢失事故，应立即报告有关职能部门，积极配合查找，无关人员不要围观或进入事故现场。

（3）发生核电事故应急措施。

核设施（例如核电站）一旦发生意外情况，造成放射性物质外泄，致使工作人员、公众受到超过或相当于规定限值的射线照射，称为该泄漏事故（简称核事故）。全世界目前有大约500座核电站在运行，新建的核电站还在不断增加，从20世纪50年代以来，已经发生过好几次事故。

一旦发生核事故，应注意以下几点：

① 听到警报，户外人员应尽快进入室内，不得外出。

② 若发放放射性碘阻断剂药品预防，应按时服药，不要不吃，也不要多吃。

③ 关闭门窗，打开收音机、电视机，注意事故动态。

④ 需要撤离时，保持镇静，携带适量必需品，有组织、有秩序地撤离到指定地点。从核事故污染区域撤离时，撤离人员应服从有关部门的安排，不擅自行动。

⑤ 撤离人员及衣物等物品应在指定地方进行洗消。不要食用污染区域内的水源、食品等。按照有关规定配合医疗部门进行体检。

【健康小护士】

防止脊椎侧弯

脊椎侧弯为常见疾病，但往往发生原因不明。当脊椎排列发生错缝、错位、转向、甚至滑脱时，不仅造成附着在脊柱上的肌肉张力增加，也会发生酸痛的现象，这就是脊椎侧弯。

脊椎侧弯也会造成心、肝、子宫、胃肠等胸腔和腹腔内器官的功能障碍。实际上，身体有无脊椎侧弯，大部分都可从身体后面来察看即可得知。正常脊椎是从上端到下缘呈一直线，不偏不倚，但如果脊椎向身体的任何一边有弯曲歪斜情形时，此时就可推测身体有脊椎侧弯情形。

防止脊椎侧弯主要是注意姿势。

（1）坐姿、站姿必须端正。

（2）抬重物时宜先蹲下，不要弯腰抬物。

（3）避免单侧抱重物，以保持颈椎正常弧度为宜。

（4）避免使用脸朝下的趴睡或侧睡姿势。

（5）平常适度运动强化肌肉，增加关节柔软度。

（6）多摄取钙质食物像乳酪、牛乳、及豆腐等含钙食物。

（7）避免过高枕头，以保持颈椎正常生理曲线

特别提醒： 在平常阅读书籍时，不要靠在沙发上或躺在床上看书，一来对眼睛不好，二来也会使脊椎的受压程度加大；最好的做法是正坐并坐直在书桌前，不要半坐半躺，大腿应尽量保持与前手臂平行的姿势，脚能轻松平放在地板或脚垫上；若是使用电脑时，手指以能够自然的架在键盘的正上方为最佳，而椅子设计本身若没有护背曲线，建议同学们可以购买一个护背垫来保持腰到背的姿势，使脊椎的负担不会那么大，久坐也会较为舒适。

𝟙𝟜 校园禁毒

毒品问题是当今国际社会面临的一个严重社会问题。受国际毒潮泛滥和国内涉毒因素影响，虽然国家不断加强禁毒工作力度，但我国毒品问题仍呈发展蔓延的趋势，既面临境外毒品渗透加剧和国内毒品来源增多的双重压力，也面临鸦片类传统毒品继续发展和冰毒、摇头丸等新型毒品迅速蔓延的双重压力，禁毒工作面临的形势依然严峻，毒品问题在我国也成为一大毒瘤，威胁到广大青少年的身心健康。

一些由于无知沾染上吸毒恶习的青少年，毁掉了青春，毁掉了家庭，毁掉了前途，乃至失去了生命……

禁毒、拒毒已成为和广大青少年息息相关、万不可掉以轻心的工作。

1. 毒品及其危害

毒品是指鸦片、海洛因、甲基苯丙胺（冰毒）、吗啡、大麻、可卡因以及国家规定管制的其他能够使人形成瘾癖的麻醉药品和精神药品。

（1）毒品的基本特征是：

① 具有依赖性；

② 具有非法性；

③ 具有危害性。

（2）毒品的危害性。

毒品的危害性可以概括为"毁灭自己，祸及家庭，危害社会"十二个字。

① 毒品严重危害人的身心健康；

② 毒品问题诱发其他违法犯罪，破坏正常的社会和经济秩序；

③ 毒品问题渗透和腐蚀政权机构，加剧腐败现象；

④ 毒品问题给社会造成巨大的经济损失。

毒品对人的身心危害严重。吸毒会导致精神分裂、血管硬化，严重影响生殖和免疫能力。毒瘾发作时，如万蚁啮骨，万针刺心，求生不及，求死不能，如同人间活鬼。吸毒易感染艾滋病，世界上超过一半艾滋病患者都是由注射毒品而感染的。

吸毒成瘾到死亡平均只有 8 年时间；吸毒上瘾，心瘾难除，一生受折磨。

吸毒耗费巨大，十有八九倾家荡产。吸毒者往往道德泯灭，不顾念亲情，抛妻别子，忤逆不孝，甚至会出卖骨肉，残害亲人。后代往往先天有毒瘾、痴呆畸形。真是一朝吸毒，灭亲人、毁后代。

吸毒者为获取毒资，大多数男盗女娼，或以贩养吸，严重危害社会治安和社会风气。

2. 毒品的种类

毒品种类繁多，但一般来说，毒品都有四个共同的特性：① 不可抗力，强制性地使吸食者连续使用该药，并且不择手段地去获得它；② 连续使用有不断加大剂量的趋势；③ 对该药产生精神依赖性及躯体依赖性，断药后产生戒断症状（脱瘾症状）；④ 对个人、家庭和社会都会产生危害后果。

各类毒品，根据不同的标准有不同的划分方法。联合国麻醉药品委员会将毒品分为六大类：吗啡型药物（包括鸦片、吗啡、可卡因、海洛因和罂粟植物等）是最危险的毒品；可卡因、可卡叶；大麻；安非它明等人工合成兴奋剂；安眠镇静剂（包括巴比妥药物和安眠酮）；精神药物，即安定类药物。

世界卫生组织（WHO）将当成毒品使用的物质分成 8 大类：吗啡类、巴比妥类、酒精类、可卡因类、印度大麻类、苯丙胺类、柯特（KHAT）类和致幻剂类。其他还有烟碱、挥发性溶液等。目前毒品种类已达到 200 多种。

（1）鸦片。

鸦片（opium），俗称"阿片"、"大烟"、"烟土"、"阿片烟"、"阿芙蓉"等。鸦片系草本类植物罂粟未成熟的果实用刀割后流出的汁液，经风干后浓缩加工处理而成的褐色膏状物。这就是生鸦片。生鸦片经加热煎制便成熟鸦片，是一种棕色的粘稠液体，俗称烟膏。鸦片是一种初级毒品。生鸦片可直接加工成吗啡。

鸦片主要含有鸦片生物碱，已知的有 25 种以上，其中最主要的是吗啡、可待因等，含量可达 10% ~ 20%。

（2）吗啡。

吗啡是鸦片的主要有效成分，是从鸦片中经过提炼出来的主要生物碱，呈白色结晶粉末状闻上去有点酸味。吗啡成瘾者常用针剂皮下注射或静脉注射。起初它被作为镇痛剂应用于临床，但由于它对呼吸中枢有极强的抑制作用，如同吸食鸦片一样，过量吸食吗啡后出现昏迷、瞳孔极度缩小、呼吸受到抑制，甚至于出现呼吸麻痹、停止而死亡。

（3）海洛因。

亦称盐酸二乙酰吗啡，英文名 Heroin，译为海洛因。其来源于鸦片，是鸦片经特殊化学处理后所得的产物。其主要成分为二乙酰吗啡，属于合成类麻醉品。迄今为止已有一百多年的历史。毒品市场上的海洛因有多种形状，是带有白色、米色、褐色、黑色等色泽的粉末、粒状或凝聚状物品，多数为白色结晶粉末，极纯的海洛因俗称"白粉"。有的可闻到特殊性气味，有的则没有。

由于海洛因成瘾最快，毒性最烈，曾被称为"世界毒品之王"，一般持续吸食海洛因的人只能活 7～8 年。

（4）大麻。

大麻是一年生草本植物，通常被制成大麻烟吸食，或用作麻醉剂注射，有毒性。大麻草可单独吸食，将其卷成香烟，被称为"爆竹"；或将它捣碎，混入烟叶中，做成烟卷卖给吸毒者，这就是大麻烟。这种毒品在当今世界吸食最多，范围最广，因其价格便宜，在西方国家被称为"穷人的毒品"。

初吸或注射大麻有兴奋感，但很快转变为恐惧，长期使用会出现人格障碍、双重人格、人格解体，记忆力衰退、迟钝、抑郁、头痛、心悸、瞳孔缩小和痴呆，偶有无故的攻击性行为，导致违法犯罪的发生。

（5）可卡因。

可卡因英文原名为 Cocaine，是 1860 年从前南美洲称为古柯（Coca）的植物叶片中提炼出来的生物碱，其化学名称为苯甲基芽子碱。它是一种无味、白色薄片状的结晶体。毒贩贩卖的是呈块状的可卡因。可卡因服用方式是鼻吸。

可卡因是最强的天然中枢兴奋剂，对中枢神经系统有高度毒性，可刺激大脑皮层，产生兴奋感及视、听、触等幻觉；服用后极短时间即可成瘾，并伴以失眠、食欲不振、恶心及消化系统紊乱特等症状；精神逐渐衰退，可导致偏执呼吸衰竭而死亡。

一剂 70 毫克的纯可卡因，可以使体重 70 千克的人当场丧命。

（6）甲基苯丙胺及其衍生物。

甲基苯丙胺（又名去氧麻黄碱或安非他命），俗称"冰"毒，属联合国规定的苯丙胺类毒品。

主要来源是从野生麻黄草中提炼出来的麻黄素（Ephedrine）。它源于日本。在日本曾经使用"冰"毒的人数超过 200 万人，直接滥用者 55 万人，毒品滥用者都用静脉注射，其中有 5 万人患苯丙胺精神病。1990 年首先发现由台湾毒贩进入我国沿海地区制造、贩运出境的"冰"毒案件。甲基苯丙胺的形状为白色块状结晶体，易溶于水，一般作为注射用。

长期使用可导致永久性失眠，大脑机能破坏、心脏衰竭、胸痛、焦虑、紧张或激动不安，更有甚者会导致长期精神分裂症，剂量稍大便会中毒死亡。所以说，"冰"毒被称为"毒品之王"。

3. 吸毒及其并发症

吸毒，就是非法吸食、注射毒品的违法行为。

在我国，过去传统使用的毒品主要是鸦片（大烟），因最初吸食大烟的方式是从口鼻吸入，所以人们将这种吸毒方式称为"吸"。在民间，"吸毒"与"吸大烟"是同义词。现在，"吸毒"一词的内涵已扩大：一是毒品的范围扩大了，即凡不是以医疗为目的的滥用麻醉药品和精神药品，都属于吸毒的范围；二是吸毒的方式增多了，由过去单一的烟吸发展为口服、鼻吸、肌肉注射和静脉注射等。

吸毒严重损害人的身体健康，造成：

（1）营养不良。

（2）损害呼吸道。

（3）易患各种性病。

（4）感染性疾病。

（5）损伤血管。

（6）损害神经系统。

（7）造成性功能障碍。

（8）精神病症状。

（9）肾脏疾患。

（10）艾滋病是"获得性免疫缺陷综合征"的简称，英文缩写是 AIDS。它是由人类免疫缺陷病毒（HIV）传入人体后，破坏人体的免疫功能而出现的一系列症状，最后导致死亡。目前，全世界尚无一种有效的手段治疗和控制艾滋病，故被称之为"世界超级瘟疫"。吸毒易导致艾滋病的传播，是因为吸毒者之间常常共用一支注射器注射毒品，而感染艾滋病。

4. 有关毒品犯罪的刑事责任

依照《刑法》的规定：

（1）贩卖、运输、制造鸦片 1 000 克以上、海洛因或者甲基苯丙胺 50 克以上或者其他毒品数量大的；贩卖、运输、制造毒品集团的首要分子；武装掩护贩卖、运输、制造毒品的；以暴力抗拒检查、拘留、逮捕，情节严重的；参与有组织的国际贩毒活动的，处 15 年有期徒刑、无期徒刑或者死刑，并处没收财产。

（2）贩卖、运输、制造鸦片 200 克以上不满 1 000 克、海洛因或者甲基苯丙胺 10 克以上不满 50 克或者其他毒品数量较大的，处 7 年以上有期徒刑，并处罚金。

（3）贩卖、运输、制造鸦片不满 200 克、海洛因或者甲基苯丙胺不满 10 克或者其他少量毒品的，处 3 年以下有期徒刑、拘役或者管制，并处罚金；情节严重的，处 3 年以上 7 年以下有期徒刑，并处罚金。

另外，对吸食、注射毒品的行为作如下处罚：

吸食、注射毒品，由公安机关处 15 日以下拘留，可以单处或者并处 2 000 元以下罚款，并没收毒品和吸食、注射器具。吸食、注射毒品成瘾的，还应予以强制戒除，进行治疗、教育。强制戒除后又吸食、注射毒品的，可以实行劳动教养，并在劳动教养中强制戒毒。

5. 国际禁毒日

1987 年 6 月，在奥地利首都维也纳举行了联合国部长级禁毒国际会议，有 138 个国家的 3 000 多名代表参加了这次国际禁毒会议。这次会议通过了禁毒活动的《综合性多学科纲要》。26 日会议结束时，与会代表一致通过决议，从 1988 年开始将每年的 6 月 26 日定为"国际禁毒日"，以引起世界各国对毒品问题的重视，同时号召全球人民共同来解决毒品问题。

世界范围的毒品蔓延泛滥，已成为严重的国际公害。据联合国统计，全世界每年毒品交易额达 5 000 亿美元以上，是仅次于军火交易的世界第二大宗买卖。20 世纪 80 年代，全世界因吸毒造成 10 万人死亡。毒品不仅严重摧残人类健康，危害民族素质，助长暴力和犯罪，而且吞噬巨额社会财富。对于发展中的国家来说，毒品造成的损失和扫毒所需要的巨额经费更是沉重的负担。

6. 导致吸毒的主要原因

（1）好奇心。

因为新鲜好奇，想试一试而沾上了吸毒行为。

（2）寻找刺激。

把吸食毒品当作吸烟、喝酒一样，满足消遣和享乐的需要。这种动机，青少年多数在社交场合或者是单独休闲环境下容易产生，把吸毒当做一种精神上的所谓享受。

（3）自我显示。

把吸毒看作是一种"高贵的"气派。在青少年吸毒者中流传着这样的荒唐说法："吸海洛因是现代社会一种时髦，不吸就是落伍，吸了神气、够气派！"不少青少年花了一大笔钱来吸海洛因，就是为了炫耀自己，显示自己的大气派。

（4）从众。

所谓从众，就是人家怎么干，自己就跟着人家怎么干。青少年喜欢从众，以为朋友在吸毒，自己也就一起跟着吸了。

（5）为了摆脱烦恼和忧愁有些青少年碰到的挫折，处于焦虑不安的心境，为了消除内心的烦恼和忧愁，就从吸毒去寻求暂时的解脱。

（6）被欺骗，引诱。

7. 防止吸毒的方法

（1）接受毒品基本知识和禁毒法律法规教育，牢记"四知道"：知道什么是毒品；知道吸毒极易成瘾，难以戒断；知道毒品的危害；知道毒品违法犯罪要受到法律制裁。

（2）树立正确的人生观，不盲目追求享受，不以好奇心为由侥幸去尝试，不受不良诱惑的影响。

（3）不听信毒品能治病，毒品能解脱烦恼和痛苦，毒品能给人带来快乐等各种花言巧语。

（4）不结交有吸毒、贩毒行为的人。如发现亲朋好友有吸、贩毒行为的人，一要劝阻，二要远离，三要报告公安机关。

（5）养成良好的行为，杜绝吸烟饮酒等不良嗜好，不涉足青少年不宜进入的场所，决不吸食摇头丸、K粉等兴奋剂。

（6）即使自己在不知情的情况下，被引诱、欺骗吸毒一次，也要珍惜自己的生命，坚决不再吸第二次。

（7）应当避免与4种人交往：

① 有吸毒恶习和嫌疑的人员；

② 从强制戒毒所释放回来的人；

③ 从劳教戒毒所回来的人员；

④ 因吸毒被公安机关拘留处理的人。

我们要正确对待吸毒者。吸毒者是社会中的一类特殊群体，他们既是违法者，又是受害者。从医学的角度看吸毒者也是病人。因此，吸毒者具有双重性质身份。要正确地对待吸毒者，既不要因其吸毒违法而歧视他们，又要区别于一般的病人，严格管理，依法科学戒毒。

（8）应当远离三种场所：

赌场、有贩毒嫌疑的住所、社会上营业性娱乐场所。

特别提示：防吸毒要从不吸烟开始。

8. 判断他人染上毒瘾的方法

（1）无故旷工、旷课，学业成绩、纪律或工作表现突然变坏。

（2）在家中或单位偷窃贵重物品，或突然频频地向父母或朋友索要或借用金钱。

（3）食欲不振、面色灰暗、身体消瘦；情绪不稳定，异常的发怒、发脾气；坐立不安、睡眠差。

（4）为掩盖手臂上的注射针孔，长期穿着长袖衬衣；在不适当的场合佩带太阳镜，以遮掩收缩的瞳孔。

（5）行动神秘鬼祟。白天少吸、多睡，晚上多吸、少睡，对毒品以外的事情不感兴趣。不寻常地长期躲在自己的房间内，或远离家人、他人。经常无故进入偏僻的地方（觅毒品），与吸毒者交往。

（6）藏有毒品及吸毒工具（如注射器、锡纸、切断的吸管、刀片、匙羹、烟斗）。

（7）了解吸毒者的吸毒方式。

吸毒者吸食毒品的方式主要有：烟吸、烫吸、鼻嗅、口服、注射等 5 种常见方式。

① 烟吸。将毒品掺入烟丝，通过吸烟将毒品吸入体内。

② 烫吸。将海洛因放在铝箔纸上或金属匙上，下面用火加热，毒品升华为烟雾，吸毒者用力吸吮缕缕毒烟，又称为吸烫烟。

③ 鼻嗅。又称鼻吸。用小管对准鼻孔，通过鼻黏膜将毒品吸入。

④ 口服。口服多为毒品的片剂，如口服冰毒片、摇头丸等。

⑤ 注射。皮下注射、肌肉注射和静脉注射。

9. 新型毒品的防范

20 世纪末有专家预测，苯丙胺类毒品将成为 21 世纪的主流毒品。随着人类跨入新世纪，新型毒品迅速流行，很多人，尤其是广大的青少年，都认为这些是"娱乐消遣品"，认为这些"俱乐部毒品"是无害的。然而，新型毒品从它出现的那一天起，就没给人类带来任何的益处，相反，引发了大量违法犯罪活动以及多种疾病的扩散流行，不仅影响了人民群众的健康幸福，更影响了社会稳定和经济建设。为此，必须对全民特别是青少年进行新型毒品知识教育，使其远离新型毒品，健康成长。

（1）K 粉，通用名称：氯胺酮。

① 性状：静脉全麻药，有时也可用作兽用麻醉药。一般人只要足量接触两三次即可上瘾，是一种很危险的精神药品。K 粉外观为白色结晶性粉末，无臭，易溶于水，可随意勾兑进饮料、红酒中服下。

② 吸食反应：服药开始时身体瘫软，一旦接触到节奏狂放的音乐，便会条件反射般强烈扭动、手舞足蹈，这种反应一般会持续数小时甚至更长，直到药性渐散身体虚脱为止。

③ 吸食危害：氯胺酮具有很强的依赖性，服用后会产生意识与感觉的分离状态，导致神经中毒反应、幻觉和精神分裂症状，表现为头昏、精神错乱、过度兴奋、幻觉、幻视、幻听、运动功能障碍、抑郁以及出现怪异和危险行为，同时对记忆和思维能力都造成严重损害。

特别提示：一些不法分子经常在迪吧、舞厅等娱乐场所将 K 粉和冰毒、摇头丸混合一起兜售给吸毒者使用，这种混合物具有兴奋和致幻的双重作用。毒品之间相互作用产生的毒性较两种毒品单独使用要严重得多（即 $1+1>2$），很容易导致过量中毒甚至发生致命危险。目前也有发现把 K 粉溶于水中诱骗年轻女性服用后实施性侵犯，因此也被叫做"强奸药"。

案例：有一位 18 岁的女病人两年前开始吸食氯胺酮，当医护人员为她作智力测验时，发现她的智力已下降至 86，与医学上对弱智所定义的 70 相距不远，而正常人的平均智力应该在 100 以上。

（2）咖啡因。

① 来源：化学合成或从茶叶、咖啡果中提炼出来的一种生物碱。

② 性状：适度地使用有祛疲劳、兴奋神经的作用。

③ 滥用方式：吸食、注射。

④ 吸食危害：大剂量长期使用会对人体造成损害，引起惊厥、导致心律失常，并可加重或诱发消化性肠道溃疡，甚至导致吸食者下一代智能低下、肢体畸形，同时具有成瘾性，一旦停用会出现精神委顿，浑身困乏疲软等各种戒断症状。咖啡因被列入国家管制的精神药品范围。

特别提示：我们平时喝的咖啡、茶叶中均含有一定数量的咖啡因，一般每天摄入咖啡因总量在 $50\sim200$ 毫克以内，不会出现不良反应。

（3）安纳咖，通用名称：苯甲酸钠咖啡因。

① 性状：由苯甲酸钠和咖啡因以近似一比一的比例配制而成，外观常为针剂。

② 吸食危害：长期使用安纳咖除了会产生药物耐受性需要不断加大用药剂量外，也有与咖啡因相似的药物依赖性和毒副作用。

（4）氟硝安定。

① 性状：属苯二氮卓类镇静催眠药，俗称"十字架"。

② 吸食反应：镇静、催眠作用较强，诱导睡眠迅速，可持续睡眠五至七小时。氟硝安定通常与酒精合并滥用，滥用后可使受害者在药物作用下无能力反抗而被强奸和抢劫，并对所发生的事情失忆。氟硝安定与酒精和其它镇静催眠药合用后可导致中毒死亡。

（5）麦角乙二胺（LSD）。

① 性状：纯的 LSD 无色、无味，最初多制成胶囊包装。目前最为常见的是以

吸水纸的形式出现，也有发现以丸剂（黑芝麻）形式销售。

② 吸食危害：LSD 是已知药力最强的致幻剂，极易为人体吸收。服用后会产生幻视、幻听和幻觉，出现惊慌失措、思想迷乱、疑神疑鬼、焦虑不安、行为失控和完全无助的精神错乱的症状。同时，还会导致失去方向感，失去辨别距离和时间的能力，导致身体严重受伤和死亡。

提示： 在我国台湾及香港，LSD 也有以黑色砂粒状小颗粒（状似六神丸）方式出现的，被称为一粒砂、黑芝麻、蟑螂屎等。由于食用这种黑色、小如细沙的"黑芝麻"毒品以后，听到节奏强烈的音乐就会不由自主地手舞足蹈，药效长达 12 个小时，故又称作"摇脚丸"。

吸食完 LSD 的青年本来在高楼上，却错误地判断自己在平地上，于是本以为"走"在街上，却从高楼上跳了下去……

迎面而来的汽车离 LSD 吸食者已经很近了，他却错误地判断车离他还很远，于是迎着车走过去……

（6）安眠酮，通用名称：甲喹酮，又称海米那、眠可欣。

性状： 临床上适用于各种类型的失眠症，该药久用可成瘾，而且有些病人在服用一般治疗量后，能引起精神症状。该药已成为国内外滥用药物之一，20 世纪 80 年代我国临床上已停止使用。合成的安眠酮一般为褐色、黑色或黑粒状的粉剂，非法生产的产品可以呈现药片状、胶囊状、粉状。

在西北地区，一些吸毒人员吸食一种叫作"忽悠悠"的毒品。这种"忽悠悠"药片的主要成分是安眠酮和麻黄素，分别是国家管制的一类精神药品和易制毒化学品。因服用这两种药片后会产生打瞌睡、似酒醉、走起路来摇摇晃晃的状态，故叫"忽悠悠"。

（7）三唑仑。

① **性状：** 又名海乐神、酣乐欣、淡蓝色片。是一种强烈的麻醉药品，口服后可以迅速使人昏迷晕倒，故俗称迷药、蒙汗药、迷魂药。无色无味，可以伴随酒精类饮品共同服用，也可溶于水及各种饮料中。

② **吸食反应：** 药效比普通安定强 45 ~ 100 倍，服用 5 ~ 10 分钟即可见效，用药两片致眠效果可以达到 6 小时以上，昏睡期间对外界无任何知觉。服用后还使人出现狂躁、好斗甚至人性改变等情况。

（8）γ-羟丁酸（GHB）。

① **性状：** 又称"液体迷魂药"或"G"毒，在中国香港地区又叫做"fing

霸"、"迷奸水"，是一种无色、无味、无臭的液体。

② 吸食反应：使用后可导致意识丧失、心率缓慢、呼吸抑制、痉挛、体温下降、恶心、呕吐、昏迷或其他疾病发作。特别是当与苯丙胺类中枢神经兴奋剂合用时，危险性增加。与酒精等其他中枢神经抑制剂合用可出现恶心和呼吸困难，甚至死亡。

③ 吸食危害：吸食者服用后可出现性欲增强的症状并快速产生睡意，苏醒后会出现短暂性记忆缺失，即对昏迷期间发生的任何事件无记忆，常被犯罪分子利用实施强奸。

中国香港一名22岁的女子在参加狂野派对服下"fing霸"后，脑内一片空白，并有强烈的性兴奋，在卫生间昏迷过去。事后朋友们将她送进医院，医生为其检查身体时吃惊地发现她已遭多名男子轮奸，而在整个被侵害过程中，她浑然不知！

（9）丁丙诺啡。

① 性状：又名沙菲片。主要作用是镇痛，能暂时缓解吸毒者在毒瘾发作时的症状，通常被戒毒所用于戒毒者短期与早期脱毒替代治疗。属于国家管制的二类精神药品。

② 吸食反应：吸食后头晕、头痛、恶心、呕吐、嗜睡、晕厥、呼吸抑制，连续使用能使人产生依赖性。

（10）麦司卡林，通用名称：三甲氧苯乙胺，是苯乙胺的衍生物。

① 来源：由生长在墨西哥北部与美国西南部的干旱地一种仙人掌的种子、花球中提取。

② 吸食反应：服用后出现幻觉，并引起恶心、呕吐。

③ 吸食危害：主要是导致精神恍惚，服用者可发展为迁延性精神病，还会出现攻击性及自杀、自残等行为。

（11）苯环利定（PCP）。

① 性状：也称普斯普剂，是一种对中枢神经系统有抑制、兴奋、镇痛和致幻作用的精神活性药物，以粉剂、液剂、烟草等不同形态出现。

② 滥用方式：一般是烟雾吸入，也可口服、静脉注射。

③ 吸食反应：用药后一至两小时开始出现情绪不稳、兴奋躁动、失去痛感、神经麻木等症状，继而注意力不能集中，产生思维障碍，逐渐出现幻觉，有的还因此导致进攻行为或自残行为。作用一般持续4～6小时，但残余效应可能需要几天

或更长的时间才能消失。

服用 PCP 后因思维混乱、感觉迟钝、判断力和自控力下降引起的死亡人数要远比这种毒品本身的毒性所造成的死亡人数多，而且很多死亡原因在常人看来是完全可以避免的。如服用者因思维混乱、自控力太差而溺死在浅水滩中；因感觉迟钝、痛感消失又无力辨别方向而在完全可以逃生的火灾事件中被活活烧死，等等。

（12）迷幻蘑菇。

① 性状：多为粉红色片剂，其迷幻成分主要由一种含毒性的菌类植物"毒蝇伞"制成。"毒蝇伞"生长在北欧、西伯利亚及马来西亚一带，属于带有神经性毒素的鹅膏菌科，含有刺激交感神经、与迷幻药 LSD 相似的毒性成分。

② 吸食反应：药力持久，有吸食者称比摇头丸、K 粉更强烈。吸食后即会出现健谈、性欲亢进等生理异常反应。

③ 吸食危害：过量吸食会出现呕吐、腹泻、大量流汗、血压下降、哮喘、急性肾衰竭、休克等症状或因败血症猝死。心脏有问题的人服用后可导致休克或突然死亡。

购买处方药一定要有医生开具的处方。但一些不良商家为了牟取私利，公然出售联邦止咳露、新泰洛其等止咳处方药，甚至还明目张胆地摆上了副食品商店的货架。许多孩子因为随便将该药当饮料服用，陷入其中而不能自拔。更有一些孩子从饮止咳水开始而沦入毒品陷阱。

（13）止咳水。

① 吸食反应：通常含有可待因、麻黄碱等成分，服用后会出现昏昏欲睡、便秘、恶心、情绪不稳定、睡眠失调等症状，大量服用能抑制呼吸。

② 吸食危害：长期服用可形成心理依赖，戒断症状类似海洛因毒品。吸食者往往最终转吸海洛因，才能满足毒瘾。过量滥用，可导致抽筋、神智失常、中毒性精神病、昏迷、心跳停止及呼吸停顿导致窒息死亡。

（14）地西泮。

① 性状：又名安定。白色结晶性粉末。

② 吸食反应：适用治疗焦虑症及各种神经官能症、失眠、治疗癫痫。长期大量服用可产生耐受性并成瘾。

③ 吸食危害：久服骤停可引起惊厥、震颤、痉挛、呕吐、出汗等戒断症状。用药过量有头痛、言语不清、震颤、心动徐缓、低血压、视力模糊及复视、嗜睡、

疲乏、头昏及共济失调（走路不稳）等症状。超剂量可导致急性中毒，表现为动作失调、肌无力、言语不清、精神混乱、昏迷、反射减弱和呼吸抑制直至死亡等，也可引起精神错乱、关节肿胀、血压下降等。

（15）有机溶剂和鼻吸剂。

有机溶剂和鼻吸剂包括一系列挥发性很强的化合物，它们能像抑制剂一样对中枢神经系统起作用。这些化合物或是在室温时以气体状态存在，或者一暴露在空气中就会很快蒸发。

有机溶剂会导致知觉受损、失去协调和判断能力，压抑呼吸并导致脑部受损。较常用的有机溶剂有：油漆稀释剂和去涂料剂、香蕉水、松节油、胶水、汽油、煤油和其他石油制品、打火机和清洁用液体以及各种气溶胶剂。它们的有效成分包括甲苯、丙酮、苯、四氯化碳、氯仿、乙醚以及各种酒精和乙酸盐。

10. 新型毒品的致病机理

人体正常细胞兴奋活动是通过一种特殊化学物质——神经递质的释放来实现的。正常情况下，神经细胞中神经递质的释放可以得到有序的控制。但是苯丙胺类兴奋剂等新型毒品的摄取能促使神经递质耗竭性的过量释放，由此产生持续的、高度的、病理性的兴奋状态，可导致神经细胞大量被破坏，引起神经功能系统的紊乱；长时间的高度兴奋可以出现大量出汗、虚脱、肌肉震颤、急剧高温、肌肉溶解、急性精神障碍、幻觉、幻想以及猝死，同时也遗留产生慢性精神疾病的病理基础。

经过数次毒品的作用后，神经细胞释放的快乐型神经递质不断减少，吸食者虽理智上知道不该吸食这类毒品，但需要毒品的异常强刺激来维持正常或异常的欣快感。因此，毒品成瘾是一种反复发作的脑疾病。

特别提示：专家指出，一般情况下一克冰毒就能置人于死地。当然，这只是一个理论性的量，因为人与人之间的个体体质、健康状况差异甚大，有的人可能只吸食了0.5克的冰毒就会死亡。而我国缴获的每粒摇头丸中冰毒的含量已达30～60毫克。

案例：凌晨2点左右，成都的一间酒吧内，一个男DJ不时声嘶力竭地喊着："摇啊摇！摇啊摇！""HIGH起来！HIGH起来！"并且鼓动大家同他一起喊。整个大厅像烧沸的开水，10余名光着上身的男青年聚在一起，站在吧桌上狂喊、狂舞、狂摇，虽然已是初冬，但他们依然大汗淋漓。一名十七八岁的少女站在吧桌上猛烈地摇着头，她先是脱掉了外套，然后脱掉了毛衣，最后脱得只剩下一件胸衣。酒吧内看起来有二三十人吃过摇头丸，男男女女个个把头摇得像拨浪鼓似的，还有的已经口吐白沫，呕吐不已。不时有浑身无力的"摇头一族"被扶着走出大厅，一直在吧台前疯狂摇头的女孩也在别人搀扶下走出了大门，嘴里还傻乎乎地说着"我是一片云……"

（1）新型毒品导致神经系统疾病。

滥用苯丙胺类兴奋剂等新型毒品后最常出现的后果是兴奋、躁动和类精神病样症状。大量的临床资料表明，冰毒和摇头丸等新型毒品可以对大脑神经细胞产生直接的损害作用，导致神经细胞变性、坏死，出现急慢性精神障碍。

一次或几次过量服用苯丙胺类兴奋剂等新型毒品常导致急性精神障碍；长期滥用苯丙胺类兴奋剂可以导致慢性精神障碍，又称为苯丙胺性精神病，类似精神分裂症，以犯罪妄想、迫害与被害妄想表现明显。研究表明，82%的苯丙胺滥用者即使停止滥用8～12年，仍然有一些精神病症状，甚至精神分裂，一遇刺激便会发作。

（2）新型毒品易成瘾。

吸食苯丙胺类兴奋剂等新型毒品数小时后，毒品带来的愉悦感、欣快感和迷幻感等逐渐消失，吸毒者会出现全身疲乏、精神压抑和嗜睡等症状，这些效果使得吸毒者渴望再次得到精神刺激而再次吸食毒品。与海洛因等传统毒品相比，苯丙胺类兴奋剂等新型毒品停止吸食后不会产生明显的戒断症状，身体依赖性不特别明显。但表现出很强的精神依赖性，即吸食者为追求产生一种特殊的欣快感和欢愉舒适的内心体验，在精神上产生定期连续吸食毒品的渴求和强迫吸食行为，以获取心理上的满足，消除精神上的不适，因此这类毒品很容易成瘾。

（3）吸食毒品摧残人的生命。

苯丙胺类兴奋剂能对心血管产生兴奋性作用，导致急性心肌缺血、心肌病和心律失常。在一些因过量服食冰毒、摇头丸而死亡的案例中，医生们检查到了类似冠心病、心肌梗死的病变，有的心肌因高度兴奋而痉挛性收缩造成心肌断裂。苯丙胺类兴奋剂还可以导致吸毒者全身骨骼肌痉挛，出现恶性高热或对肾功能造成严重损害，对脑血管产生损害作用导致脑出血，这都是苯丙胺类兴奋剂最常见的死因。

案例：深圳市某公安分局一位法医说，在他们辖区因服用摇头丸而死亡的第一例发生在1997年7月9日，死者是四川女孩，21岁。她头天晚上在一家夜总会跳迪斯科，服食了摇头丸，回到家药性没有消失，继续跳，并且又服了一粒摇头丸，跳疯了。三四个人想让她停下来都控制不住，一直跳到全身衰竭倒下去。法医尸检结果发现她的血液、尿液里有大量的甲基苯丙胺成分。

11. 我国实行的科学戒毒措施

（1）强制戒毒和劳教戒毒普遍采取治疗、教育、康复相结合的方法，对吸毒人员进行综合的生理和心理矫治；

（2）公安和司法机关分别制定了对强制戒毒所和劳教戒毒所实行等级化、规范化管理的有关制度；

（3）国家药品监督管理局颁布了《阿片类成瘾常用戒毒疗法的指导原则》和《戒毒药品管理办法》，建立了国家药物依赖性研究中心、国家药物滥用监测中心、国家麻醉品实验室，组织科研机构开展科学戒毒方法和戒毒药物的研究；

（4）卫生防疫部门与禁毒部门密切合作，在戒毒所开展了性病、艾滋病防治工作，并在一些戒毒所建立了艾滋病监测点和检测系统。

强制戒毒是公安机关对吸食、注射毒品成瘾人员，在一定时期内通过强制性的行政措施，依法对其强迫进行药物治疗、心理治疗和法制教育、道德教育，使吸毒人员戒除毒瘾。

自愿戒毒是吸毒人员本人自愿或在其家属的督促下到政府有关部门设立的戒毒机构接受戒毒治疗。

强制戒毒和自愿戒毒的共同点，都是吸毒人员到戒毒机构接受戒毒治疗；区别是强制戒毒是依法强迫戒毒，自愿戒毒是在自愿的情况下主动接受戒毒。

【健康小护士】

暑期活动注意事项

暑假即将到来，相信许多同学已经开始计划暑假活动了。或许打算旅游，或许打算出国，或许打算充实自己的知识，等等。在从事休闲活动的同时，我们必须特别注意自身的安全，因此，在这里我们提供了一些注意事项供同学参考：

（1）室内活动。

室内活动包含图书馆、电影院、百货公司或超市、KTV、室内演唱会、室内团体活动等，从事该项活动时，首先应注重逃生路线及逃生设备的熟悉，同学们应熟习相关消防（逃生）器材如灭火器等的使用方式，方能确保我们从事室内活动时的安全。其次，同学们应该避免前往网吧、酒吧、舞厅等出入人员复杂的场所，以免产生人身安全问题。

（2）户外活动。

户外活动包含登山、溯溪、戏水、户外体育活动、户外团体活动等，从事此活动时，首应注意天候及地形之熟悉，于遭遇天候状况不佳时如台风过境、大潮、暴雨，应立即停止一切户外活动；如果同学们的休闲计划有安排从事登山、溯溪、戏水等活动，应该要对当地的气候及地形详细调查，除可避免发生危害自身安全事件外，亦可避免社会救援资源的浪费。至于将进入在山区进行调查或研究的同学，我们更应事前做好相关安全规划及紧急应变措施，以确保自身安全。而且我们也应衡量从事此活动时，自身的体能状况及所需相关装备是否完整，才能充分享受户外活动的乐趣，降低发生意外事件的可能性。

15 校园计算机信息与网络安全

1. 计算机病毒的特征

计算机病毒是人为编制的一组程序或指令集合。这段程序代码一旦进入计算机并得以执行，就会对计算机的某些资源进行破坏，再搜寻其他符合其传染条件的程序或存储介质，达到自我繁殖的目的。计算机病毒具有以下一些特征。

（1）传染性。

传染性是计算机病毒的最重要的特性。计算机病毒的传染性是指病毒具有把自身复制到其他程序中的特性，会通过各种渠道从已被感染的计算机扩散到未被感染的计算机。计算机病毒是一段人为编制的计算机程序代码，这段程序代码一旦进入计算机并得以执行，就会搜寻其他符合其传染条件的程序或存储介质，确定目标后再将自身代码插入其中，达到自我繁殖的目的。只要一台计算机染毒，它再与其他计算机通过存储介质或者网络进行数据交换时，病毒会继续进行传染。传染性也是判断一段程序代码是否为计算机病毒的根本依据。

（2）破坏性。

任何计算机病毒只要侵入系统，就会对系统及应用程序产生程度不同的影响。轻者会降低计算机工作效率，占用系统资源（如占用内存空间、磁盘存储空间及系统运行时间等），只显示些画面或出些音乐、无聊的语句。或者根本没有任何破坏动作。

有的计算机病毒可使系统不能正常使用，破坏数据、泄露个人信息、导致系统崩溃等，有的对数据造成不可挽回的破坏。

程序的破坏性体现了病毒设计者的真正意图。这种破坏性所带来的经济损失是非常巨大的。

（3）潜伏性及可触发性。

大部分病毒感染系统之后不会马上发作，而是悄悄隐藏起来，然后在用户不察觉的情况下进行传染。这样，病毒的潜伏性越好，它在系统中存在的时间也就越长，病毒传染的范围也越广，其危害性也越大。

计算机病毒的可触发性是指满足其触发条件或激活病毒的传染机制，使之进行传染，或者激活病毒的表现部分或破坏部分。

计算机病毒的可触发性与潜伏性是联系在一起的。潜伏下来的病毒只有具有了可触发性，它的破坏性才成立，也才能真正称为"病毒"。如果设想一个病毒永远不会运行，就像死火山一样，对网络安全就构不成威胁了。触发的实质是一种条件的控制，病毒程序可以依据设计者的要求，在一定条件下实施攻击。

（4）非授权性。

一般正常的程序由用户调用，再由系统分配资源，完成用户交给的任务，其目的对用户是可见的、透明的。而病毒具有正常程序的一切特性，它隐藏在正常程序中，当用户调用正常程序时窃取到系统的控制权，先于正常程序执行，故病毒的动作、目的对于用户来说是未知的，是未经用户允许的，即具有未授权性。

（5）隐蔽性。

计算机病毒具有隐蔽性，以便不被用户发现及躲避反病毒软件的检验。因此，系统感染病毒后，一般情况下用户是感觉不到病毒存在的，只有在其发作、系统出现不正常反应时用户才知道。

为了更好地隐藏，病毒的代码设计得非常短小，一般只有几百或1K字节。以现在计算机的运行速度，病毒转瞬之间便可将这短短的几百字节附着到正常程序之中，使人非常不易察觉。计算机病毒隐蔽的方法很多，举例如下：

① 隐藏在引导区，如小球病毒。

② 附加在某些正常文件后面。

③ 隐藏在某些文件空闲字节里。例如，CIH病毒使用大量的诡计来隐藏自己，把自己分裂成几个部分，隐藏在某些文件的空闲字节里，这样不会改变文件长度。

④ 隐藏在邮件附件或者网页里。

（6）不可预见性。

从对病毒的检测来看，病毒还有不可预见性。不同种类的病毒，其代码千差万别，但有些操作是共有的（如驻内存、改中断）。有些人利用病毒的这种共性，制作了声称可查所有病毒的程序。这种程序的确可查出一些新病毒，但由于目前的软件种类极其丰富，且某些正常程序也使用了类似病毒的操作，甚至借鉴了某些病毒的技术，因而使用这种方法对病毒进行检测势必会造成较多的误报情况。而且病毒的制作技术也在不断提高，病毒对反病毒软件永远是超前的。

2. 计算机病毒的防治

众所周知，对于一个计算机系统，要知道其有无感染病毒，首先要进行检测，然后才是防治。具体的检测方法有两种，即自动检测和人工检测。

自动检测是由成熟的检测软件（杀毒软件）来自动工作，无须多少人工干预，但是由于现在新病毒出现快、变种多，这些软件的检测都有一个滞后性。因此，需要自己能够根据计算机出现的异常情况进行检测，即人工检测的方法。感染病毒的计算机系统内部会发生某些变化，并在一定的条件下表现出来，因而可以通过直接观察来判断系统是否感染病毒。

（1）计算机病毒引起的异常现象。

通常对所发现的异常现象进行分析，可以大致判断系统是否被传染病毒。计算机病毒引起的异常现象主要有以下几个方面：

① 屏幕显示异常。

② 声音异常。

③ 系统工作异常：

不执行命令；

干扰执行内部命令；

虚假报警；

时钟倒转；

计算机重新启动；

计算机运行速度下降；

文件不能存盘；

文件存盘时丢失字节；

内存减小。

④ 键盘工作异常：

响铃；

封锁键盘；

换字符；

重复字符；

输入紊乱。

⑤ 打印机工作异常：

假报警；

间歇打印；

更换字符；

不打印。

⑥ 文件异常：

文件长度变化；

文件的时间和日期变化；

根目录下多了文件；

.exe 文件的扩展名被改成了 .com；

文件莫名其妙地丢失；

可执行程序不能运行。

（2）计算机病毒诊断技术。

自从 20 世纪 80 年代出现具有危害性的计算机病毒以来，计算机专家就开始研究反病毒技术，反病毒技术随着病毒技术的发展而发展。

常用的计算机病毒诊断技术有如下几种。这些方法依据的原理不同，实现时所需开销不同，检测范围不同，各有所长。

① 特征代码法。

特征代码法是早期反病毒软件的主要方法，也普遍为现在的大多数反病毒软件的静态扫描所采用。当防毒软件公司收集到一只新的病毒时，他们就会从这个病毒程式中截取一小段独一无二而且足以表示这只病毒的二进制程序码，来当做扫毒程序辨认此病毒的依据，而这段独一无二的二进制程序码就是所谓的病毒码。分析出病毒的特征病毒码后，并集中存放于病毒代码库文件中，在扫描的时候将扫描对象与特征代码库比较，如有吻合则判断为染上病毒。特征代码法实现起来简单，对于查传统的文件型病毒特别有效，而且由于已知特征代码，故清除病毒十分安全和彻底。但这种方法最大的局限性是过分依赖病毒代码库的升级，因为它对未知病毒和变形病毒没有任何作用。病毒代码库随着病毒数量的增加而不断扩大，搜索庞大的特征代码库会造成查毒速度下降。

② 校验和法。

病毒在感染程序时，大多都会使被感染的程序大小增加或者日期改变，校验和法就是根据病毒的这种行为来进行判断。首先它把硬盘中的某些文件（如可执行文件）的资料做一次汇总并记录下来，在以后检测过程中重复此项动作，并与前次记录进行比较，借此来判别这些文件是否被病毒感染。这种方法对文件的改变十分敏感，因而能查出未知病毒，但它不能识别病毒种类，更无从谈起清除病毒。而且，由于病毒感染并非文件改变的唯一原因，文件的改变常常是正常程序引起的，所以校验和法误报率较高。这就需要加入一些判断功能，把常见的正常操作如版本更新、修改参数等排除在外。

③ 行为监测法。

病毒感染文件时，常常有一些不同于正常程序的行为。利用病毒的特有行为特性监测病毒的方法，称为行为监测法。行为监视法就是引入一些人工智能技术，通过分析检查对象的逻辑结构，将其分为多个模块，分别引入虚拟机中执行并监测，从而查出使用特定触发条件的病毒。行为监测法的长处在于不仅可以发现已知病毒，而且可以相当准确地预报未知的多数病毒。但行为监测法也有其短处，即可能误报警和不能识别病毒名称，而且实现起来有一定难度。

④ 软件模拟法。

多态性病毒每次感染都变化其病毒代码，对付这种病毒，特征代码法失效。因为多态性病毒代码实施密码化，而且每次所用密码不同，把染毒的病毒代码相互比较，也无法找出相同的可能作为特征的稳定代码。虽然行为监测法可以检测多态性病毒，但是在检测出病毒后，因为不知病毒的种类，难于做杀毒处理。

为了检测多态性病毒，可应用新的检测方法——软件模拟法。它是一种软件分析器，用软件方法来模拟和分析程序的运行。

新型检测工具纳入了软件模拟法。该类工具开始运行时，使用特征代码法检测病毒，如果发现隐蔽病毒或多态性病毒嫌疑时，启动软件模拟模块。软件模拟技术成功地模拟 CPU 执行，在其设计的 DOS 虚拟机器下假执行病毒的变体引擎解码程序，安全地将多型体病毒解开，监视病毒的运行，使其显露原本的面目，再加以扫描。待病毒自身的密码译码以后，再运用特征代码法来识别病毒的种类。

总的来说，特征代码法查杀已知病毒比较安全彻底，实现起来简单，常用于静态扫描模块中；其他几种方法适宜于查未知病毒和变形病毒，但误报率高，实现难度大，在常驻内存的动态监测模块中发挥重要作用。只有综合利用上述几种技术，互补不足，并不断发展改进，才是反病毒软件的必然趋势。

3. 常用的单机杀毒软件的使用

随着计算机技术的不断发展，病毒不断涌现出来，杀毒软件也层出不穷，各个品牌的杀毒软件也不断更新换代，功能更加完善。在我国最流行、最常用的杀毒软件有金山公司的金山毒霸、瑞星公司的瑞星、Symantec 公司的 Norton AntiVirus、NAI 公司 McAfeeVimsScan、江民 Kv3000 及冠群金辰的 KILL 等。

4. 网络防病毒

目前，互联网已经成为病毒传播最大的来源，电子邮件和网络信息传递为病毒传播打开了高速的通道。它们的传播途径越来越广，传播速度越来越快，造成的危害越来越大，几乎到了令人防不胜防的地步，这对防病毒产品提出了新的要求。很多企业、学校都建立了一个完整的网络平台，急需相对应的网络防病毒体系。尤其像学校这样的网络环境，网络规模大、计算机数量多、学生使用计算机流动性强，很难全网一起杀毒，更需要建立整体防毒方案。

5. 选择防病毒软件的标准

（1）高侦测率。作为防毒产品，病毒查杀种类和数量这一指标是最重要的，也是评价一种防毒产品是否优秀的最重要的标准。它包括是否能及时发现并捕捉最新的流行病毒，是否能在第一时间拿出解决方案。例如：

① 未知病毒检测能力、未知病毒隔离能力。

② 压缩文件查毒、清毒（不限层数）。

③ 打包文件查毒、清毒（不限层数）。

④ 邮件接收检测、邮件发送检测。

⑤ 邮件文件静态检测、邮件文件清毒。

例如，SQL Slammer 病毒每 8.5s 就会使 SQL 服务器感染数成倍增长。如果没有高侦测率，就无法在病毒入侵前的第一时间自动部署安全策略，后果可想而知。

（2）性能可靠。产品的性能是用户关心的另一个重要方面。它包括是否能最快速度完成病毒代码库的升级，病毒的查杀速度，以及资源的占有率等。防毒产品属于功能软件而非应用软件，用户对它的要求是最大范围地保证计算机安全。相对于用户的正常业务来讲，安全防卫是属于第二位的，是起辅助作用的。因此，防毒产品不应该影响正常计算业务的开展，至少是应该尽可能地减少影响。

防毒产品的可靠性是与系统的结合程度密不可分的。如果防毒产品在与操作系统的结合上出现问题，或者在与其他产品的兼容性方面出现问题，或者在查杀病毒时出现问题，都势必会影响正常的计算业务。

（3）容易管理。对于普通的计算机用户来说，防病毒工作的完成除了要可靠地保证安全之外，还应该是简单的。目前业界众多的防毒软件，都或多或少具备一定的管理功能。如果管理工作的操作复杂，使用难度大，用户自然会觉得烦琐，出错的几率会增大，不安全的因素就会随之大大增加。对于网络级防毒软件，它的管理功能更加强大，更需要操作管理方便。

（4）售后服务完善。作为一种特殊的软件，防病毒产品不是一次性消费的，购买了防毒软件仅仅是防毒工作的开始，厂家提供的售后服务才是最重要的，同时也是用户最担心的问题。售后服务包括升级频率，最新的升级文件的发放，用户疑难问题的解答，突发安全事件的处理，以及为用户提供相关的培训等。

6. 网络防毒的整体方案

虽然90%以上的企业都采用了防病毒软件，但是计算机安全协会在2002年的调查显示，35%的公司都遭到过病毒攻击并造成了相当的经济损失（平均损失达$283 000）。新的病毒带来了多种威胁，它们利用多种安全漏洞，并且通过多种方式（如电子邮件、文件传输及网络浏览器等）攻击系统，因此必须把多种安全组件和策略整合起来进行全方位的防护。按照"统一管理，集中监控，分级部署，多重防护"的原则，构建结构为三层的防病毒体系。

（1）第一层是入网层。防病毒策略的一个重要目标就是在病毒进入受保护的网络之前就挡住它，因此在网络边界处安装防病毒网关。网关针对进出的数据包进行过滤，包括各类病毒邮件、垃圾邮件以及其他各种应用的数据包。

（2）第二层是服务器群层。在服务群部署病毒防护体系。管理中心实现对服务器、客户端防护产品的集中管理功能，及时自动更新病毒库及防病毒策略。

（3）第三层是产品客户端层。该层由客户端防护产品构成，向安装在专用防病毒服务器的管理中心报告，进行集中管理，并且专注于桌面计算机防病毒和浏览器设置来防止网络病毒的攻击。

7. 黑　客

"黑客"一词来自于英语 HACK，在美国麻省理工学院校（园）俚语中是"恶作剧"的意思，尤其指那些技术高明的恶作剧。确实，早期的计算机黑客个个都是编程高手。因此，"黑客"是人们对那些编程高手、迷恋计算机代码的程序设计人员的称谓。真正的黑客有自己独特的文化和精神，他们并不破坏别人的系统，他们崇拜技术，对计算机系统的最大潜力进行智力上的自由探索。

美国《发现》杂志对黑客有以下五种定义：

① 研究计算机程序并以此增长自身技巧的人。

② 对编程有无穷兴趣和热忱的人。

③ 能快速编程的人。

④ 某专门系统的专家，如 UNIX 系统黑客。

⑤ 恶意闯入他人计算机或系统，意图盗取敏感信息的人。

对于第五种人最合适的用词是 cracker，而非 hacker。二者之间最主要的不同是 hacker 们创造新东西，而 cracker 们则破坏东西。或者用"白帽黑客"和"黑帽黑客"来区分，一个试图破解某系统或网络以提醒该系统所有者的系统安全漏洞的人被称作"白帽黑客"。

早期许多非常出名的黑客，一方面他们做了一些破坏的事情，另一方面他们也推动了计算机技术的发展，有些成为了 IT 界的著名企业家或者安全专家。例如，李纳斯·托沃兹是非常著名的计算机程序员、黑客，后来与他人合作开发了 Linux 的内核，创造出了这套当今全球最流行的操作系统之一。

可是现在的黑客各种各样，一部分成了真正的电脑入侵者与破坏者，以进入他人防范严密的计算机系统为生活的一大乐趣，从而构成了一个复杂的黑客群体，对国内外的计算机系统和信息网络构成极大的威胁。随着时间的发展，这些威胁发展得越来越复杂，不再是单机作战，而是呈现出分布式攻击的趋势。而且，黑客技术与病毒技术也互相融合，攻击的破坏程度越来越大。

现在黑客的攻击越来越复杂化、智能化，因为网络上各种攻击工具非常多，可以自由下载、使用也越来越傻瓜化，对某些黑客的技术水平要求越来越低。

（1）黑客攻击的动机。

随着时间的变化，黑客攻击的动机不再像以前那样简单，只是对编程感兴趣，或是为了发现系统漏洞。现在，黑客攻击的动机变得越来越多样了，主要有以下几种：

① 贪心：因为贪心而偷窃或者敲诈，有了这种动机，才引发许多金融案件。

② 恶作剧：计算机程序员搞的一些恶作剧，是黑客的老传统。

③ 名声：有些人为显露其计算机经验与才智，以便证明他们的能力，获得名气。

④ 报复或宿怨：解雇、受批评或者被降级的雇员，或者其他任何认为其被不公平地对待的人，为了报复而进行攻击。

⑤ 无知或好奇：有些人拿到了一些攻击工具，因为好奇而使用，以至于失误和破坏了什么信息还不知道。

⑥ 仇恨：包括国家和民族原因。

⑦ 间谍：包括政治和军事谍报工作。

⑧ 商业：包括商业竞争和商业间谍。

一般的黑客信守这样的守则：不恶意破坏系统；不修改系统文档；不在 BBS 上谈论入侵事项；不把要侵入的站点告诉不信任的朋友；在 post 文章时不用真名；入侵时不随意离开用户主机；不入侵政府机关系统；不在电话中谈入侵事项；将笔记保管好；不删除或涂改已入侵主机的账号；不与朋友分享已破解的账号等。

（2）黑客入侵攻击的一般过程。

黑客入侵攻击的一般过程如下：

① 确定攻击的目标。

② 收集被攻击对象的有关信息。黑客在获取了目标机及其所在的网络类型后，还需进一步获取有关信息，如目标机的 IP 地址、操作系统类型和版本、系统管理人员的邮件地址等。根据这些信息进行分析，可得到被攻击方系统中可能存在的漏洞。

③ 利用适当的工具进行扫描。收集或编写适当的工具，并在对操作系统分析的基础上，对工具进行评估，判断有哪些漏洞和区域没有覆盖到。然后在尽可能短的时间内对目标进行扫描。完成扫描后，可以对所获数据进行分析，发现安全漏

洞，如 FTP 漏洞、NFS 输出到未授权程序中、不受限制的服务器访问、不受限制的调制解调器、Sendmail 的漏洞以及 NIS 口令文件访问等。

④ 建立模拟环境，进行模拟攻击。根据之前所获得的信息，建立模拟环境，然后对模拟目标机进行一系列的攻击，测试对方可能的反应。通过检查被攻击方的日志，可以了解攻击过程中留下的"痕迹"。这样攻击者就可以知道需要删除哪些文件来毁灭其入侵证据了。

⑤ 实施攻击。根据已知的漏洞，实施攻击。通过猜测程序可对截获的用户账号和口令进行破译；利用破译程序可对截获的系统密码文件进行破译；利用网络和系统本身的薄弱环节和安全漏洞可实施电子引诱（如安放特洛伊木马）等。黑客们或修改网页进行恶作剧，或破坏系统程序，或放病毒使系统陷入瘫痪，或窃取政治、军事、商业秘密，或进行电子邮件骚扰，或转移资金账户、窃取金钱等。

⑥ 清除痕迹。

8. 防火墙

防火墙不只是一种路由器、主系统或一批向网络提供安全性的系统；相反，防火墙是一种获取安全性的方法，它有助于实施一个比较广泛的安全性政策，用以确定允许提供的服务和访问。就网络配置、一个或多个主系统和路由器以及其他安全性措施（如代替静态口令的先进验证）来说，防火墙是该政策的具体实施。防火墙系统的主要用途就是控制对受保护的网络（即网点）的往返访问。它实施网络访问政策的方法就是逼使各连接点通过能得到检查和评估的防火墙。

（1）采用防火墙的必要性。

引入防火墙是因为传统的子网系统会把自身暴露给 NFS 或 NIS 等先天不安全的服务，并受到网络上其他地方的主系统的试探和攻击。在没有 Firewall 的环境中，网络安全性完全依赖主系统安全性。在一定意义上，所有主系统必须通力协作来实现均匀一致的高级安全性。子网越大，把所有主系统保持在相同安全性水平上的可管理能力就越小。随着安全性的失误和失策越来越普遍，闯入时有发生，这不是因为受到多方的攻击，而仅仅是因为配置错误、口令不适当而造成的。

防火墙能提高主机整体的安全性，因而给站点带来了众多的好处。以下是使用防火墙的好处：

① 防止易受攻击的服务。防火墙可以提高网络安全性，并通过过滤天生不安全

的服务器降低子网上主系统所冒的风险。因此，子网网络环境可经受较少的风险，因为只有经过选择的协议才能通过 Firewall。Firewall 可以禁止某些易受攻击的服务（如 NFS）进入或离开受保护的子网。这样得到的好处是可防护这些服务不会被外部攻击者利用。而同时允许在大大降低被外部攻击者利用的风险情况下使用这些服务。对局域网特别有用的服务如 NIS 或 NFS 因而可得到公用，并用来减轻主系统管理负担。

防火墙还可以防护基于路由选择的攻击，如源路由选择和企图通过 ICMP 改向把发送路径转向招致损害的网点。防火墙可以排斥所有源点发送的包和 ICMP 改向，然后把偶发事件通知管理人员。

② 控制访问网点系统。防火墙还有能力控制对网点系统的访问。例如，某些主系统可以由外部网络访问，而其他主系统则能有效地封闭起来，防护有害的访问。除了邮件服务器或信息服务器等特殊情况外，网点可以防止外部对其主系统的访问。这就把防火墙特别擅长执行的访问政策置于重要地位，不访问不需要访问的主系统或服务。当不用访问或不需要访问时，为什么要提供能由攻击者利用的主系统和服务访问呢？例如，如果用户几乎不需要通过网络访问他的台式工作站，那么防火墙就可执行这一政策。

③ 集中安全性。如果一个子网的所有或大部分需要改动的软件以及附加的安全软件能集中地放在防火墙系统中，而不是分散到每个主机中，这样防火墙的保护就相对集中一些，也相对便宜一点。尤其对于密码口令系统或其他的身份认证软件等，放在防火墙系统中更是优于放在每个 Internet 能访问的机器上。

④ 增强的保密，强化私有权。对一些站点而言，私有性是很重要的，因为某些看似不很重要的信息往往会成为攻击者灵感的源泉。使用防火墙系统，站点可以防止 finger 以及 DNS 域名服务。finger 会列出当前使用者名单，他们上次登录的时间，以及是否读过邮件，等等。但 finger 同时会不经意地告诉攻击者该系统的使用频率，是否有用户正在使用，以及是否可能发动攻击而不被发现。防火墙也能封锁域名服务信息，从而是 Internet 外部主机无法获取站点名和 IP 地址。通过封锁这些信息，可以防止攻击者从中获得另一些有用信息。

⑤ 有关网络使用、滥用的记录和统计。如果对 Internet 的往返访问都通过防火墙，那么，防火墙可以记录各次访问，并提供有关网络使用率的有价值的统计数字。如果一个防火墙能在可疑活动发生时发出音响报警，则还提供防火墙和网络是否受到试探或攻击的细节。采集网络使用率统计数字和试探的证据是很重要的，这

有很多原因。最为重要的是可知道防火墙能否抵御试探和攻击，并确定防火墙上的控制措施是否得当。网络使用率统计数字也很重要，因为它可作为网络需求研究和风险分析活动的输入。

⑥ 政策执行最后，或许最重要的是，防火墙可提供实施和执行网络访问政策的工具。事实上，防火墙可向用户和服务提供访问控制。因此，网络访问政策可以由防火墙执行，如果没有防火墙，这样一种政策完全取决于用户的协作。网点也许能依赖其自己的用户进行协作，但是它一般不可能，也不依赖 Internet 用户。

（2）防火墙的功能。

防火墙有如下几个基本功能：

① 访问控制。防火墙是网络安全的一个屏障，通过设置防火墙的过滤规则，实现对通过防火墙的数据流的访问控制。例如，允许内部网的用户只能够访问外网的 Web 服务器。

一个防火墙（作为阻塞点、控制点）能极大地提高一个内部网络的安全性，并通过过滤不安全的服务而降低风险。由于只有经过精心选择的应用协议才能通过防火墙，所以网络环境变得更安全。

② 对网络存取和访问进行监控审计。如果所有的访问都经过防火墙，那么，防火墙就能记录下这些访问，并做出日志记录，同时也能提供网络使用情况的统计数据。当发生可疑动作时，防火墙能进行适当的报警，并提供网络是否受到监测和攻击的详细信息。另外，收集一个网络的使用和误用情况也是非常重要的，可以了解防火墙是否能够抵挡攻击者的探测和攻击，并且了解防火墙的控制是否充足。而网络使用统计对网络需求分析和威胁分析等也是非常重要的。

③ 防止内部信息的外泄。利用防火墙对内部网络进行划分，可实现内部网重点网段的隔离。再者，一个内部网络中不引人注意的细节，可能包含了有关安全的线索，而引起外部攻击者的兴趣，甚至暴露了内部网络的某些安全漏洞，使用防火墙就可以防止内部一些信息的外泄。

④ 支持 VPN 功能。除了访问控制等安全作用，防火墙还支持虚拟专用网（Virtual Private Network，VPN）。通过 VPN，将某单位在地域上分布在各地的 LAN 或专用网通过 Internet 有机地连成一个整体。不仅省去了专用通信线路，而且为信息共享提供了安全保障。

⑤ 支持网络地址转换。网络地址转换（Network Address Translation）指将一个

IP 地址域映射到另一个 IP 地址域，透明地对所有内部地址做转换，使外部网络无法了解内部网络的内部结构。在防火墙上实现 NAT 后，可以隐藏受保护网络的内部结构，在一定程度上提高网络的安全性。NAT 常用于私有地址域与公有地址域的转换，以解决 IP 地址匮乏问题。

9. 密码安全

首先，个人 ID 和密码是打开互联网大门的钥匙。对上网者来说，设置安全又容易记住的密码是必须的。设置密码要遵从以下原则：不能过分简单，以防止别人破解；不能过分复杂而又无规律，以防止自己遗失；不推荐密码中含有个人姓名、生日、电话号码、跟 ID 重复的字符段等；定期更换密码。

无论你是申请邮箱还是玩网络游戏，都少不了要注册，这样你便会要填密码。大多数人都会填一些简单好记的数字或字母。还把自己的几个邮箱、几个 QQ 和网络游戏的密码都设成一样。在网上你有可能会因为需要而把密码告诉朋友，但若那位朋友的好奇心很强的话，他可能会用你给他的这个密码进入你的其他邮箱或 QQ，你的网上秘密便成了他举手可得的资料了。因此建议，你最常用的那个邮箱密码设置一个不少于 7 位的有字母、数字和符号组成的没有规律的密码，并至少每月改一次。其他不常用的几个邮箱密码不要和主邮箱的密码设成一样，密码可以相对简单点，也可以相同。不过密码内容千万不要涉及自己的名字、生日、电话（很多密码字典都是根据这些资料做出来的）。其他的密码设置也是同样道理，最常用的那个密码要设置的和其他不同。

10. QQ 安全

QQ 是腾讯公司出品的网络即时聊天工具，现在的用户多的惊人！所以现在针对 QQ 的工具也十分之多。在这里提一下 QQ 的密码安全。在申请完 QQ 后第一件事就是去腾讯公司的主页上的服务专区申请密码保护，这点很重要，但也很容易被忽略。在网上用 QQ 查 IP 地址（IP 地址是一个 32 位二进制数，分为 4 个 8 位字节，是使用 TCP/IP 协议的网络中用于识别计算机和网络设备的唯一标识），可以用专门的软件，也可以用防火墙或 DOS 命令，这里不详细说明。IP 被查到后，不怀好意的人可以用各种各样的"炸弹"攻击你，虽然这些攻击对你的个人隐私没什么危害，但常常被人"炸"下线，这滋味一定不好。解决办法有以下两种：

（1）不要让陌生人或你不信任的人加入你的 QQ（但这点很不实用，至少笔者这样认为）。

（2）使用代理服务器（代理服务器英文全称 Proxy Sever，其功能就是代理网络用户去取得网络信息，更确切地说，就是网络信息的中转站）。设置方法是点击 QQ 的菜单⇒系统参数苇网络设置⇒代理设置⇒单击使用 SOCKS5 代理服务器，填上代理服务器地址和端口号，确定就好了，然后退出 QQ，再登录，这就完成了。

（3）切勿在聊天中透露个人资料、电话、家庭住址、信用卡账号，这将有一定的概率导致邮箱和即时通信工具密码被破解，甚至重大财务损失。对于陌生但却热情的网友，尤其要注意这点。

11. 游戏安全

网络游戏产品的两个主要作用是提供娱乐服务和提供交友平台。所以相对的，骗子们在这里主要是通过骗取感情来骗取游戏中的虚拟物品，以牟取在游戏中的利益、成就、地位。比如在游戏中，男扮女装来骗取男性玩家的好感，继而索要道具、金钱甚至账号密码等，或者利用游戏中的程序来骗取财物。

12. 代理服务器安全

使用代理服务器后可以很有效地防止恶意攻击者的破坏，但是你的上网资料都会记录在代理服务器的日志中，存在相当大的风险。

13. 木马防范

木马也称为后门，它由两个程序组成：一个是服务器程序，一个是控制器程序。当你的计算机运行了服务器后，恶意攻击者可以使用控制器程序进入计算机，通过指挥服务器程序达到控制计算机的目的。千万不要小看木马，它可以锁定你的鼠标、记录你的键盘按键、修改注册表、远程关机、重新启动等等功能。木马的传播途径如下：

（1）邮件传播。木马很可能会被放在邮箱的附件里，因此一般不认识的人发来的带有附件的邮件，你最好不要下载运行，尤其是附件名为 *.exe 的。

（2）QQ 传播。因为 QQ 有文件传输功能，所以现在也有很多木马通过 QQ 传播。恶意破坏者通常把木马服务器程序通过合并软件和其他的可执行文件绑在一起，接受运行的话，就成了木马的牺牲品。

（3）下载传播。在一些个人网站下载软件时有可能会下载到绑有木马服务器的东西，所以建议要下载工具的话最好去比较知名的网站。

14. 病毒防杀

计算机病毒，是指编制或者在计算机程序中插入的破坏计算机功能或毁坏数据，影响计算机使用，并能自我复制的一组计算机指令或程序代码。从目前发现的病毒来看，计算机感染病毒后的主要症状有如下：

（1）由于病毒程序把自己或操作系统的一部分用坏簇隐藏起来，磁盘坏簇莫名其妙地增多。

（2）由于病毒程序附加在可执行程序头尾或插在中间，使可执行程序容量加大。

（3）由于病毒程序把自己的某个特殊标志作为标签，使接触到的磁盘出现特别标签。

（4）由于病毒程序本身或其复制品不断入侵并占用系统空间，使可用系统空间变小。

（5）由于病毒程序的异常活动，造成异常的磁盘访问。

（6）由于病毒程序附加或占用引导部分，使系统引导变慢。

（7）丢失数据和程序。

（8）中断向量发生变化。

（9）打印出现问题。

（10）死机现象增多。

（11）生成不可见的表格文件或特定文件。

（12）系统出现异常活动。

（13）出现一些无意义的画面问候语等。

（14）程序运行出现异常现象或不合理的结果。

（15）磁盘卷标名发生变化。

（16）系统不认识磁盘或硬盘，不能引导系统等。

（17）在系统内装有汉字库正常的情况下不能调用汉字库或不能打印汉字。

（18）在使用没有写保护的软件的软盘时屏幕上出现软盘写保护的提示。

（19）异常要求用户输入口令。

若现在发生以上状况，千万不要迟疑，遵循以下步骤处理：

（1）立刻关掉电源。

（2）找"绝对干净"的 DOS 系统磁盘启动计算机。这时，记得要关上这张磁盘的写保护。

（3）用杀毒软件开始扫描病毒。

（4）若侦测到是文件中毒时，则有三种方式处理，即删除文件、重新命名或清除病毒。千万不要对中毒文件置之不理，特别是不能让其驻留在可执行文件中。

（5）若侦测到的是硬盘分区或引导区的病毒时，则你可以用干净的 DOS 磁盘中的 FDISK 指令，执行 FDISK/MBR 命令，以恢复硬盘的引导信息。

（6）可以重新建文件、重新安装软件或准备备份资料，请切记，备份资料在重新导入系统前，应先进行扫描，以防万一。

（7）千万记住，从新建文档到开始运行之前，应再次扫描整个系统，以免中毒文件不小心又被存入系统中。

（8）每周要记得更新一次病毒库。

15. 网吧安全

如果你在网吧上网时使用过 QQ，进过自己的邮箱（或其他需要你输入密码的地方），那就请你在离开网吧时，到 C：/Program Files/Tencent 中将自己的 QQ 号所在的文件夹删了，再到 C：/WINDOWS/Cookies 中把与你有关的内容都删了。

16. 计算机病毒最常见的类型

（1）DOS 病毒。

指针对 DOS 操作系统开发的病毒。目前几乎没有新制作的 DOS 病毒，由于 Win 9x 病毒的出现，DOS 病毒几乎绝迹。但 DOS 病毒在 Win 9x 环境中仍可以进行感染活动，因此若执行染毒文件，Win 9x 用户也会被感染。我们使用的杀毒软件能够查杀的病毒中一半以上都是 DOS 病毒，可见 DOS 时代 DOS 病毒的泛滥程度。但这些众多的病毒中除了少数几个让用户胆战心惊的病毒之外，大部分病毒都只是制作者出于好奇或对公开代码进行一定变形而制作的病毒。

（2）Windows 病毒。

主要指针对 Win 9x 操作系统的病毒。现在的电脑用户一般都安装 Windows 系统 Windows 病毒一般感染 Win 9x 系统，其中最典型的病毒有 CIH 病毒。但这并不意味着可以忽略系统是 WinNT 系列包括 Win 2000 的计算机。一些 Windows 病毒不仅在 Win 9x 上正常感染，还可以感染 Win NT 上的其他文件。主要感染的文件扩展名为 .EXE、.SCR、.DLL 和 .OCX 等。

（3）入侵型病毒。

可用自身代替正常程序中的部分模块，因此这类病毒只攻击某些特定程序，针对性强。一般情况下难以发现，清除起来较困难。

（4）嵌入式病毒。

这种病毒将自身代码嵌入到被感染文件中，当文件被感染后，查杀和清除病毒都非常不易。不过编写嵌入式病毒比较困难，所以这种病毒数量不多。

（5）外壳类病毒。

这种病毒将自身代码附着于正常程序的首部或尾部，该类病毒的种类繁多，大多感染文件的病毒都是这种类型。

（6）病毒生成工具。

通常是以菜单形式驱动，只要是具备一点计算机知识的人，利用病毒生成工具就可以像点菜一样轻易地制造出计算机病毒，而且可以设计出非常复杂的具有偷盗和多形性特征的病毒。

【健康小护士】

活力食物，吃出健康

活力食物，让你吃出好胃、拥有好睡眠及培养好体质！活力食物中有些是含有传统的抗氧化剂，如维生素 E、维生素 C 与维生素 β - 胡萝卜素，有些则是新发现的植物性化学成分。把这些好食物端上桌，为自己增添无限活力。

（1）绿茶：儿茶素能降低癌症的发生，也能缩小已成形的肿瘤，所以被认为具有防癌、抗癌的效果，并也能降低胆固醇和预防高血压的功效。

（2）苹果：能对抗因自由基攻击所引起的心脏病或癌症，有助于消化与降低胆固醇。

（3）甜椒：β–胡萝卜素能增强免疫力、减少心脏病和癌症的发生、与维生素C结合对抗白内障。

（4）西兰花（绿花椰菜）：能预防癌细胞生长、保护视力及预防心脏血管疾病。

（5）芒果：它含有大量的胡萝卜素是强而有力的抗氧化成分。芒果的纤维也有助于消化。

（6）杏仁：它所含不饱和脂肪酸，能去除胆固醇，预防动脉硬化。

（7）菇类：能防止胆固醇沉淀，及菌菇中丰富的B群，更能适时疏解压力，让人有个好心情。

（8）糙米：能保持血糖稳定，其纤维更有助于消化，并有维生素B群，能安抚焦躁不安的神经。

（9）芝麻：能抑制胆固醇与脂肪，防止动脉硬化，并具有抗癌效果。

（10）番茄：番茄红素能保护细胞不受到伤害，或修补已受损细胞，它具有防癌与抗癌的能力。

同学们应少吃速食，多多摄取以上的食物，让自己吃出活力、吃出健康。

16 手机的安全使用

1. 不宜使用手机的人

（1）心脏功能不全者。

因电磁波严重干扰心肌电生理过程，可使心电图异常，特别是装有心脏检测器者，会影响检测效果，从而导致误诊。

（2）癫痫病患者。

因它会使脑电图异常，诱发癫痫病。

（3）严重神经衰弱者。

若经常使用，会引起病情加重。

（4）孕妇及乳母。

因为它能引起内分泌紊乱，影响泌乳。

（5）白内障患者。

因它能使眼温上升、水肿，加重病情。

2. 使用手机的禁忌

（1）忌随便开机。

在易燃、易爆物资仓库、加油站、引爆作业场地等禁止无线电发射的区域内，不能开机；乘坐飞机、轮船，为防止干扰飞机、轮船上的通信系统，也应关机。

（2）忌长时间使用。

因为手机发射额定功率为 2～8 W 短波的辐射，长时间使用，易引起头痛、困乏、白内障等病症。

（3）忌紧贴耳朵。

超短波对大脑有一定的影响，当与头部保持 4 厘米左右的距离时，就能起到防护作用。

（4）忌镍镉电池靠近明火。

否则，会引起镍镉电池发生爆炸。

（5）忌电池放电不彻底。

因为放电不彻底会使镍镉电池产生"记忆效应"，久而久之，会导致电池最终充不进电。

（6）忌开机更换天线。

应先关机再更换手机天线，以保护发信机不被损坏。

3. 不宜买的十三种手机

（1）包装盒内没有中文使用说明书的手机、

（2）包装盒内没有厂家"三包"凭证的、不能执行国家关于手机"三包"规定的手机。

（3）对国家规定的手机附件与赠品不实行"三包"规定的手机。

（4）在保修条款中规定"最终解释权"、商品使用功能发生变化时"恕不另行通知"的手机。

（5）没有售后维修的手机。

（6）实物样品与使用说明书、宣传材料不一致的手机。

（7）与其包装上注明采用的标准不符的手机。

（8）拨打信息产业部市场整顿办公室电话 010 – 82058767 查询"进网许可"与手机上的"进网许可"不一致的手机。

（9）非正规手机经销商经销的手机。

（10）购买场所无装箱单或装箱单与实物不一致的手机。

（11）价物不实的手机。

（12）"水货"手机。

（13）拨" ＊#06#"后手机显示的串号与包装盒上的串号不一致的手机。

4. 不宜使用非原装手机充电器

原装手机充电器可以保证手机电池的安全，这点大家都有所了解。兼容充电器虽说也能使用，但有些因电气性能不合格，会损坏手机电池，造成爆炸。

5. 不宜在手机充电时打电话

在手机充电时，手机电池会产生热量，如果这时我们再用它打电话，那么手机热量就会快速提升，很容易损坏手机器件或引发危险。

6. 手机充电不宜放在床头

很多人晚上把手机充电器放在床边充电，有关医学生理学专家提醒，在手机充电插座 30 厘米以内，人体的免疫功能细胞有可能会因此而数量减少。人体应远离手机充电插座 30 厘米以上，切忌放在床边。

专家认为：1 毫高斯的电磁波强度将使体内对抗血癌细胞的抗体无法进行抗癌作用；12 毫高斯则会让掌控生产 T 细胞的胸腺细胞死亡，同时让抗乳癌药物泰未提芬（约有 2/3 乳癌病患者长期使用此药）无法发挥药效，且使得体内褪黑激素荷尔蒙无法控制乳癌细胞；300 毫高斯则会干扰荷尔蒙分泌周期，让乳牛生殖周期从 22 天延长至 25 天。

7. 手机充电器保养禁忌

（1）忌水忌潮。

作为电子产品，不小心进水或长时间不用时暴露在潮湿的空气中，都会对其内部的电子元件造成不同程度的腐蚀或氧化。

（2）忌摔忌震。

手机充电器其实是一个脆弱的部件，内部元器件经不起摔打，尤其要防止在使用过程中不小心落地，不要扔放、敲打或震动充电器。粗暴地对待充电器会毁坏其内部电路板。

（3）忌冷忌热。

不要将充电器放在温度过高的地方。高温会缩短电子元器件的寿命，毁坏充电器，使有些塑料部件变形或熔化。也不要将充电器存放在过冷的地方，当充电器在过冷的环境工作时，内部温度升高时，充电器内会形成潮气，毁坏电路板。

（4）忌烈性化学制品。

不要用烈性化学制品、清洗剂或强洗涤剂清洗充电器，清除充电器外观污渍可用棉花蘸少量无水酒精擦洗。

（5）忌不经常清洁。

定期清洁充电器和充电接口。清理时，要用一块湿布或一块抗静电布，切勿使用干燥布。

8. 心脏病患者不宜使用手机

心脏病患者、肝功能不健康者不宜使用手机。因为心脏功能的正常与钾、钙、镁离子产生的电位平衡是分不开的，如果衣兜装有手机，外来的电磁波会严重干扰心肌生理过程。试验证明，手机的电磁波可使心电图发生异常，特别是装有心脏监视器者，会影响检测结果，造成误诊。

如果心脏有病，常用手机，可引起心室负荷加重、神经衰弱，以致引起失眠、健忘、多梦、头晕、烦躁、易怒等症状。

9. 不宜忽略你的手机序列号

所有的正规手机都有一个序列号，而且是唯一的。当你输入＊#06#时，手机的屏幕上就会出现一个15位的数字，这个数字就是你的手机的序列号。请把此号码记下来并保存好。

当你的手机被盗后就可以将此号码提供给你的服务商，他能将你的手机锁住，即使别人将你原有的 SIM 卡换掉，此手机也不能使用。也许你不会失而复得，但是你的手机对他们来讲也没有任何价值。如果每个人都能够牢记自己手机的序列号，那么盗窃手机将变得没有任何意义。

10. 女士不宜将手机放在胸前当饰物

时下，有些人将轻巧的手机配上彩贴、吊带、坠链，成为多姿多彩的美丽饰物，挂在胸前，已成为时尚。

但是，手机挂胸前就使手机这一潜在杀手更具有杀伤力。本来使用手机时贴近头部，对大脑的危害最直接，现在又挂在胸前，靠近心脏，又增加了一个杀伤点。

专家认为，手机挂在胸口处，位置靠近心脏，对心脏的负面影响更加直接；还能破坏内分泌功能，造成月经紊乱，影响生育能力；会影响乳母正常的哺乳功能；对孕妇的影响尤其严重，手机的电磁辐射对胎儿骨骼细胞有严重影响，可造成胎儿骨骼发育缺陷，导致畸形。

手机的电磁辐射，对人体各系统都可能造成不可逆转的损伤，破坏细胞防御系统，引发癌症，特别对脑细胞生长发育的负面影响巨大，诱发脑瘤的概率很大。

有的商家为了促销，给手机精心设计款式各异的彩贴、吊带、坠链，可谓多姿多彩。奉劝女士们，千万不要将手机装饰成饰物挂在胸前，以免对自己的健康造成危害。

11. 不宜随意改装手机

改装手机固然是一件颇有乐趣的事情，但不当的改装却极易引发手机的爆炸。手机本是一种精密的通信设备，在设计时，厂家会对其安全性能进行严格的考证，电气性能也是最好的，然而当改装后，这一切都会发生变化，容易导致手机爆炸。

12. 非原厂手机电池不宜用

使用原厂电池是保证自己安全最重要的一项。在近年内发生的手机电池爆炸事件中，引发爆炸的都不是原装电池。事实说明，第三方提供的电池非常不安全，所以尽量不要使用第三方的电池，以保证安全。

13. 不宜使用破损手机电池

破损的手机电池极易发生爆炸，即使不爆炸，也会损坏手机，造成手机内部器件短路，所以不使用破损的手机电池也可以保证自身的安全。

14. 不宜长时间用手机通话

长时间用手机通话不仅会造成手机电池发热，同时也会造成手机内部电路及听筒发热，如果这时你刚好用的是伪劣电池，那么极易引发爆炸，所以尽可能少用手机煲电话粥。

15. 不宜将手机电池放在高温环境下

高温会导致电池热量提升，这极易引发手机电池爆炸，所以我们对手机电池进行充电或是放置手机时，一定要远离高温的地方，同时也要避免夏天阳光的直射。

16. 身上带静电时不宜用手机

当气候干燥、穿化纤衣服时，人身上容易产生静电。这时使用手机，对手机内部的电子器件有一定影响，所以使用手机前，最好先触摸一下金属导体，以释放身上的静电，这样使用手机更安全可靠。

17. 无绳电话机使用禁忌

无绳电话机，凭借"无绳"这一优势和特点，在使用中显得十分方便，从而日渐被人们所接受，使用者越来越多。然而，在它带来方便的同时，如使用不慎，也会带来灾祸。所以，以下二忌必须高度注意：

一忌购买"三无"劣质产品。现在市场上各类无绳电话机及子机变压器鱼目混珠，不少不合格产品混入市场，以次充好，以劣充优，以低价诱人，故此，购买时必须认真鉴别，选用商标和说明齐全的合格产品。这样，一旦发生不测，也可找到商场及厂家索赔。

二忌不按规定正确安装和使用。首先，在安装时，必须仔细对照说明书细心安装。其次，在使用时，特别是使用子机变压器时必须慎重。因为它一般都有定期充电的规定，在充电时要留心，不能长时间充放。如长时间离家，必须拔掉插头，或委托他人帮助照看，以免发生起火、爆炸等惨剧。同时，在使用子机变压器时，要尽可能远离可燃物，不要在其附近摆放报纸、杂志及打火机等，以防被引燃。另外，子机变压器插座最好专座专用。

18. 电话铃响不宜立即接

当电话铃响的时候，有的人就急忙拿起听筒通话，这样时间久了，电话受话器的灵敏度就会降低，杂音会增大，也影响电话机的使用寿命。其原因是：当电话铃声响时，外线约有 80 V 的振铃电压输入话机，此时若立即拿起话筒，振铃电流就会通过耳机受话器，致使受话器中磁铁的磁性减弱，灵敏度降低，甚至会使受话器中的振极和炭精粉结成块，失去送话能力。程控电话系统虽然安装了保护装置，但装置是机械式的，仍可能有振铃电流通过耳机受话器，影响电话机的寿命。

为延长电话机使用寿命，科学的使用方法是：当电话铃声响时，应等铃声间歇再接通电话。

19. 电话机不宜忽视消毒

随着我国电话拥有率和普及率的提高，给传播市场信息、人际交流、消息传送提供了极大帮助。但也给人们带来了一定的麻烦，电话机传播疾病日益增多。

我国卫生防疫部门对电话机抽样检测发现，每部电话机平均带菌数达 17 万个，且有许多部电话机带有甲型和乙型肝炎病毒。为了减少因使用电话而染上疾病，电话使用者应采取下列防范措施：

（1）电话机手柄应当经常擦洗。

（2）电话话筒应定期用 75% 酒精擦拭消毒。

（3）使用公用电话后要洗手。

（4）使用电话机时，嘴不宜太贴近送话器，应当稍微离远一些。

20. 传真机使用十不宜

（1）不宜频繁地开机、关机。频繁地开机、关机，将导致机内元器件提前老化，缩短它的使用寿命。

（2）不宜过多复印稿件。传真机完成复印功能的主要部件是感热记录头，该记录头靠自身发热工作，使用时间过长，会缩短其使用寿命。

（3）不宜在高温、高湿、强磁或含有强腐蚀性气体的环境中使用。

（4）不宜使用非标准传真纸。

（5）闭合纸舱盖的动作不宜过猛。

（6）发送的稿件上不宜有硬物。

（7）不宜发送墨迹或胶水未干的稿件。

（8）用传真纸记录的文件不宜长期保存。

（9）不宜随意更换电源线。

（10）传真机出现故障不宜自己修理。

21. 耳机不宜长时间听

随着手机、随身听、MP3 等的普及，让更多的人接触和使用到耳机。耳机确实给我们带来了许多方便，特别对外语学习很有帮助。一些年轻人戴耳机听音乐一听就是数小时，且声音开得很大，无论在行走或做功课时都不愿取下，甚至在睡觉前也戴着，这可是以损坏听力为代价的。因为长时间听耳机，声压直接进入耳内，集中地传递到很薄的鼓膜上，没有一点缓冲的余地，这样就刺激了听神经末梢，刺激的冲动引起听神经的异常兴奋，极容易造成听觉疲劳。还会造成一些全身性的不良影响，主要症状有耳鸣、轻度听力下降、重听以及耳朵稍感疼痛等，也曾有过爆聋的病例；一些学生还会出现头昏脑涨、注意力不易集中、思维和反应的灵敏性以及记忆力减退，还会变得烦躁不安、缺乏耐心。对于戴耳机骑车的朋友还会影响交通安全。

听力损坏是无法恢复的，所以我们千万不可忽视。正确使用耳机要注意：音量掌握在能听清楚为佳，时间每天不超过 1 小时，发现有耳鸣和听力下降，应及时到医院检查，并停止使用耳机。

17 日常用品的安全使用

1. 洗衣粉不宜滥用

洗衣粉最好不要用来洗茶杯、餐具等，更不要用来清洗禽、畜肚肠和果蔬类等。因为粘在上面的洗衣粉，可能被吞服进入人体，造成伤害。

2. 肥皂、香皂不宜久存

许多人喜欢把买来的肥皂、香皂晾很长时间，甚至放在阳光下晾晒，使其风干得硬硬的，以为这样可以增加肥皂、香皂的耐用性，其实并非如此。因为存放过久的肥皂、香皂会发硬，发生酸败，产生异味，碱类物质外溢而冒霜起纹，原料本身失效，去污能力下降。因为肥皂、香皂去污能力的强弱、耐用时间的长短，并不决定于存放时间的多少，而是取决于肥皂本身的质料、质量。因此肥皂、香皂不宜久存，更不宜存放在低于10℃的环境中。

3. 洗衣粉和肥皂不宜混合用

由于洗衣粉的去污能力主要靠泡沫的吸附作用，肥皂主要靠油脂的溶解作用。混合使用，会发生部分抵消作用，降低去污能力。要想充分利用它俩的长处，最好是用洗衣粉洗灰尘较多的外衣，用肥皂洗汗液、油腻较多的内衣。另外，洗衣粉中的某些化学物质对易过敏的人和婴儿有一定的刺激作用，因而最好不用洗衣粉洗内衣，更不要用来洗澡或者洗脸。

4. 不宜用开水冲调洗涤剂

沸水会使合成洗涤剂发生化学变化，使其表面活性降低而失去或减弱去污能力。洗涤剂用50~60℃的温水冲调为宜。这样，才能保持洗涤剂丰富的泡沫和表面活性力大、去污力强的特点。

5. 洗羽绒服忌揉搓和暴晒

为使羽绒服洗后干净、平整、鲜亮，洗涤时应注意以下几点：

（1）水温不宜超过30℃。

（2）为防止堆拢，忌用力揉搓。

（3）为防止失去光泽，忌用碱性洗涤剂。

（4）为防止面料起皱、裂缝，忌用洗衣机洗涤。

（5）洗涤后，不宜手提、绞拧。应折叠放在平板上，轻轻挤出积水即可。

（6）忌放在烈日下暴晒或烘烤，应放在阴凉通风处晾干，再轻轻拍打，即可恢复原状。

6. 裘皮衣物穿脏不宜用水洗

裘皮衣物穿脏以后，不宜用水洗。因为水洗会使皮板走硝发硬，容易折裂。这时可以先将裘皮大衣放在日光下晒，并拍去灰尘，然后把用冷水调和的小米粉擦遍裘皮衣（尽量擦到毛根部位），随后用手搓擦，使油腻粘在小米粉上，再将小米粉抖掉。晒干后，再用小棍拍去粉末，污垢就会除去。

7. 洗衣不宜内外衣无别

很多人洗衣服时不分内衣外衣，从来都是"一锅烩"，很不卫生。我们生活的环境里充满大量灰尘：有生产性灰尘，如纺织厂的纤维绒毛、化工厂的原料微粒等，粘在皮肤上容易引起过敏反应，导致皮疹、皮炎；还有生活性灰尘，如马路尘土、烟囱烟尘、汽车废气与空气中的尘埃一起形成的二氧化硫降尘等，而且这些尘埃附着很多致病微生物，包括癣、疥等皮肤病的霉菌孢子、疥虫等。洗衣服时如果内衣、外衣混在一起，那些致病微生物粘在内衣上，漂洗不干净，就很容易使人患上各种皮肤病。因此，洗衣服一定要"内外有别"，不要放在一起洗。

8. 衣服洗前不宜久泡

生活中有些人喜欢把脏衣服浸泡很长时间再洗，认为只有这样才洗得干净。殊不知这样做不仅徒劳无功，还会使衣服更难洗净。因为，衣物纤维中的污物在 10 分钟内会析入水中，若在这段时间洗涤，容易将污垢洗净。如果超过这段时间，析入水中的污垢又会被纤维吸收，衣服就不容易洗干净了。

9. 不宜暴晒的衣服

人们日常穿用的衣服，主要分为天然纤维和化学纤维两大类。由于他们在日光下吸收紫外线的程度及紫外线对纤维的损伤程度不同，所以在晾晒时应该分别对待。

（1）全毛料、腈纶、氯纶衣物，洗涤后可以在阳光下晾晒。

（2）棉布和混纺毛织品衣服洗涤后，虽然可以放在日光下晾晒，但应该及时收起，以免过分暴晒使纤维损伤。

（3）柞蚕丝、涤纶、丙纶织品衣服，洗涤后可以先挂在日光下晒至五六成干，再移至阴凉通风的地方晾干。

（4）蚕丝、锦纶织品、黏胶纤维衣服，洗涤后不能暴晒，适宜在阴凉通风处晾干。

10. 内衣裤不宜翻晒

如果翻着晾晒内衣、内裤，就会在贴身的一面，黏附上空气中许多对对人体有害的物质。如粉尘、细菌、煤烟、微生物、硫化物，甚至致癌物质。因为这些物质随着空气的流动到处飘荡，遇到潮湿的衣服最容易黏附。穿上这种衣服，容易引起过敏性皮肤瘙痒，甚至诱发各种皮肤病。尤其是女士，还可能引起妇科病。所以内衣、内裤不宜翻着晾晒，并应在收拾衣服时，抖搂抖搂上面的灰尘。

11. 衣服干洗后不宜马上穿

衣服干洗后不宜立即穿在身上。因为刚从干洗店取出来的衣服上有一种特殊的气味，这种气味越浓，对人体健康的不良影响越大。这种气味来自于干洗剂。目前，大部分的干洗店在干洗时都使用一种叫高氯化物的化学品作为活性溶剂。这种化学品主要对人体的神经系统有较大的影响。如果人体长期暴露在这种化学品下，容易引发肾癌。在干洗的过程中，这种化学品被衣物纤维吸附，待衣物干燥时又从衣服内释放到空气中，从而影响人体健康，这种影响对儿童特别严重，因为儿童对高氯化物尤为敏感。

另外，将干洗后的衣服马上放入衣柜中挂起也不好。因为衣柜内的空气不流通，会使化学物品污染其他衣物。正确的方法是，衣物刚从干洗店取回来时，应该挂在阳台等通风处，让衣物中释放出来的化学品随风飘散。当闻不到那种特殊的气味时，说明衣物中的化学品浓度已经降低，这时才能放心地穿在身上或放入衣柜。

12. 过敏体质者慎用羽绒制品

羽绒制品，无论羽绒被、垫，还是羽绒衣，都因其美观、结实、轻便、保暖而越来越受到人们的青睐。

但是有些患过敏性疾病，如过敏性鼻炎、哮喘病、喘息性气管炎的人，却不能享用羽绒制品，否则，将引起或加重原有的疾病。

羽绒制品是由家禽的羽毛加工而成的。这些羽毛的细小纤维和人体皮肤接触后，可作为一种过敏性抗原，激发人体细胞产生抗原反应，释放出具有生物活性的物质，诸如缓激肽、5－羟色胺、慢反应素组胺等。这些物质，可使毛细血管扩张，管壁渗透性能增强，水分与血清蛋白大量渗出或大量进入皮内组织。于是，皮肤表面便出现麻疹、皮疹、瘙痒等。

羽绒制品中的羽毛细小纤维，随呼吸进入呼吸道产生抗原体激发出的活性物质，会使黏膜充血水肿，支气管平滑肌痉挛，支气管管腔变狭窄，腺体增加分泌，从而使人出现眼鼻痒、咽部痒、咳嗽、流鼻涕、胸闷难受、头晕头痛、气喘气急等症状。所以，有过敏体质的人，从身体健康出发，请慎用羽绒制品。

13. 不宜放卫生球的衣服

合成纤维衣服不宜放卫生球：合成纤维都是由碳、氢、氮、氧等元素组成的有机高分子聚合物。纯质的合成纤维织物，一般都具有不霉、不蛀的特性。可是穿过用过的合成纤维衣服，由于洗涤不净，带有汗迹、油渍及各种食物的污渍，或者衣服是合成纤维与天然纤维胶黏、并合、包芯、交织的织物，也有被虫蛀的可能，也需要使用药剂防虫，但不宜使用卫生球。因为在常用的卫生球中，白色的多系萘剂制品，灰白色的系苯酚、甲酚制品。萘和苯酚等都是很好的有机溶剂，能使合成纤维分子溶胀，造成分子间结合力脆弱，因而会降低强度，或者产生变形及黏结老化。而且卫生球接触衣服还会造成萘油污迹或沾染棕黄色斑痕，不容易洗掉。

存放合成纤维衣物时，最好洗刷干净，晾干晾透，不放卫生球。如果和棉、毛等衣服放在一起，需要防虫蛀时，可以选用合成樟脑精或天然樟脑丸等防虫剂，这样对合成纤维的强度影响就不大了。

漂白、浅色的丝绸服装及绣有"金"、"银"线图案的衣服不宜放卫生球。因为它们与卫生球的挥发气体接触后，容易使织物泛黄，"金"、"银"丝折断。

用塑料袋装的衣服不宜放卫生球：因为卫生球中萘的耐热性很低，常温下，它的分子不断运动而分离。由白色晶体状变为气态，散发出辛辣味。如果把它与装有衣服的塑料袋放在一起，就会起化学反应，使塑料制品膨胀变形或粘连，损伤衣服。

14. 牛仔裤不宜久穿

牛仔裤有很多优点，受到众多人欢迎。但从健康的角度看，女性褶皱多、黏液多，经常受到月经、白带的刺激与污染，加之酸性分泌物多。而牛仔裤透气性差，不利于湿气的蒸发，妨碍排汗、降温，给细菌带来了良好的繁殖条件，从而容易引起外阴瘙痒、静脉曲张、白斑、痔疮、湿疹、皮炎等疾病。对男性来讲，如果长期穿紧身牛仔裤，紧包会阴部，就会影响睾丸的正常生理功能，甚至造成不育症。

15. 衣领不宜又高又紧

高领衣服可以有效抵御冷风侵袭，因此在寒冷季节颇受人们的青睐。但在选购高领衣时一定要注意衣领切勿过高过紧。

高领衣往往和脖子"亲密无间"，而脖子却是人体非常重要的部位，它上连大脑，下接躯干，中轴为颈椎，内藏丰富的神经传导组织，颈部两侧的动脉是血液输向大脑和眼睛的通道。衣领过高、过紧往往会带来一系列健康隐患。

首先，过紧的衣领可影响颈椎的正常活动。目前颈椎病的发病率逐渐升高且有年轻化的趋势，其主要原因是长时间伏案工作或整日面对电脑，颈椎长时间保持前弯状态，体位不正而又得不到适当的活动。因此，经常并且适度活动颈椎是预防颈椎病的有效方法。然而过紧的高领衣紧紧地裹在脖子上，在一定程度上限制了颈椎的自由活动，因此也就更容易得颈椎病。

其次，衣领过紧会使颈部血管受到压迫，使输送到大脑和咽部的营养物质减少，进而影响视力。美国的一项研究表明，穿西服的男子中约有60%的人因为领带过紧，使眼睛容易发生疲劳或患其他眼疾。

最后，有些穿着高领衣的朋友在转头时因速度过快，还会突然诱发心动过缓甚至心脏骤停以及低血压，造成脑部血流的减少和暂时中断，患者会突然出现头晕目眩、四肢无力、耳鸣、眼前发黑、胸闷等症状，严重者可出现晕厥、面色苍白、神志不清。上述症状一般可在几秒钟内消失并很快恢复正常，也可使人在较长一段时间内不省人事。

在选购高领衣时，应当注意衣领的松紧度以及软硬度，衣领不能过高，衣领的上缘与下颌要有一定距离，平时转头的动作不宜过快、过猛，以免发生不测。如果自己感觉衣领对脖子有压迫感或影响颈部活动时应及时把衣服换下。此外，一些高领衣的材料还容易引起颈部瘙痒或荨麻疹，因此，对于过敏体质的人来说，在选择高领衣服时更应谨慎，一旦发现皮肤过敏后，应立即换下，不要再穿。

16. 穿兔毛衫不宜再套外衣

兔毛衫光滑、蓬松、毛直、美观，但纤维间的抱合力差，容易掉毛。因此，如果穿了兔毛衫，就不宜再穿外衣，尤其是合成纤维服装。因为合成纤维吸湿性差，再与其他衣服摩擦时，容易产生静电。由于电荷有"同性相斥，异性相吸"的特点，从而导致兔毛纤维和邻近纤维之间的相斥或相吸，造成缠附、黏合，致使兔毛衫掉毛、起球，失去原有的特色。

17. 冬天不宜穿的确良内衣

冬天，人的皮肤处于收敛含蓄状态，大部分血液集中在皮肤深层和肌肉组织里。汗腺分泌少，皮肤干燥。如果贴身穿的确良衬衣，会与干燥的皮肤及毛衣互相摩擦，产生大量静电荷。由于没有放电机会，容易引起不适感，使人烦躁不安和失眠。尤其是对神经衰弱及精神分裂症病人更是一种威胁。

18. 不宜贴身穿尼龙衣裤

尼龙衣裤一般都容易带静电。比如，脱腈纶内衣时，常会听到噼啪声响，在黑夜或暗处，会看到火花似的闪光；脱尼龙衫时，尼龙衫会有自行飘逸现象；穿针织涤纶外衣时，容易吸附灰尘等。这便是尼龙衣物带静电的现象。之所以带静电，是因为尼龙、涤纶、腈纶都是电介质，吸湿性差，会在摩擦作用下生电。实验证明，不同类型的化纤所带的静电荷也不同，尼龙带正电荷，而涤纶、腈纶却带负电荷。负电荷能激发人体生物电流，促使血液循环，从而起到消炎解痛的作用；正电荷却往往会使皮肤过敏。尼龙衫裤带的就是正电荷，作为内衣贴身穿，会刺激皮肤，使人觉得周身发痒、不适，有的人会引起皮炎，出现丘疹水疱或疖肿，有人血液的酸碱值会因此而发生变化，导致体内钙质减少，尿中钙质增加，从而破坏体内电解质平衡。妇女穿尼龙衫裤，由于正电场的作用，还容易引起尿道综合征，出现尿急、尿频、尿痛等尿道刺激症状。

因此，尼龙衫裤最好不要贴身穿。如穿尼龙衫裤时，可贴身穿上棉毛衣裤。由于棉纤维吸湿性较好，还能减弱尼龙裤上的静电对人体的不良作用。

19. 男士西服着装十忌

（1）通常一件西服的外袋是合了缝的（即暗袋），千万不要随意拆开，它可以保持西服的平整，使之不易变形。

（2）衬衫一定要干净、挺括，不能出现脏领口、脏袖口。

（3）系好领带后，领带尖千万不要触到皮带上。

（4）西服上口袋叫"手巾袋"，是放手绢、花等装饰物用的。钢笔应插在西装马甲的左胸口袋里。如果没有穿马甲，则应插进西装里面的口袋里。

（5）西服袖口上的商标一定要剪掉。

（6）腰部不能别 BP 机、手机、打火机等。

（7）穿西装时不要穿白色袜子，尤其是深色西装。

（8）衬衫领开口、皮带襻和裤子前开口外侧线不能歪斜，应在一条线上。

（9）黑色皮鞋能配任何一种颜色的深色西服，棕色皮鞋除同色系西服外，不能配其他颜色的西服。另外，西服系了领带，绝不可以穿平底便鞋。

（10）如想保持西装的笔挺，每季度不能干洗两次以上且应尽量找专业干洗店干洗。

20. 脚干裂者不宜穿棉袜、毛袜

因为棉袜、毛袜的吸湿性较强，脚干裂者穿上后，脚上有限的一点湿气都被袜子所吸收，致使皮肤更加干燥、发硬，增加了粗裂的程度，使人感到很不舒服。

21. 游泳衣不宜租穿

临时租用的游泳衣，虽然方便，但经过多人穿用，又是紧贴皮肤穿，游泳衣上沾染的病菌可以直接传染皮肤病，对人体健康十分有害。而且也会传播阴道滴虫病、霉菌及其他寄生虫病等。因此为了健康，最好自备泳衣。

22. 橡胶雨衣不宜反穿

如果将橡胶雨衣的胶面朝外穿，胶面要经常经受风吹、雨淋、冷冻、日头晒。天长日久，会加速橡胶的老化、变质，从而发生裂纹，胶质变硬变脆，失去防水功能，缩短雨衣的使用寿命。因此，橡胶雨衣不宜反穿。

23. 风雨衣被雨淋后不宜擦拭或暴晒

风雨衣被雨淋后，不能用手和抹布擦拭，也不能在太阳下暴晒，最好是用双手提起衣领，抖去水珠，放在阴凉处晾至八九成干，用70℃熨斗把衣服整个熨一遍即可恢复平整，并能保持风雨衣的防雨性能。

24. 旅游鞋不宜涂鞋油

旅游鞋不宜涂鞋油。真皮旅游鞋以牛、羊等天然皮革的正面软革为面料，这类皮革的最大特点是表层涂饰层极薄，可保持皮革的毛孔畅通，利于穿用时透气而排汗。而鞋油一般多用蜡质作固着物，蜡质具有很强的填充性。如果在旅游鞋面涂鞋油，就会使鞋油里的蜡质成分填阻皮革的毛孔，在皮鞋表面形成一道阻碍透气的屏

障，严重影响旅游鞋的透气性和舒适性，对穿用者尤其是对运动量大、出汗多的青少年来讲，危害多多。所以，不能为保护旅游鞋而在鞋上涂拭鞋油。

25. 不宜常穿运动鞋

运动鞋和旅行鞋都是专门用于旅行和运动的专用鞋，穿着应有时间性。因为穿这种鞋久了，脚部容易多汗。鞋内汗水和湿热刺激脚掌的皮肤，会使脚发红或脱皮。而且由于鞋内湿度和温度提高，使脚底韧带变松拉长，使脚变宽，发展下去脚易变为平足。另外，我们平时穿的布鞋、皮鞋，都有 2 厘米左右的后跟，它能保证人体重心平均分布在全脚掌，使支撑运动器官、肌肉、韧带、骨与脊柱保持正常的位置与工作状态。而运动鞋与旅游鞋的底是平度的，身体负荷在脚部的分配不均，因而影响步伐、姿势和内脏的位置。上述种种弊端对处在发育旺盛阶段的 13～17 岁的青少年是有害的。因此，在运动或旅行之外，请不要总穿运动鞋，特别是青少年。

26. 运动鞋忌穿破

胫骨痛和跟腱劳损是穿运动鞋可能造成的损伤之一，一双跑步鞋的服役极限是 500 千米，而体操鞋 6 个月就已经失去了原先的保护能力。超过运动鞋的服役极限，虽然运动鞋没有破损或破损不严重，但其由于变形已失去原有的保护功能，继续穿用极易造成胫骨和跟腱等损伤。

27. 防止塑料鞋底断裂三忌

塑料鞋底的主要制作原料是聚氯乙烯，它既具有比较强的耐酸、耐碱的优良性能，也存在着受热容易变形、低温容易变硬发脆的缺点。因此，穿用塑料底鞋时应该注意三点：

（1）洗刷塑料底鞋时，不要用沸水，不要用硬板刷和碱性过大的肥皂，不要放在阳光下暴晒或火炉旁烘烤，最好放在阴凉通风处晾干，免得增塑剂受到损失，造成鞋底变形。

（2）穿塑料底鞋要防止踩踏利刃尖角的物品，以免断裂。

（3）寒冷的冬季，塑料底鞋最好不要存放在露天的地方，以免鞋底变硬发脆，出现断裂。

28. 热水袋使用禁忌

（1）热水袋不可灌刚滚开的开水。最好是灌 80~90℃的热水。因为温度太高，会加快橡胶的老化，缩短其使用寿命。

（2）热水袋不宜在阳光下暴晒或在火炉旁烘烤，以防橡胶变硬、发脆而老化。

（3）热水袋不宜装得太满，水装到热水袋 2/3 处即可。

（4）忌与酸、碱、油类接触。绝对不要与樟脑等化学物质放在一起，以防止橡胶氧化、失去弹性而被毁坏。

（5）如果热水袋沾上油污，忌用硬刷子或肥皂刷洗，宜用清水洗净揩干。

（6）倒水时注意，绝对不要将盖子下端的胶皮垫圈倒掉。它是确保热水袋不漏水的重要部件。

（7）防止坚硬东西碰撞热水袋。

（8）每次用完热水袋后要把水倒掉，然后吹些气，以防止内壁粘连，并倒挂起来。

（9）若长时间不用，应晾干，抹上滑石粉，吹些气拧紧，以防止内层黏合损坏。平放于阴凉干燥处保存。

（10）热水袋中的水不宜再用。

橡胶制品，在加工中加入了一些化学物质。热水袋中的水经过一夜吸收，会含有有损皮肤的有害物质。次日早晨虽水温不冷，但也不宜做洗脸水用，以免损伤皮肤。

29. 暖水瓶装开水不宜过满

暖水瓶装开水过满，其保温性能反而不好。这是因为，瓶中开水的热量直接通过木塞不断向外导出散发，水温不断降低。如果暖水瓶里开水装得稍微少一些，塞上木塞后，开水与木塞之间保留了一定的空气层，因空气是热的不良导体，故能增强暖水瓶的保温性能。

30. 气压保温瓶不宜久用

普通保温瓶从上面倒水，瓶底的沉淀物可以不用，倒掉。而手按气压暖水瓶时，伸进瓶底的吸管，首先把沉淀物吸出。长期使用有沉淀的水，对人体健康十分有害。因此在使用气压暖水瓶时，应将压出的水静置片刻，使其沉淀，并将沉淀部分倒掉不用。

18 日常生活的安全注意事项

1. 清点票证时不宜用手蘸唾液

经检测仪器对各种面值的人民币的检查，发现各种钞票、票证上有乙型肝炎病菌、变形杆菌、绿脓杆菌、沙门氏菌、大肠杆菌、肠道寄生虫卵等多种病菌，如果清点票证用手蘸唾液，很容易将病毒、细菌、寄生虫卵等直接带入口腔，导致疾病的传播，危害人体健康。

2. 心理素质差者不宜"玩股"

心理医生忠告世人：心理素质差者不宜"玩股"。这些人主要包括：

（1）缺乏社会心理支持者不要"玩股"。这种人包括独身者、性格孤僻者、婚姻长期破裂者以及人际关系紧张者。

（2）有些生活受挫者应慎"玩股"。一些人在遇到婚姻不幸福、事业不顺心、工作不如意等挫折时，有意无意将"玩股"作为唯一的心理调节途径，但常会因期望值过高，在股市狂跌时，心理难以承受，从而发生意外。

（3）性格有些障碍者应慎"玩股"。自卑、虚荣者一般特别关注他人的评价，当股市受挫时易诱发心理障碍。

3. 沐浴时间不宜过长

如今许多家庭安装了热水器，虽然方便了生活，但沐浴时间过长，也会给人的身体健康带来不利影响。

热水器在使用时，热水会产生大量水蒸气，水中所含微量的氯甲烷、氯乙烯以及其他的有机氯化物也会蒸发出来，而且沐浴时间越长，空气中散发的有毒物质也就越多，淋浴10分钟比淋浴5分钟，水蒸气中所含的化学物质要高出4倍以上，而洗盆浴时有毒物质的挥发仅是淋浴的一半。这些有毒气体很容易被人吸入,引起头晕、眼花、心跳加快、胸闷等症状。另一方面,随着浴室内温度的升高,人体全身的毛细血管会扩张,大量的血液会扩张体表血管,而心、脑等重要器官的血液则会相对减少。在这种情况下,如果长时间待在浴室里,不但极易疲劳,而且会影响内脏的血液供应和各种功能,甚至可能虚脱。所以,淋浴时水温不要太高,而且应当尽量缩短洗浴时间。

4. 油性和干性皮肤的女士不宜洗桑拿

中医认为,蒸汽浴时,人处于湿热空气的蒸腾中,外至皮肤,内及脏腑,都得到调养,可达到活血通络、镇静养神的效果。调查表明,进行桑拿浴后,20%的人感到舒适、轻松,皮肤有光洁、细腻感。但桑拿浴虽好,也并非每一个人都可进行。桑拿浴室的通风不好,浴者呼出的二氧化碳不能排出室外,积聚在浴室中,使浴室的二氧化碳浓度增高。桑拿浴室内二氧化碳的浓度比一般居室高 2～5 倍,比影剧院观众厅高出 2 倍。虽然一般人短时间内在这样高的二氧化碳环境中不会受到重大危害,但也有一些人会有暂时性不适反应,如浴后头痛、恶心、心慌等。大多数人进行桑拿浴后,会血管扩张、心跳加快。

对女性的皮肤来说,桑拿浴也是一种不小的损害。大量热气蒸腾会使皮肤在短时间内迅速脱水,容易变得干燥和粗糙,使皮肤出现黄褐斑。因此,只有中性皮肤的女性适合洗桑拿浴,而油性和干性皮肤的女士则不宜洗桑拿。油性皮肤分泌旺盛,高温会使本来就扩张的毛孔越来越大,皮肤更易生油。干性皮肤的女士,皮肤本身缺少水分,再大量失水会造成皮肤更加干燥,到冬季可诱发皮肤瘙痒。

5. 高血压病人不宜冷水浴

有的人常年用冷水洗脸、沐浴,这确实能起到促进血液循环、增进身体健康的作用。但对于患高血压的病人却是十分有害的。

研究发现,人将手浸入冰水中 1 分钟后,血压会升高,不少高血压病人对这种"寒冷加压"试验反应强烈,常使血压上升超过 26 660～40 000 帕,这会促使已经粥样硬化的脑动脉破裂或心脏冠状动脉受阻,从而导致脑出血或心力衰竭等病症。因此高血压病人忌用冷水沐浴。

6. 口唇干裂不宜舔

每当遇到秋冬季的干冷天气时，人们常会感到口唇干裂，这时人们常会习惯性地用舌头去舔，这样会使唾液中的淀粉酶、溶菌酶等在嘴角处残留，形成一种高渗环境，更容易使口唇、口角周围的皮肤黏膜干裂，导致周围的病菌乘虚而入造成感染，发生糜烂，患上口角炎。所以，秋冬季口唇发干时，千万不要用舌头去舔，不妨涂少许甘油、油膏或食用油，以防止干裂发生。同时注意保持口唇清洁卫生，进食后及时洁净口唇；注意加强营养，改善膳食平衡，多吃富含 B 族维生素的食物。

一旦患了口角炎，可服复合维生素 B，局部涂用硼砂末加蜂蜜调匀制成的药糊就很有效。

7. 日常美容三忌

（1）忘记涂护颈霜。

大多数人美容时将所有重点放在面部，只懂得涂各种各样的护面产品，却忘记涂上颈霜。但你是否知道，颈纹一旦形成，就很难消除，所以护颈必不可少。

（2）用普通面霜做面部按摩。

不是所有面霜都可用来按摩，专门的按摩面霜油分较高，较容易推开，可减少面部在按摩时产生的摩擦力，不会拉伤皮肤。若使用不合适的面霜做按摩，容易产生细纹，效果适得其反。

（3）在腋下喷香水。

不要以为这样做能掩饰体臭，香水的香气混合腋下体味所产生的气味反而会令你更尴尬。最佳的方法是先在腋下涂上无味的止汗剂，再在颈部、手腕、胸前喷上少许香水。

8. 护发五忌

（1）忌梳理头发不当。

梳头要用疏齿的梳子，并先在头发上涂些发乳等润滑剂，以免头发断裂。切不可用发刷，因为发刷容易弄伤头发。

（2）忌洗发次数太多。

有的人喜欢每天早晨洗头，认为这样能清醒头脑，又能护理头发。但专家认为洗发过多会损伤头发。因为人类头发的皮脂膜要完全再生需 3 天时间，每天早晨洗头会影响皮脂膜的再生，从而降低头发的脂质，使头发容易折断。一般隔 3 天洗一次头就足够了。

（3）忌护发素洗得不彻底。许多人在用了护发素后，故意不进行充分的冲洗，认为护发素留在头发上会给头发增加营养。其实这是一种误解，因为护发素跟洗发香波相似，也是一种表面活性剂，它对头发的刺激甚至比洗发香波更强。

（4）忌经常染发。染发对头发的损伤很严重，其损害程度是烫发的 3 倍。

（5）忌不正确吹风。洗完头发后尽快吹干头发，既方便又能防止头部因受凉而疼痛。吹风时，吹风口离头发至少应保持 10 厘米的距离，以免烫伤头发，而吹风机与头发形成的角度应为 70°，吹发时间不宜过长。因为吹风机喷口附近有时可达 150℃ 左右，而头发含有蛋白质，还含有 10% ～ 13% 的水分，过长时间的、频繁的吹风会使头发含水量低于 10%，头发就会变得脆弱易断。而且头发中的蛋白质在高于 70℃ 的高温中会分解，因此长时间吹过热的风会使头发变焦。

9. 不宜洗牙的六类人

（1）患有各种出血性疾病的人，如血小板减少症患者、白血病患者、未控制的三型糖尿病患者、未控制的甲亢患者等应该预先适量应用凝血药物，以免洗牙时出血不止。

（2）患有某些急性传染病的患者，如急性肝炎活动期、结核病患者等，应等疾病稳定后，才可到医院进行洗牙。

（3）口腔局部软组织炎症处于急性期的患者（急性坏死性牙龈炎除外）应该待急性期过后再洗牙，以免炎症通过血液播散。

（4）患有牙龈部恶性肿瘤的患者，不宜接受常规洗牙，以避免肿瘤扩散。

（5）患有活动性心绞痛、半年内发作过的心肌梗死以及未能有效控制的高血压和心力衰竭等的患者。

（6）孕妇不宜洗牙，因为在怀孕期间（尤其是前 3 个月和后 3 个月），洗牙会使流产的概率大大增加。

注意：不宜常洗牙

洗牙次数太多，会损害牙齿表面的牙釉，但也不宜长期不洗牙。因为牙齿表面的细菌、牙石、色素等牙垢，只有通过洗牙才能去除，此外洗牙还能减轻牙龈、牙周炎症。一般来说，应根据每个人自己的口腔状况，每间隔半年或一年去医院洗一次牙。

10. 夏季不宜用凉水洗脚

夏天有些人喜欢用凉水冲洗双脚，以图清凉，然而经常这样做是有损健康的。经常用凉水冲脚，会使脚受凉遇寒，从而通过血管传导，引起周身一系列的复杂病理反应，导致各种疾病。此外，因为脚底的汗腺较为发达，突然用凉水冲脚，会使毛孔骤然关闭阻塞，时间长了会引起排汗机能迟钝。特别是脚上的感觉神经末梢受凉水刺激时，正常运转的血管组织剧烈收缩，日久会导致舒张功能失调，诱发肢端动脉痉挛、红斑性肢痛、关节炎和风湿病等。

11. 夏季不宜赤膊

夏季打赤膊的大有人在。当气温高于皮肤温度时，光膀子非但不能通过辐射方式来散热，皮肤反而还会从外界环境吸收热量，排出的汗水也会迅速流失掉，起不到通过汗液蒸发散热的作用。所以夏天赤膊反而会让人感到更加闷热不适。专家建议，夏季可穿真丝、植物纤维等面料的衣服。

12. 困倦时不宜用凉水浇头

当学习或工作时间长了，感到头晕、困倦时，有人爱用凉水浇头，以打消睡意，振奋精神。这种方法虽一时有效，但从长远看，对人体健康是不利的。

写作或看书学习时，大脑处于兴奋状态。这种兴奋是有一定限度的，超过限度，就会疲劳、头晕，这也是大脑需要休息的信号。如果此时不但不休息，反而以凉水浇头来刺激大脑，使大脑勉强维持兴奋状态，就容易引起兴奋与抑制功能的紊乱。长期下去，将会导致神经衰弱，出现失眠、记忆力减退等症状。

因此，困倦时不宜用凉水浇头，更不可经常这样做。

13. 不宜用牙齿开启瓶盖

有的人在喝啤酒、香槟、汽水等饮料时，常常不用开盖器开启瓶盖，而是用牙齿去咬开。这种做法是不当的，对身体是有害的。

这是因为牙齿是人体消化器官的主要组成部分，它不但咀嚼食物，还有助于清楚地讲话和发音。牙齿对人体健康有着重大作用。如果用牙齿去开瓶盖，对牙齿的伤害很大。由于咬开瓶盖时受力不均，轻者造成牙齿摇动不固，疼痛难忍，由此极易发生牙髓炎之类的疾病；重者则会使牙齿脱落或碎裂。而一旦牙齿破坏，将终身不可弥补。因此，从自己的长远健康考虑，不要用牙齿去开启瓶盖。

14. 不宜坐着睡觉

睡眠可以使大脑、体力恢复，但坐着睡觉却很难达到休息的效果。

有些人由于条件所限，午间习惯坐在椅子上、趴在桌边或靠在沙发上睡觉、打盹。当醒来时，会感到头晕、耳鸣、腿软、视物模糊及面色苍白，需要一段时间才能渐渐恢复，这是由于"脑贫血"引起的。

科学家们曾经作过观察，当人们熟睡后，心律就变慢，而血管扩张，流经各种脏器的血液就会更加减少。特别是午饭后，较多的血液要进入肠胃系统，加之坐姿就更加重了脑组织的血液不足。长此以往，会对健康造成不可估量的危害。

15. 不宜关严门窗睡觉

新鲜空气中，氧气占 20.95%，二氧化碳占 0.04%。人在安静时，每分钟吸入 300 毫升氧气，呼出 250 毫升二氧化碳。如果门窗紧闭，室内不通风，特别是房间窄小人又多时，就会使室内空气污浊。据测定，在一个 10 平方米的房间里，如果门窗紧闭，让 3 个人在室内看书，3 个小时后，房间内温度上升 1.8℃，二氧化碳增加了 3 倍，细菌量增加 2 倍，氨的浓度增加 2 倍，灰尘数量增加近 9 倍，还有 20 余种其他有害物质。长时间吸入这样的空气，对身体是十分不利的。一整夜近 10 个小时，如果关严门窗睡觉，室内空气污染的程度就更为严重，对人体健康的不良影响也更大。

当然，开窗睡觉时，应注意不要让风直吹身体，更不可让风吹头部；同时，在睡觉时不要打开房间两侧的窗户，以免空气在室内形成对流。

16. 睡觉不宜"高抬贵手"

有人睡觉时喜欢手臂上抬的"高抬贵手"姿势，或把手臂放在枕头下的"枕下埋藕"姿势，这些姿势属于不良的睡觉习惯，对人体健康有危害。

一是影响肌肉放松。睡觉时手臂上抬，肩部和上臂的肌肉不能及时得到放松和恢复，时间久了会引起肩臂酸痛。

二是易造成反流性食道炎。若是老年人，食道平滑肌的张力降低，防止食道反流的生理"屏障"功能削弱，当腹内压升高时，睡卧在床上手臂上抬，极易助长食物及胃液反流，因此老年人反流性食道炎尤为多见。若是怀孕晚期，由于子宫膨大，腹内压升高，加之内分泌变化，食道平滑肌张力也会减弱，如果手臂上抬睡觉，易引发反流性食道炎。

三是导致手指麻木。手臂上抬睡觉有碍上肢血液循环，尤其是把手臂放在枕头下的"枕下埋藕"姿势，很容易造成手指麻木甚至神经反射导致腹痛。

17. 不宜不洗脚睡觉

现代科学证明：睡觉前洗脚，尤其用热水泡脚，能促使局部血管扩张，加速血液循环，改善局部的皮肤和组织的营养。同时能解除疲劳，刺激人的神经末梢，再通过反射，促进大脑安静，使人容易入睡。这是使人健康长寿的有利条件。所以，睡觉前必须洗脚，而且要认认真真地洗，长期坚持，大有益处。

18. 公共浴室内不宜睡觉

在公共浴室洗浴之后，披着条毛巾，漫不经心地吸着烟，睡一觉，被很多男性视为一种享受。

从生理学上讲，人经热水洗浴后，全身循环系统、呼吸系统机能增强，机体在浴室高温中丢失了不少体液，因而此时人感到口干、乏力，特别想休息。

但浴室中往往空气浑浊，二氧化碳浓度高，氧气含量少。如果此时再吸烟睡觉，会增加耗氧量，而且由于体温升高，血液循环加快和呼吸加深，将导致香烟中有害物质更易渗入肺细胞和毛细血管。

洗浴之后吃一个水果，可以迅速补充水分和维生素 C，再短暂休息一下，才是有益健康的良好习惯。

19. 不宜在清晨开窗换气

一般的家庭习惯于早晨起床后开窗换气，认为这样可以把"脏气"放走，换入新鲜的空气。其实，这是不科学的。

因为早上气温最低，而气压最高，是一天中贴近地面的空气污染的高峰期，空气质量最差，不良气体和微尘在早晨都被高气压压在地面上不能升空，所以这时开窗换气，放入室内的空气质量最差。开窗换气的最佳时间是每天上午 9～11 时、下午 2～4 时，此时气温已升高，沉积在大气层底层的有害气体已经逐渐升空散去。

20. 夏天室内不宜浇水降温

在盛夏季节，有的室内温度高达 35℃ 以上，热不可当。为了解暑，有些人便在室内地板上泼水，想以此达到降低室温、提高空气清洁度的目的。其实，这种方法的降温效果并不理想。

在室外温度高、风力小的情况下，室内空气流通较为困难，常常处于相对静止的状态。此时，往室内泼水，水汽难于向外发散而滞留在空气中，使室内湿度不断增大。室温高加上空气湿度大，就会使人感到比平时更加闷热难耐。与此同时，由于温度高，水分蒸发快，室内的细菌和尘埃能随着水汽扩散到室内空气中，造成空气比泼水前更混浊。

21. 冬季室温不宜过高

如果室温过高，人体皮肤血管、汗腺扩张，引起出汗。这时如果走出室外，受到冷空气的突然刺激，血管、汗腺都会立即收缩。这种反应直接刺激体温调节中枢，使机体散热减少，产热增加，从而破坏了原有的产、散热的相对平衡状态，引起体温上升，即伤风感冒引起的发烧。因此，冬季室内、外温差不宜过大，一般控制在20℃左右较为合适。

22. 音乐欣赏四不宜

（1）吃饭时不宜听打击乐。打击乐节奏明快、铿锵有力、音量也大，吃饭时听这类音乐，会使人心跳加快，情绪发生波动，从而影响食欲。

（2）空腹时不宜听进行曲。进行曲具有强烈的节奏感和前进感，人们空腹时欣赏这类乐曲，随着乐曲的激荡，会进一步增强饥饿感。

（3）悲伤时不宜听忧伤的乐曲。人处于悲哀忧愁状态时，情绪低沉，如果再听忧伤感怀的曲子，只会加重人的悲伤情绪。

（4）入睡前不宜听交响乐。交响乐气势宏大，起伏跌宕，激荡人心。睡前欣赏这类音乐，难免使人精神振奋，难以入睡。

23. 不宜在卧室内擦皮鞋

皮鞋穿在人的脚上，随着主人的足迹无处不到，上面往往黏附着大量细菌、病菌、寄生虫卵和尘埃。如果在卧室内擦皮鞋，将会使室内的飞尘、细菌成十倍、甚至成百倍地增长，污染卧室空气，危害人体健康，使人容易罹患各种各样的疾病。因此，不宜在卧室内擦皮鞋。

24. 不宜摆放在室内的花卉

在居室中摆上几盆花卉，不仅起到了美化环境的作用，也能让人身心愉悦。然而，中国室内环境监测中心提出，有些花卉是不宜放在居室中的。

（1）兰花：它的香气会令人过度兴奋，而引起失眠。

（2）含羞草：它体内的含羞草碱是一种毒性很强的有机物，人体过多接触后会使毛发脱落。

（3）月季花：它所散发的浓郁香味会使一些人产生胸闷不适、憋气与呼吸困难。

（4）百合花：它的香味会使人的中枢神经过度兴奋而引起失眠。

（5）夜来香：它在晚上会散发出大量刺激嗅觉的微粒，闻之过久，会使高血压和心脏病患者感到头晕目眩、郁闷不适，甚至病情加重。

（6）夹竹桃：它可以分泌出一种乳白色液体，接触时间一长，会使人中毒，出现昏昏欲睡、智力下降等症状。

（7）郁金香：它的花朵含有一种毒碱，接触过久，会加快毛发脱落。

（8）松柏等植物：它放出的松香油味会影响人的食欲，使孕妇感到恶心。

（9）洋绣球：它会使有些人产生过敏反应。

25. 上厕所时不宜抽烟

厕所空气含氨量很高，吸烟的同时，进入人体的氨大量增加，含有致癌菌的空气、烟草燃烧产生的二氧化碳和一氧化碳等气体，统统进入体内，使上呼吸道受刺激，导致呼吸道疾病。一氧化碳有阻碍血液输氧的功能，从而引发头痛、眼花甚至晕倒现象。

26. 上厕所时不宜看书报

有的人习惯于在厕所内边大便边看书报，这种做法利少弊多。

蹲厕所时读书报，会干扰大脑对排便传导神经的指挥，延长排便的时间。而蹲厕所的时间太长，会使盆腔静脉血液回流受阻，血管扩张，易诱发痔疮，还会使脑部发生暂时供血不足，起立时易发生昏厥、跌倒等现象，特别是久病、体弱、年迈者，起立时更易发生意外。另外，厕所里一般比较昏暗，光线不足，在那里看书报，也有损眼睛视力。

19 旅游安全注意事项

1. 陷入洞穴

发生事例

李先生在一次野外探险中，不慎掉入一个十几米深的洞穴中。他身上未带任何食品，仅有一把匕首和一个空水壶。当他在洞穴的底部清醒过来后，并没有大声喊叫。他清醒地意识到，喊也没有用，越喊体力消耗越大，甚至还可能造成清神崩溃，不如不喊以保存体内的水分和热量。他暗示自己要坚强、勇敢，进行自救。仔细观察洞穴，发现洞穴上长满了一层厚厚的青苔。在洞穴的底部拐弯处，有许多碗口大小的石头。李先生眼睛一亮，开始了漫长而艰苦的工作。他用匕首在上方挖开一个小洞，再取来石头插入洞中，人站在小洞石头上再向上方挖洞……依此循环向上前进。饿了就用匕首把洞穴壁上的青苔刮下来吃，渴了就等到清晨的露水顺着青苔流下来时，把嘴贴在青苔上吸水，把剩余的水滴接到水壶里；在洞穴的边沿，还发现了蚯蚓与一些昆虫，强忍着呕吐吃进去。就这样一直坚持了 7 天，终于爬到洞口，与正在寻找他的救援人员会合了。

自我保护

在我们的身边，经常遇到天然洞穴或是人造洞穴，一旦不慎掉人其中，要保持镇静，临危不乱。

（1）迅速判断情况，做出选择。

要粗略测定洞穴的含氧量，如果感到呼吸困难，胸前发闷，全身发软，头发晕，就可能是含氧不足。如果有火柴的话，可以点燃火柴。火柴点不着，或者很快熄灭，说明氧气不足，这时千万要争取时间，想方设法脱离洞穴。

（2）要开动脑筋，正确行动。

观察有无攀登的落脚点，有无树藤可以利用。如果没有上述条件可以利用，也可以寻找一些锐利物质，如石头、砖头、瓦片、树枝等，在洞穴的壁上挖一些攀登点，创造攀登条件。另外，可以采用最原始的办法，就是将洞穴一边的土、石堆向另一边，一步一步地往上垫土，直到双手能扒住洞穴沿。

（3）及时发出求救信号。

要始终注意听外面的动静，当听到外面有脚步声音，或说话声音，车辆经过声音，要迅速高声呼喊，以引起上面人的注意。

（4）保持良好的心理状态。

陷入洞穴后一定要冷静，在确信没有任何外援的情况下，不要大声喊叫，要多动脑。要自我暗示一定能成功，一定会有人营救，使自己的精神振作。

（5）做好长期坚持与生存的准备。

如果洞穴太深，可能几天出不来，应该给自己鼓气，坚信自己是聪明、勇敢的人，一定能生存下去。积极寻找水与食品。水的来源主要靠洞穴壁上的青苔集结的水珠与雨水，食物来源主要靠洞穴里的昆虫、蚯蚓。

夜间是洞穴里抓捕动物的大好时机，飞进洞穴里休息的野鸽子、灰喜鹊、野鸡、蝙蝠等，钻进钻出的野兔子、刺猬、蛇、青蛙、甲鱼等，瞄准机会，就迅速抓捕。

（6）保证空气流动。可以用帽子、衣服用力扇，促使局部空气流通，保证氧气的供给。

（7）正确救助。一旦发现有人不慎掉入洞穴中，要分秒必争，迅速进行营救。不能蛮干。无论情况多么紧急，也不能在不观察的情况下，贸然下入洞穴救人，以免造成更大的不幸。应根据洞穴的危险程度，人员被困情况，适时通知"110"或"120"，请专业人员来救援。同时注意保护好现场，引导救援人员到达洞穴。紧急情况下，必须独自去救人时，也要判断含氧量，如果认为缺少氧气，最好找长竹竿、绳子、长树枝子、床单等伸下洞穴，让被困者抓牢，顺势拉上来。必须亲自下去救人时，要深吸一口气，以最快的时间到达被困者身边，尽快把被困者带出洞穴。如果洞穴深，一时无法实施救助，可以找鼓风机，接上换气通风管，向里吹风，保持洞穴的氧气含量，再设法把被困者需要的水、食品、药品送进洞穴中，等待专业救援人员的到来。同时及时向洞穴里喊话，告诉被困者勇敢起来，大家正在营救，很快就会脱险。

2. 晕车（船）

发生事例

肖女士第一次出门旅游，去海南岛看大海。到了海边，看到靠岸的大轮船，高兴得眉飞色舞。没有坐过船的她乘船去湛江。开始上船看着什么都好，可是船一开起来，海浪冲击船体，摆动很厉害。她本来就血压高，一晃动，感到天旋地转，呕吐得厉害，痛苦不堪。随后的旅游她再也没有了乐趣。回到家里她痛苦地说："以后再也不坐轮船了，真受罪。"

自我保护

（1）减少压力，避免紧张。

其实，晕车（船）与精神因素有关系，如果还没有上船就恐慌起来，上船后心理负担会自然加重，稍微有一点刺激就更容易晕船了。如果你不注意晕船的事，谈笑风生，欣赏美丽的景色，心情愉快，也就没有晕船的感觉了。俗话说"眼不见，心不烦；心不烦，神能定。"如果戴上一副墨镜，可以防止视线带来的眩晕，也可以防止晕船。

（2）适当吃药。

根据医生的建议，可以采取临时吃药的办法来解决。应该提前吃晕车（船）药，吃晚了不管用。这样可以防止晕车（船），减轻痛苦。

（3）加强锻炼，积极预防。

造成晕车（船）的原因很多，但是最主要的还是人体平衡机制功能弱，所以应该加强这方面的锻炼，同时要注意以下三个问题。一要坚持平衡锻炼。可以练习荡秋千、踏浪板，做旋转运动、呼啦圈运动、"翻斗乐"运动、冲浪运动，练习多了，逐渐适应了，以后也就没有什么问题了。二要注意饮食。乘船时，不要吃得过饱，过饱以后，胃部供血增加，脑部就缺血，容易造成神经疲劳。也不能空腹，空腹容易引发胃痉挛，导致恶心、干吐。三要适当选择坐的位置。头等舱的位置好，振动力小，通风与目视效果好，没有任何气味，最好买头等舱的票。

3. 水土不服

发生事例

1989 年的夏天，北京某单位组织大家到南方旅游。大家在郊区搭起临时帐篷，开始了 12 天的自助活动。大家看着美丽的山、清澈的水、翩翩起舞的蝴蝶，吃着农家饭，非常兴奋。3 天后，许多人开始出现了头晕、腹胀、腹泻、喉咙痛、口鼻肿痛，有的人满身起了红疙瘩。人们以为是食物中毒，赶快去当地医院看医生。医生对食物、饮水进行检查，发现食物与水质本身没有问题，诊断为水土不服，建议他们休息几天，适当喝蜂蜜水和茶水，多喝粥，多饮白开水，不能抓挠疙瘩，放松精神。按照医生的建议，他们调整了活动安排，注意饮食，症状逐渐消失了。

具体表现

人的身体健康与自然环境有密切关系，自然界的各种因素均对人体产生直接或间接的影响，如气候、声音、饮食习惯等。但是，人也有适应自然环境的能力，这种能力的大小因人而异。当人们由于改变了地理环境而发生身体不适，如食欲不振、精神疲乏、睡眠不好，甚至腹泻呕吐、心慌胸闷、皮肤痛痒、消瘦等，俗称为"水土不服"。

所谓"水土不服"，从医学角度看，其实质就是因为不同地区的水土及饮食结构的改变，导致肠道菌群紊乱而引起的消化道功能失调。比如，以肉类饮食为主的人来到以植物纤维饮食为主的地区，饮食结构改变了，必然会改变肠道内正常菌群的类别及数量，从而影响肠道菌群的生态平衡，引起肠胃功能紊乱。但是人体自身具有很强的调整功能，经过一段时间的适应，大部分人都能形成新条件下的肠道菌群生态平衡，于是就又"服水土"了。

"水土不服"的主要表现是：初到新的环境中，有的人会出现失眠乏力、食欲不振、腹胀、腹泻、喉咙痛、口鼻肿痛等症状；有的人甚至患上荨麻疹，满身起红疙瘩，痒得难以形容；还有的人精神紧张，莫名其妙地烦躁不安；有的人大便干燥，痛苦不堪，等等。

随着物质生活的改善，人们经常外出到新地域，环境、饮食、饮水也随之改变。易引起"水土不服"。如从平原到高原，由于空气稀薄、气压下降而出现的不适；从南方到北方，由于温度、湿度的改变而产生的不适；从乡村到城市，对噪声、灯光不适应而出现疲乏、失眠、烦躁、郁闷、头疼、腹泻等，均属于水土不服的具体表现。

自我保护

水土不服是可以克服的，一般不需特殊治疗。一旦发生了水土不服情况，可以采取以下措施：

（1）正确对待，保持镇静，不要紧张。

要从思想上认识到这是由于环境突然改变而产生的身体不适应。只要休息几天，熟悉一下周围环境，相应调整人体生理功能；保持心情愉快，消除紧张心理，积极地去适应新环境，这些不适症状就会逐渐消失。

（2）睡前饮用蜂蜜。

中医认为，水土不服的发生与脾胃虚弱有密切关系，蜂蜜不仅可以健脾和胃，还有镇静、安神的作用，因为蜂蜜中所含的葡萄糖、维生素以及磷、钙等物质能够调节神经系统功能紊乱，从而促进睡眠。蜂蜜对于治疗因环境改变而引起的肠道菌群失调造成的便秘疗效也很好。

（3）多喝绿茶、菊花茶。

茶叶中含有多种微量元素，可以及时补充当地食物、水中所含微量元素的不足；茶叶还具有提神利尿的作用，能加速血液循环，有利于致敏物质排出体外，减少荨麻疹的发生。

（4）根据医生的建议，吃一点治疗腹泻的药物。

一旦发生"水土不服"而腹泻时，应及时服用止泻药，并注意调整个人饮食。如果回来之后腹泻仍然不止，可以吃些酸奶，因为酸奶中的乳酸菌可以在肠道内定植，从而取代其他不是原来肠道中的部分细菌。当肠道菌群恢复平衡状态时，腹部不适和腹泻症状也就会随之消失。

（5）科学饮食。

很多人还会出现咽喉疼痛、口腔溃疡、鼻出血、便秘等"上火"症状。应尽量保持原有的生活习惯；作息正常；选择与原来口味相近的食物；少食辛辣，多吃清淡的果蔬及粗纤维食物；多喝温开水。

（6）及时看医生。

如果皮肤出现荨麻疹，则是因为生活环境改变而出现的体质过敏症状。这时要及时看医生，按照医生的建议服用一些脱敏药物，并补充大量含维生素 C 的水果。

4. 中 暑

发生事例

暑假，于老师全家冒着高温酷暑去外面旅游。为了多看几个景点，于老师一家人顾不上吃饭、饮水与休息，连续爬山、涉水、寻找古战场遗址，20 个小时没有休息。当于老师爬上一个高峰时，突然感到头晕、心跳加快、恶心、呕吐，双腿发软，眼前一黑，身子一歪，扑通一声倒在丈夫的怀里。面对呼吸微弱，心跳基本消失的妻子，丈夫吓坏了，赶快进行紧急抢救，经过 20 分钟人工呼吸救助后，终于使于老师苏醒过来。随后赶来的医生告诉于老师是严重中暑，嘱咐她们一家人要注意休息，劳逸结合，以防再次中暑。

具体表现

人体正常温度是 37℃ 左右，在这个温度下，人体的热平衡系统正常运转。在炎热的夏天里，如果长时间在外劳动、施工、生产、训练，体内水分消耗严重，热量增多，且又不易散发出来，就会把体内的热平衡系统破坏，从而导致头晕、心跳加快、满脸通红、出汗少、小便少、食欲不佳，严重时会出现抽筋、烦躁不安、昏迷，直至生命危险，这就是中暑。

自我保护

（1）外出过程中，当出现上述症状时，应立即到荫凉、通风地方卧倒休息，少量地喝些淡盐水，在太阳穴处涂抹少量的清凉油，或服用十滴水。头部用冷水泡过的毛巾盖上，并及时更换。也可找些酒精或白酒擦拭，使皮肤血管扩张，加快热量的散发。

（2）注意合理安排外出时间，上午可以早出早归，下午可以晚出晚归，躲开最为炎热的时间段。应该在荫凉的地方行走，要多喝淡盐水，以补充体内损失的维生素。

（3）多做短时间的休息，保存体力，不能出汗过多。要戴好遮阳帽、遮阳镜，防止太阳光直接照射。

（4）根据情况，吃些预防的药物，如人丹等不时地含化几粒。把预防工作做在前面。

5. 食物中毒

发生事例

"五一"期间，梁师傅去郊区踏青。路过一片灌木丛时，发现了许多蘑菇。他高兴的采摘了一塑料袋，回去做小鸡炖蘑菇吃。全家人吃了小鸡炖蘑菇后不久，就感到腹部不适、恶心、呕吐、头昏、头痛，晚上还发烧，全身无力。立刻叫了"120"赶来救治，发现是毒蘑菇中毒。医生采取了紧急治疗措施，避免了严重后果的发生。梁师傅醒后说："都怪我，没有识别毒蘑菇的知识，让全家人受苦了。"

具体表现

旅游过程中，饮食的方式会改变，有时地头可能就是饭桌，河水、井水就是饮用水。另外，还会发现许多天然的野果子、野菜、蘑菇、鱼等。由于卫生条件差，加上体力消耗大，人的抵抗能力会下降，当吃了一些不干净或者被污染的食物时，就容易发生食物中毒。

如果是在夏天，天气炎热，造成食物容易腐败变质。据试验，一个细菌一天就可以裂变成数亿万个。另外，在夏天生食的食物也非常多，有的蔬菜瓜果上还残留一些农药、致病微生物，如果消毒不彻底，误食后就会中毒。除不干净的食物、水外，有些食物本身就有毒，如果加工处理不科学，也会造成中毒。引发食物中毒的病菌主要有沙门氏细菌、金黄色葡萄球菌、大肠杆菌、黄曲霉毒素。

发病特征：进食数小时之后即可发病，轻者腹部不适、恶心、呕吐、头昏、头痛、腹泻等，重者畏寒、高热、抽风、昏迷、休克，如果抢救不及时，就会死亡。

自我保护

（1）提高认识，高度重视食物中毒问题。

坚决按照卫生要求，不"贪"嘴；任何东西入口都要谨慎，在水质没有彻底弄清楚之前，不能随意饮用；所吃食物一定要煮熟、煮透，把细菌杀死再吃。切实把住病从口入这一关。

（2）严格消毒制度。

餐具要定期消毒，用具要经常在阳光下晾晒。

（3）保持高度的警惕性。

购买食品时要认真检查，不买变质食品。对剩余的食品要科学保管，防止被苍蝇污染；变质的剩饭、剩菜要扔掉，以防发生问题，尽量不要吃生的食物。

不熟悉的野菜、果子、树的嫩芽等植物，不宜胡乱采集；对野鸭、野鸡、野兔等动物不要随意捕杀，更不能轻易食用。河豚鱼、毒蕈、木薯、野山葱、毒扁豆与含氢氰酸多的果实、核都含有危害很大的毒素，误食后均会引起中毒，出现腹痛、上吐下泻、高热、脱水，严重时会死亡。另外，食物、水源被剧毒农药、化肥、动物粪便等污染，人们一旦吃了这些食物，也会中毒。

6. "上火"

发生事例

张老师到西北旅游。旅游团日程安排紧张，大家赶着时间看景点。张老师因担心在车上小便，就不敢多喝水。中途休息时，由于劳累，饭菜不想吃；晚上宾馆里唱歌的人吵闹不休，休息不好。两天后，张老师的喉咙红肿了，眼睛发红了，声音嘶哑了，走路头昏眼花，全身无力。坐在旅游车上总是昏沉沉的样子，没有了当初的兴趣。导游怎么开玩笑鼓励她，她也兴奋不起来。到当地医院看医生，医生认为张老师是"上火"了，建议她放松心情，合理饮食，适当休息，多喝白开水，很快就会好转。张老师按照医生的建议，每天多喝白开水，适当休息，很快就缓解了。

具体表现

在旅游中体力消耗大，人得不到很好的休息，饮食、喝水也不规律，特别是在春、夏季，气候比较干燥，风多，土地干裂，热气燥人，会使人的"生物钟"出现紊乱，发生变化，各个脏腑器官失调，血热浊行，新陈代谢不顺畅，就容易出现"上火"。如：喉咙红肿疼痛、眼睛发红、声音嘶哑、头昏眼花、耳鸣、胃口不适、消化不好、不思饮食、大便干燥、小便红黄、腰腿无力，全身发懒、总想睡觉、烦躁不安等症状。"上火"的事情不能小视，如果不及时去火，会导致身体其他疾病的发生。

自我保护

在外活动时，如何防止"上火"呢？

（1）养成良好的生活规律。

合理、科学安排外出时间，注意劳逸结合，饮食以清淡的为主，多喝粥、汤；中途休息时，一定要多饮用凉白开，认真做放松运动，调整身体状态；晚上睡觉不要着凉，不要熬夜；最好不要饮酒、吸烟；养成良好的大便习惯；晚上睡觉前可以用温水泡脚20分钟，对于缓解疲劳、调理脏器的功能十分有益。

（2）自我预防。

自己可以准备一些清热解毒的"中草药"，以防不测。我国中医、中草药举世闻名，中草药对于清热去火、调理内脏之间的平衡有着神奇的功能。外出旅游前，可以买些下列清热解毒的草药带在身边，当做饮茶之用：

桑叶。桑叶是很好的发散风热的良药，《本草纲目》中记载，桑叶既能清泻肺热，又能清泻肝胆之火，外出时可以用茶泡1～3克，慢慢饮用。能够起到良好的预防作用。

决明子。能疏导肝淤，清心明目，调理脾脏。每天可以用开水冲泡决明子当茶水喝。

野菊花。资料考证，野菊花具有清热解毒的功能，对于目赤、头眩有很好的预防治疗作用。对于热毒、痹肿、肝热上扰有出奇的疗效。日用5克左右，开水冲饮，对于预防上火，有非常好的疗效。

绿豆。《本草纲目》中记载，绿豆味甘寒，能清内热、内火，解内毒，消暑止渴。取50克的绿豆煮成汤，加些冰糖，当饮料喝，对于缓解旅途劳累，预防内火郁结，有着独特的功效。

胖大海。据对胖大海的药理研究表明，其性凉味淡，具有开肺气、清肺热、利咽喉、润肠、通便的功能。日取1～2枚泡服饮用，旅行中十分方便。

金银花。根据《本草纲目》中的记载，金银花的主要功效是清热解毒，其性味甘寒，气味芳香，既可以清风温之热，又可排血中之毒，对于温热病、咽喉发炎肿痛、头痛、口渴、发疹、舌头红肿有着出奇的功效。日取3～5克金银花，开水冲泡，旅途中随时饮用，对于预防"上火"有很好的作用。

板蓝根。板蓝根是传统的清热解毒的草药，对其药理研究得知，板蓝根性寒味苦，具有清热、凉血、解毒的功能。主治温热疫毒、烂喉、红疹、咽喉肿痛、温毒斑疹、痄腮。日取6～8克开水冲泡，旅途中饮用，预防"上火"的效果非常好。

7. 急性肠道感染

发生事例

暑期吴女士带孩子去外地旅游。顶着烈日爬山，由于天气炎热，口渴难受，在一山岩的缝隙处，看到清澈的山泉水流出，就大口大口地喝了起来。下山后，刚一进宾馆，就感到恶心、呕吐、腹痛剧烈，几分钟就要去一次卫生间，晚上开始高烧，最后出现了昏迷。幸亏服务员发现及时。把她们送进医院抢救，才转危为安。医生说是急性肠道感染。吴阿姨后悔地说："以后，再也不能随便喝山泉水了。"

具体表现

在外旅游，由于卫生条件相对较差，苍蝇、蚊虫很多，如果卫生防治工作做得不好，食物就会被苍蝇、蚊虫污染，人们如果不注意误吃了这种食品，或是喝了不干净的水，就会引发肠胃疾病，轻者会出现胃部不适和拉肚子。食欲减退，重者会出现脱水和高热。途中休息时，如果随便躺坐在冰凉的土地上，也容易着凉，引起肚子不适。

急性肠道感染通常潜伏期是1～2天，根据人的体质和感染细菌情况的不同表现为：恶心、呕吐、发热、乏力、食欲减退、腹痛、腹泻，大便化验检查便中有黏液。重的表现为：起病急，腹痛剧烈，恶心，呕吐，持续高热在39～41℃，精神萎靡不振，面色苍白，嗜睡烦躁，严重时出现昏迷，尿量减少，血压下降。如果治疗不及时，就会导致死亡。

自我保护

（1）养成良好的卫生习惯，把住病从口入这一关，在外活动时，要养成饭前便后洗手的好习惯，不要喝生水，水果一定要洗干净再吃，凉拌食物要确保不被苍蝇污染，多放些生大蒜和食用醋。

（2）搞清病因，及时治疗。当发生上述症状时，及时看医生，确诊是痢疾时，应该及时隔绝，对于曾经使用过的餐具和生活用品要彻底地消毒。不要硬坚持着旅游，以免导致严重后果。

（3）不能着凉，注意保暖。运动出汗以后，不能图一时的舒服和痛快，解开衣服就躺在地上，更不能光着膀子、洗冷水澡。

（4）治疗方法。如果没有医生，用药应该首选黄连素片（刺激性小，副作用亦小），饮食上应该以流质或半流质为主，多饮些淡盐水和果汁，辅助治疗时可以在用餐时吃些大蒜。

8. 被毒蛇咬伤

发生事例

陈先生到郊区旅游，中途想抓几只蛐蛐。在一片杂草地里，他听到蛐蛐叫。突然，他发现了一个鸟巢，伸手去摸鸟蛋，却被一条毒蛇（与绿草颜色差不多）咬伤了前臂。陈先生以为是普通的蛇，见伤口不深，也没有流血，就没有声张，用伤湿止痛膏贴上继续抓蛐蛐。50分钟后，毒素扩展到全身。他感到头昏，全身无力，呼吸急促，全身发冷，慢慢地倒下，昏迷过去了。等当地的农民发现他后，立刻送到医院，已经无法救治了。

具体表现

在外旅游中，可能经过田野、荒山、树木丛、山谷、隧道等地，这些地方杂草丛生，情况复杂，可能藏着毒蛇。在我国的大部分地区，都分布有毒蛇。毒蛇很凶猛还很狡猾。有些毒蛇很会伪装，颜色与植被差不多，不容易被发现；有些毒蛇盘缠树上、草根处、石头周围，让人无法发现，被当成其他东西。人无意中触摸到它时受到惊吓的蛇会突然发起攻击，人被蛇咬以后，毒液迅速通过血液进入心脏、大脑，最后会出现神经性的中毒症状，处理不及时，会导致死亡。

自我保护

（1）保持镇静，迅速判断，做到心中有数。

一旦不慎被毒蛇咬伤，一定要镇定，不要吓得不知所措，更不能狂奔乱跑，以免加速毒液吸收。如何判断蛇是否有毒呢？根据经验，毒蛇有毒牙和毒腺，头大多为三角形，牙齿较长，身体花纹鲜艳，看上去很凶猛。根据伤口，可以从牙痕上判断：毒蛇咬人后，留下痕迹是最前面有两个大而且深的牙痕；无毒的蛇咬人后，牙痕一般呈"八"字形，小而浅，排列整齐。

（2）争分夺秒，紧急处理。

应立即找来一条布带或长鞋带在伤口上端5~7公分处（近心脏的一端）扎紧，为防止肢体坏死，每隔7~12分钟放松2~3分钟。如果伤口内有毒牙残留，要迅速拔出。有条件的话，应用冷开水、清水、井水反复冲洗伤口表面的蛇毒。然后以毒牙牙痕为中心用消毒后的小刀子把伤口的皮肤切成十字形，再用两手用力挤压或拔火罐，力争把伤口里的毒液与血水吸出来。情况紧急时，在口腔黏膜无破损、无龋齿的情况下，可直接口吸，边吸边吐，吸后漱口，将伤口内的毒液吸出。

（3）立刻去医院。

如果当时有条件，要立即服用解蛇毒药片，并将解蛇毒药粉涂抹在伤口的周围，而后立即去医院诊治。

（4）采用民间小偏方。

在外活动中，如果手边没有解蛇毒药片，可以选用草药七叶一枝花、半边莲、八角莲、山海螺、万年青、蒲公英、紫花地丁、贵针草、鱼腥草、田基黄、苦参等，捣碎取汁，涂抹在伤口周围，也有一定疗效。注意，千万不能坐以待毙，丧失信心。

9. 被蚂蟥叮咬

发生事例

一名女大学生去郊区旅游。在一个小溪里，她看到了很多蝌蚪，特别高兴，下水去抓。走着走着突然感到小腿部疼痛，抬起腿一看发现了两个恶心的蚂蟥吸附在腿上。一直生长在城市的女大学生，天生胆子就小，吓得她张开大口说不出话来，眼前一黑，昏倒在半米深的小溪流里。一口气没有上来，就被水呛死了。

具体表现

旅游途中会遇到很多河流、水渠、水泡子、沼泽地、水沟，这些地方常见的一种水生咬人的软体动物，学名叫水蛭，民间也叫它蚂蟥，一般长2～10厘米，颜色呈绿色或灰色，是一种药材。在野外的水沟、杂草多的小溪流与沼泽地里比较多见。它的生命力强，夏季繁殖比较快，异常活跃。蚂蟥是如何咬人的呢？生物学家通过标本的解剖发现，在其身体两端各有吸盘，吸盘的附着力强，内部的吸管坚硬，可以插入人的皮肤里，吸人的血液。它咬人后，会使皮肤红肿，如果伤口不及时处理，容易发生感染。

自我保护

旅游途中，当你在水中、沼泽地附近游玩时，蚂蟥就会悄悄地吸附在你的皮肤上。没有经验的人会感到很恐慌，出现手忙脚乱，甚至意识失去控制，发生意外。遇到蚂蟥，正确的对付方法是：

（1）保持镇静，正确处置。

看到蚂蟥在自己的腿上时，不要紧张，更不要慌张，以免造成溺水。不能用力拽，会适得其反。如果身边有松树皮、野蒿子叶、槐树叶、核桃叶、清凉油、肥皂、烟油、辣椒，或者是尿液，可以涂抹在蚂蟥吸盘周围，不一会蚂蟥因受刺激收缩、扩张吸盘，自己就掉下来。

（2）预防为主。

在外活动中，特别是在蚂蟥较多的水域中活动时，可把防蚊虫香精、花露水、清凉油涂抹在袖口、裤口、鞋面上，每隔2个小时重抹一次，可有效地防止蚂蟥叮咬。另外，进入水中要穿防护鞋、防护衣裤，腿口要扎紧，能起到很好的防护效果。

（3）认真处理伤口。

被蚂蟥咬了以后，千万不要认为是小伤口就不处理，这样很可能会导致伤口化脓、感染，甚至会危及生命。因为，蚂蟥长期隐蔽在水底的污泥里，身上带有很多的微生物、病菌，如果不及时处理伤口，病菌、微生物就会通过伤口进入人体血液，导致生病。

10. 被马蜂蜇伤

发生事例

王师傅喜欢摄像。一天，他拿着摄像机，到野外拍摄植树的镜头。在行走中，不小心碰了灌木丛里一个特别大的马蜂窝。这下可"惹祸"了，数不清的马蜂像苍蝇一样，围着王师傅转。王师傅没有任何思想准备，也没有采取有效的防护，被马蜂蜇得遍体鳞伤，最后竟然抽搐起来。他本来就有高血压，这么一折腾，昏迷过去。当地的农民路过发现他时，他已经死亡两天了。

具体表现

野外丛林里的树上、石头缝隙里、草丛达与灌木丛里、村头的老树上、农家的屋檐下都能看到大小不同的马蜂窝。蜂窝的大小不一，小的一般直径在5厘米左右，大约一般在20厘米左右，特别大的甚至有80厘米以上的。马蜂活动比较多的地点是灌木丛、大树周围和农家草屋。

在野外最常见的毒蜂有胡蜂和排蜂等。马蜂一般不会主动攻击人，只要你不招惹它，它很少主动攻击人。如果你故意或无意惊扰了它们，破坏了它们的家园，它们就会凶狠地报复人，如同"轰炸机"一样向人发起一波又一波的攻击。用其尾部的毒针刺进人的身体，同时瞬间释放出一种含有蚁酸的毒汁。

被马蜂蜇伤后，被蜇部位会立刻发红，并迅速肿胀起来，还流出一些混有血液的液体。人顿时会感到剧烈疼痛，宛如烧心一样。被蜇部位多的人，毒液侵入也比较多，会逐渐出现恶心、全身难受、四肢发麻、心跳加快、呼吸急促，甚至呼吸衰竭，危及生命。

自我保护

（1）保持镇静，以预防为主，不轻易招惹马蜂。

在外活动中，要注意观察周围的情况，特别是在草丛中、灌木林中、村头大树周围、农家院子里，要仔细观察，发现马蜂窝后，要绕着走，尽量回避。如果必须惊动马蜂，实在无法回避，要在防护措施到位的前提下，轻轻地把马蜂窝转移走，不要贸然处理。

（2）积极防护。

如果不小心惊动了马蜂，看到马蜂在空中盘旋，准备开始攻击时，可以立刻跳入水里，隐蔽起来，等马蜂攻击过后，再逃出来。如果条件许可，可以用火来抵挡马蜂的攻击；还可以用厚衣服把身体的暴露点盖上，遮挡自己。特别要注意对头部的保护。一旦被马蜂蜇了，一定不能惊慌失措，这样不利于伤口的处理，只能加速毒液的扩散。

（3）科学治疗，正确处理。

由于马蜂的毒液是蚁酸，可以马上涂抹一些碱水，或者肥皂水，使酸碱中和，减弱毒性，起到止痛的作用。如果没有碱水、肥皂水，可以用草木灰水溶液涂抹，效果也不错。还可以到老乡家找一些洋葱，挤榨出洋葱汁，涂抹在伤口周围，起到止疼、消毒的作用。

被马蜂蜇了以后，如果当时的条件有限，没有任何药物，要积极寻找草药进行自救。发现有雄黄，研成细末，用水调均匀，涂抹在伤口处，效果很好。把野菊花、草河车捣碎，均匀涂抹患处，效果也不错。也可以用紫花地丁捣碎，涂抹在伤口周围，能起到抗菌消炎的作用。

11. 得了雪盲症

发生事例

某部队战士小胡是南方人，入伍前从来没有见到过白皑皑的雪。入伍后的一个冬天，他随连队到东北某地执行运输任务。休息时，他来到原始丛林中，看到了无边无际的雪，兴奋得在雪中整整玩了 6 个小时，进房间后感到眼睛看不清东西了，流泪不止，特别怕光，疼痛难忍，不得不住院治疗，医生诊断为"雪盲症"。由于他的眼睛被紫外线照射的时间过长，致使眼底发生病变，视力严重下降，无法继续参加连队的正常训练，只好离开连队，提前退伍。他十分后悔自己的无知。

具体表现

野外如果遇到大雪天气，不注意对眼睛的防护，就可能引发雪盲症。为什么在雪中会造成雪盲症呢？我们知道，太阳光中含有紫外线，紫外线的波长是 290～400 纳米。适量的紫外线照射对人体有益，但是过量、超强度的照射，就会对人有害。在大雪过后且阳光充足的时候，人在雪地里劳动、活动时间长了，经雪地反射到人的眼睛里的紫外线就会过多，从而对人的眼角膜和结膜造成损伤。初期会感到双眼有异物感，严重时会感到疼痛、流泪不止，再严重时会出现怕光的现象，甚至会造成眼底损伤。另外，长时间紫外线照射，除对眼睛有损害外，皮肤也会发生异常反应，可以造成皮肤红肿、瘙痒、疼痛难忍，甚至出现水泡，严重的还会诱发癌变。

所以对于"雪盲症"的发生应该予以重视。

自我保护

（1）预防为主。

在雪地里活动，要注意对眼睛的保护。可以戴防护镜、墨镜；可以找一个帽檐很长的帽子遮挡一下反射回来的紫外线；也可以制作简易遮帘，戴在头上，效果也不错。

（2）注意休息。

活动中不要总是看着雪地表面，更不要长时间睁大眼睛看树、山上、河里的雪景；要经常闭闭眼睛，缓慢转动眼球，使眼睛得到适当的休息。活动间隙，可以用温水洗洗眼睛，使眼睛周围组织的血液循环畅通，使视神经得到休息。

（3）及时治疗。

发现自己患了"雪盲症"以后。不能继续在雪地里活动，应该及时休息，注意眼睛卫生，不要使眼睛劳累；要正确使用眼药水，及时把眼睛里的分泌物处理干净；如果眼睛周围发痒难受时，千万不要用手揉眼睛。以防止角膜溃疡、眼底感染，引发严重后果。

12. 搬运伤者

发生事例

老沈与单位的同事去野外的水库钓鱼，在跳跃一个山沟时，不慎摔伤脊椎。护送他的同事们为了赶时间，把他放到"人工担架"上，拼命跑。由于水库在半山腰处，途中颠震太厉害，致使骨折点的神经和脊髓损坏，老沈再也站不起来了。医生说："如果在运送中轻一些，注意保护好骨折点，情况就好一些。"听了医生的话，护送他的同事们深感不安。

正确实施

野外搬运伤者十分重要，既要及时又要安全可靠。为了确保搬运成功，在搬运前应该认真分析当时的情况，把可以利用的一切东西利用上。搬运伤者很辛苦，需要付出极大的耐力，没有吃苦精神是不行的，因此要树立信心，头脑冷静，排除万难。

（1）搬运前应该先进行急救处理，不要消极地等待。根据伤者的具体情况、搬运者的体力，灵活地选择搬运工具；综合各种情况，科学确定搬运方法，争分夺秒，做到动作轻，保护措施得力。止血与固定也很关键，要切实做好。

（2）提示伤者不要扭动肢体，鼓励伤者树立战胜疾病的勇气与决心。

（3）常见的几种正确搬运方法。搀扶法：发现伤者后，只要伤者可以走动，没有太大的危险，就可以把伤者的胳膊搭在自己的肩膀上，另一手扶着伤员小心行走。背负法：如果伤者不是胸及腹部的伤口，可以采取背负法，弯腰把伤者背起来前进即可。抱持法：如果伤者的体重比较轻，可以采用抱持法前进。椅子搬运法：如果有椅子，可以让伤者坐在椅子上，两人抬着椅子前进。双人同步法：两人分别站在伤者的侧面，各自把胳臂插入伤者的腋下，分别用手抓住伤者的膝关节下窝，迅速抬起前进。三人担架法：救护人员身高相似时，可以同时站在伤者的一侧，分别将伤者的颈部、背部、臀部、腿部、膝关节处、踝关节处呈水平抬起来，步伐统一后，协调前进。多人担架法：如果人多，身高也差不多，可以采用此方法。分别站在伤者的两侧，水平托住伤者的头部、颈部、肩部、背部、臀部、腿部等位置，协调、平稳前进。简易担架法：如果在当时发现了门板、椅子、床、竹竿等，可以把这些物品临时改装成担架，让伤者躺在担架上。运送中尽量保持担架平稳。

13. 被脏东西扎伤

发生事例

喜欢根雕的老赵野外挖树根，脚被树坑里的一根生锈的铁钎扎破。伤口很深，却没怎么流血。由于当时在野外，没有带药，就用袜子把伤口用力缠住，继续挖树根。回家以后的第五天，他感到全身无力，四肢强直，大汗淋漓，严重抽搐，痛苦不堪。被家人送进医院后，医生诊断为破伤风，已经无法挽救了。

具体表现

破伤风是由破伤风杆菌（厌氧杆菌）引起的。当破伤风杆菌污染呈现为内深外口小、引流不畅、且伴有组织缺血坏死或有异物存留的伤口后，在失活组织里，在无氧的条件下能迅速繁殖生长，同时产生大量毒素（痉挛毒素和溶血毒素），引起一系列的特异感染。这种细菌的外面有一层保护膜，因此它的抵抗力强，不容易被消灭。破伤风的发病率在野外是比较高的，通过调查发现，在野外发病原因除意外感染外，另外一个原因是大意和处理伤口不及时。其实，许多破伤风患者如果得到早期的正确治疗，通常是不会发生问题的。

破伤风的发病初期，患者感觉浑身无力、头痛烦躁、心神不安、肌肉酸痛，肌肉紧张度增强。继续发作时，受累的肌肉呈阵发性、强直性痉挛。病人初感咀嚼不便、张口困难，继则牙关紧闭，面肌痉挛使病人呈"苦笑"表情；颈项强直，背腹肌痉挛，呈"角弓反张"状；四肢肌痉挛，呈屈膝、弯肘、半握拳等姿势；膈肌和胸部肌痉挛时，呼吸困难；有时伴有大小便失禁。严重时，会在持续扩张收缩的基础上，光线、声响、震动等均能对病人产生刺激，并诱发强烈的痉挛。发作时可持续数分钟甚至数小时，病人口吐白沫、流涎、磨牙、大汗淋漓，但神志清醒，非常痛苦。此病危险性大，愈后效果差，死亡率高。破伤风的潜伏期一般是 4～14 天，也有长达几个月的。潜伏期越短，受伤部位距神经中枢越近，病情越严重。因此破伤风应该引起人们的高度重视，原则上以积极预防为主。

自我保护

在野外活动中，怎样才能预防破伤风呢？

（1）从清破伤风杆菌的生存环境。

通常破伤风杆菌生存在泥土、灰尘、竹木、瓦片、铁锈以及人畜的粪便中。它通过伤口侵入人体。在劳动中，手脚一旦被瓦片、石头、铁钉、木棍、草刺等割伤或刺伤后，病菌就会乘虚而入。在缺氧的环境中，大量繁殖，产生痉挛毒素。因此，在野外活动时，特别是进行地下作业时，必须特别的小心。因为地下缺氧，极易使破伤风杆菌生存下来。

（2）积极预防。

在活动中，尽量减少皮肤外伤，要注意自我保护，越是在劳累的时候，越要小心。因为这时由于体力下降，往往容易出现粗心大意的现象，极容易发生意外的皮肤损伤。劳动前，要检查周围有无钉子、生锈的铁丝、脏玻璃、树枝、草刺等物，如果有的话应尽可能地避开这些东西。

（3）正确处理。

应该及时彻底清理伤口，清创越早效果越好。受伤后，千万不要用泥土、树叶、破布、脏手绢、衣服等物掩盖或包扎伤口。对感染伤口进行早期彻底清创，不宜缝合。应该先用干净的清水清理出伤口中的泥土或其他异物，再用碘酒消毒。如果没有碘酒，可用盐水反复冲洗。如伤口较深，可用双氧水冲洗，再用碘酒消毒。

（4）及时注射破伤风抗毒素。

受伤后，特别是伤口较深、较脏时，要迅速在医生的指导下注射破伤风抗毒素。

14. 迷失方向以后

发生事例

退休老师杨某喜欢研究野长城，经过两年的准备，去年春天他开始了考察野长城的行动。在西北某戈壁滩，道路崎岖，没有正规的道路可走，只能按照模糊不清的野长城遗迹走。途中，遇到了沙尘暴，迷失了方向。携带的食物与水也丢失了。他四处寻找前进的道路，盲目地走冤枉路。体力消耗过大，越走越偏离附近的村庄，最终累倒在戈壁上，一位放牧的牧民发现他时，他已经永远闭上了眼睛。

在野外行动，会受到意外气象及情况的影响，很可能会迷失方向。外出时应带上一个罗盘，即指南针，还要带上地图。当你迷路时，有这两样东西指路，就不容易迷失方向。当没有带罗盘和地图，你一个人两手空空地面对陌生的环境时，被迫在广阔的沙漠、戈壁滩、丛林地、雪海、沼泽、高山、海、江、湖、河中求生的时候，你首先想到的是寻找家乡。知道怎么走吗？东、南、西、北向哪个方向走？方向对了，生的希望就大一些；方向错了，死的可能性就大了。可以说迷失方向以后，判断方向是生与死的一道门槛，当你抬腿的一刹那，请您一定要三思而后行。因为向什么方向走，已经决定了你的生死。

自我保护

（1）利用太阳判别方向。

人们习惯认为太阳东升西落。其实，根据现代天文测算，一年中只有两天时间太阳是真正的从东方出、由西方落下去，即春分与秋分这两天。其他的每一天都不是从正东升起、正西落下的。大体上说，春天与秋天太阳是从东方升起，落于西方；夏天太阳出于东北，落于西北；冬天太阳出于东南，落于西南。通过太阳大概的升起与降落的方向，就可以粗略地判断东、南、西、北了。

（2）利用手表判别方向。

通常情况，早上6点的太阳在东方，中午12点的太阳在南方，下午18点的太阳在西方。在野外，只要有手表，白天又有太阳时，可将手表拿下来，平放在手掌上，把手表的时间折半后的时间，对准太阳。表盘12指的就是北方。例如：当时的时间是14点，你需要寻找方向，时间折半为7点，此时应该以表盘上的刻度7指向太阳，刻度盘上的12指的就是北方。为了精确一些，可以找来一个细直的针，或者树枝，竖立在时数折半的点上，慢慢转动手表，使针影通过表盘中心。这时，表盘中心与字12的延长方向即为北方。

（3）利用月亮判别方向。

劳动人民很早就对月亮有了非常深入的研究，根据月亮与地球、太阳的运动关系，摸索出了月亮与方向的规律。上弦月时，晚6点月亮在南方，晚12点在西方；满月时，晚6点在东方，晚12点在南方；下弦月时，晚12点在东方，次日早上6点在南方。

（4）利用星星判别方向。

在晚上有星星时，可以利用北极星来判断方向，北极星是正北天空上的一颗恒星，夜间找到了北极星，也就找到了北方。人们一般利用大熊星座（北斗7星）来寻找北极星。具体方法是：在勺端的两颗星间隔的5倍处，有一颗较为明亮的星，就是北极星。也可以在仙后星座（W星）缺口方向，以中间那颗星向前延伸约两倍处，也可以找到北极星。

另外，在南天极附近，有一个明显的南十字星座。它是由四颗明亮的星组成，形状像"十"，人们习惯地称它为十字架星，是夜间判断方向的主要之一。南十字星座A、B两星是南天著名的一等亮星，在夜晚的天空显得非常明亮，C是二等亮星，将C与A两星的连线沿C至A方向延长，约为两星的4倍半处，就是南天极，即正南方。

（5）利用植物判别方向。

在野外行动时，如果当时既没有手表，也没有太阳、月亮与星星，此时千万不要着急。有些植物受到阳光的照射影响，自然地形成了奇特的特征。前人根据规律，已经总结出了一套科学、简单的判断方向的方法。可以把一棵独树砍伐倒，观察树的年轮，年轮间隔大的一边是南方，间隔小的一边是北方。

如果树放不倒，可以看树的枝叶、枝叶茂盛、生长繁密、营养饱满、生长旺盛、很有光泽的一边是南方；枝叶稀疏、光泽差的一边是北方。

树皮也能反映一些情况。仔细观察树皮的光滑与粗糙情况，树皮粗糙、暗淡的一边是北方；树皮光滑、有光泽的一边是南方。

（6）利用地面物体判别方向。

突出的地面物体由于受到阳光、环境、气温的影响，会显现出某些与方向有关系的特征。土丘、土堆、土堤、独立岩石等，南面青草茂盛，干燥明亮，冬天积雪融化得快；北面阴湿、潮气大，有的还生有青苔，冬天积雪融化得慢。

在无积雪的情况下，冬季的土丘，其浅表深 0.5 米左右的土质情况是，南面土质松软、潮湿、温暖适度，北面土质硬（冻土层），常带有冰碴。

（7）利用动物判别方向。

许多动物对于方向的辨认非常敏感，在它们的脑子里已经形成固定的磁场定位系统。如：大雁飞行的方向有规律，秋季向南方飞，春季向北方飞。蚂蚁的洞口一般朝南方开。蝎子的洞口一般朝北方开。喜鹊的窝，开口方向一般是朝东。

15. 断水以后

发生事例

1955 年的一个夏天，西北沙漠里一架飞机因意外机械事故，迫降在一片干热的沙漠中。为了生存，飞行员开始了艰苦的徒步行军，饥饿、恐怖、疾病、黑夜与寒冷，也没有使他丧失生存下去的勇气。最令他难以忍受的是渴，在他的周围，到处都是干旱的沙漠与戈壁，没有一滴水。身体几度虚脱，他明白如果再不进水的话，就会永远躺在沙漠上了。于是，他试着把自己的尿液保存起来，并强忍着难闻的味道，在最困难的时候喝一口，使他终于坚持到了有水的地方，并成功地被救援者发现。后来他回忆说："如果当初不喝自己的尿，根本就无法坚持走到有水的地方，无法活下去，也就无法再驾驶战机了。"

正确求生

野外断水以后，如何找水，如何判断水质情况，如何断定水源有没有毒，如何给水消毒过滤，这里教你几招。

（1）认识生命与水的关系。

生命活动中，最重要的新陈代谢过程离不开水，人的体温调节需要水，人体内部各器官的润滑剂是水。人在静止的情况下，大约排出 2 500 毫升水，每天必须把这些水补回来，是最基本的生理需要。根据科学考证，地球上先有了水，才有了生命，水是生命的摇篮。人体含水量约占体重的 55% ~67%，儿童的含水量更高，可以达到 70% ~80%。体重是 60 公斤的人，其中约有水 36 公斤。在血液中，80% 是水，骨骼的含水量也在 20% 左右。医学研究证明：人体水分减少 10% 时，就会引起严重的疾病，如果减少 20%，就会导致死亡。地球上的其他生命，含水量大约在 50% 以上。

（2）学会快速、简单判断水源是否有毒。

在野外，一旦发现水以后，不能着急饮用，无论多渴，也要从多个方面判断是否有异常，以防发生不测。根据经验，一要仔细看水源周围的植物生长情况，看有没有植物枯黄与枯萎。二要看水源周围的动物活动情况，看有没有大量的昆虫、动物活动异常，或是挣扎与死亡。三要观察水面上有无异常的油状物质和异常的气味。四要看水中有无大批量的鱼虾死亡。对于可疑的水，可以适当地取一些装入容器内，放入一些鱼虾，或是给其他动物饮用，观察 12 ~24 小时，看看是否中毒死亡。

（3）掌握简单、实用的过滤技术。

在野外，没有专用的消毒剂，但是要掌握简单的过滤技术。过滤的方法是：使水通过滤料（草木灰、土、沙子、木炭、煤渣、布类、树叶等），水中的杂质被截留而使得水被澄清。过滤的简易装置是：可用桶、缸或是修建沙滤池（30 厘米宽、40 厘米长、100 厘米深），从底部向上逐层填料为卵石 10 ~20 厘米，粗沙 20 ~30 厘米，细沙 30 ~40 厘米，木炭 10 ~20 厘米。将取来的不干净的水，从上倒入过滤装置，接取底部流出的水。这种水虽然能够除去大量的杂质和病源菌，但是仍然不能直接饮用，必须进行煮沸消毒。煮沸消毒，是最简单、可靠的消毒方法。水在 100℃时，一般致病微生物便不能生存了。需要注意的是，煮沸的时间应当长一些，水沸腾后，要在 5 ~10 分钟后撤火。掌握实用的过滤技术后，关键的还是要学会选择水源，才能从根本上保证水的质量。对于水源选择的基本要求是：水源周围 30 米内应该没有厕所、粪坑、牲畜圈、污水坑、废水排放口等污染源。

（4）具备寻找水源的技巧。

在野外。如果所处的环境中，周围没有任何水源时，也不要着急，更不能主动放弃，失去生存的勇气，应该积极开动脑筋去寻找。可以通过对动物、昆虫、植物的观察，发现水的蛛丝马迹。还可以根据一些植物的生长情况，寻找水源。如：马兰、沙柳、狼尾草、芦苇集中生长的地方，在其地下不深的地方就可能会有水。在草地上，一处生长特别浓绿的草地下面的浅表层，就可能会有水。在山谷地的竹林和树木生长茂密的地方，存在地下水的可能性大。沙漠里的仙人掌下面可能有水。热带的芭蕉树下可能有水，而椰子树上的椰子里面含有充足的水分。山上生长着浓绿苔藓的岩石下面可能有水。也可以根据一些动物的生活习性，寻找水源。通常情况下蚂蚁洞穴多的地方，其下面可能有水。晚上青蛙鸣叫的附近可能有水。蜻蜓大量出没的附近可能有水。燕子、野鸭成群出现的附近可能有水。蛇冬眠的地下可能有水。甲鱼出没的附近可能有水。野牛、野羊、野驴群出没的地方可能有水。

（5）勇敢体验尿当水喝的滋味。

人体的尿液里面几乎全是水，没有什么特别的东西。在特别严重缺水的地域，建议把自己的尿液保存好，相信它会给你带来意外的收获。因为在没有任何水源的情况下，喝尿确实可以暂时延续人的生命。实践证明，在身体缺水到了危及生命时。喝尿是明智的选择。因为生命延长一分一秒，就可能有生的希望。

（6）知道吝惜体内的每一个水分子的重要性。

在身体极度缺少水的情况下，应该学会吝惜身体内的每一个水分子。呼出的气体、行走的速度、外界气温的变化、自己尿液的收集等。为了保存体力与减少体内水分的损失。炎热的夏天，要昼藏夜行，尽量减少白天活动时间，不要长时间暴露于太阳光下。行走的速度要均匀、缓慢，不要急速前进，使体内的水分损失过大。对呼出的气体，可以采取用手帕、布、毛巾将口、鼻轻轻包住的办法，使呼出的气体中所含水分重新被收进体内。尤其在沙漠不要小看这样的做法。当被迫在阳光下行走时，应该用各种草、树枝做一个遮阳帽，以保持体内水分不被快速蒸发掉。收集水是有技巧的，早晨有一些杂草上有水珠形成，有一些树的枝叶上形成水潮气，要珍惜这点点的水珠与潮气，哪怕是一点点也要想办法吸到嘴里、鼻子里。

20 野外生存注意事项

有同学喜欢利用漫长的假期与同学相约去野外游玩或探险；有时候，一场意外的变故也可能使我们与世隔绝，2008 年 5 月 12 日汶川 8.0 级大地震提醒我们要有野外生存的准备。因此，我们将野外生存的一些主要的注意事项告诉大家。

1. 准备工作

几乎在地球上的每个角落人类都能立足。甚至在一些不毛之地，人类也能设法利用那里的资源——狩猎或者开矿。同时，人类也不断地在失败中积累着征服自然的能力。大自然几乎处处都能为人类提供生存的必需品，只是在某些地区很充沛，某些地区则很短缺。要想获取那些潜在的资源，需要个人的直感、知识和足智多谋，更为重要的是要有坚定的求生意志。无论男女都曾证明了他们在恶劣的环境下也可以生存，他们能够活下来的主要原因就是有活下去的勇气——没有了这种勇气，本书中所介绍的各种技巧和知识都将毫无价值。

生存是一种维持生命的艺术。危急时刻，你所拥有的一切装备都应看做是上天的恩赐。如果被营救的希望遥遥无期，在既无地图又无指南针的漫长旅程中，你必须知道如何从大自然中获取尽可能多的必需东西，并充分利用它们，如何引起营救者的注意力以便及早获救，如何在穿越未知地区时选择正确的路线以便能够重新回到人类世界。还必须知道如何保持健康，如果生病或受伤了，要知道如何设法治疗自己和他人。同时，还必须有能力使自己以及共患难的同伴都拥有乐观的精神、昂扬的士气。

没有装备并不意味着只能束手无策，坐以待毙。读过本书后你将获得一些生存的技巧和经验，但这些不应随时间的推移而将它们荒废了，更不能作为呆板的教条去遵循，必须随时扩充知识，不断提高。

在家乡的土地上生活，我们一直都习以为常——尽管自己还没有觉察——但是真正的生存者必须学会在远离熟悉的环境下，或者这些环境在自然或人为的破坏下急剧发生变化时，如何生存下来。无论是老年人还是青年人，不管处在生命的哪一阶段，你都会发现只要掌握了这些生存技能和知识，就一定能生存下去。现在，越来越多的人在地球上飞来飞去，在江河湖海泛舟或远航，跋涉山川或登临峰巅，或者到遥远的热带地区度假，因而，人类所涉足的空间以及环境都变得更加多元化了。

但是，生存技巧并不仅仅涉及如何应对诸如飞机失事、轮船沉没或沙漠深处车辆抛锚之类的极端情况。其实在乘车时紧一紧安全带，你就已经为自己提供了更多的幸存机会。过马路前左右看看，临睡前检查一下有无火灾隐患，实质上也都是生存技能的本能运用。同生存技能一样，这些习惯是逐渐养成的。

生存的必需品包括：食物、火、避难所、水、导航和药物。在下面的各个要素中，按生存的重要性排序，取各自的英文首字母就形成了 PLAN。无论你在世上的任何地方，北极、沙漠、丛林、大海或者海岸，这都是最基本的必需品。

P(Protection)—— 保护。

你必须确保不会受到进一步危险的威胁，例如：迫在眉睫的雪崩、森林火灾或者燃料爆炸等。只要发生意外的地方比较安全，就一直待在那里，然后确保能够获取各种必需品。这就意味着需要搭建避难所，常常还需要生火。之所以要停留在事故现场，原因如下：

① 可以用残骸作为避难所、发信号等。

② 这是地面上比较大的信号物，更容易为人所发现。

③ 可能有些伤员无法移动。

④ 停留在原地可以节约能量

⑤ 由于有人了解你的行踪和计划，并且一直与你保持联系，一旦联系中断，很快就会有人前来营救。

L(Location)—— 定位。

搭建好避难所后，下一步就是发送求救信号，必须尽可能吸引救援人员注意到你所在的位置，尽可能做到这一点，可以帮助救援人员搜寻事故地点。

A(Acquisition)—— 获取。

在等待救援时，设法获取饮水和食物，补充急救物品。

N(Navigation)—— 导航。

精确的导航可以确保你不会迷路，常常能避免危急情况发生。不过，如果发现自己迷失了方向，最好待在那里不要乱走。

药物。

你必须做自己的医生，随时仔细监测身体状况。一旦出现了水泡，必须及时治疗，不要让它们成为障碍。注意你的同伴，一旦他们出现异常问题马上处理。如果他们走起路来一瘸一拐、落在了后面或者行为反常，立即停下来，看看是怎么回事。

（1）做好准备。

任何人只要开始动身旅行或者计划行程，都必须尽可能想象到将要出现的各种情况，以便准备相应的技能和装备。一切都是为了生存，必须把这作为最基本的认识。要携带适当的装备并尽可能仔细地做好计划。

成功还是失败可能取决于如何装备自己。在打包时许多人一开始总是装得过多，最终还是自己受罪，这类令人讨厌的经历可以教会他们应该如何做，但事实上这种情况完全可以事先避免的。当你艰难地背负着巨大且充斥着无用物品的背包时，却懊悔地想着如果带上手电筒或开罐器有多好啊。要合理选择物品，这并不十分容易。

确保能够胜任计划中安排的一切。个人状态越好，就会越容易完成计划，也更能使自己愉快。比如要去爬山，那么在出发之前就应该多做一些有规律的训练，此外，别忘了穿上登山靴。平时要多锻炼步行，背上装满沙子的背包训练，使肌肉充分适应。精神健康状况是另一决定性因素。自己的体能状况肯定适合这项任务吗？是否完全准备好了？完成任务所必需的装备都准备齐全了吗？出发前应消除所有烦人的包袱轻装上阵。

装备清单

在动身旅行或探险前开列装备清单，同时问问：

我要离开多久？需要多少食物？还要带水吗？

带的衣服适合那里的气候吗？一双靴子够吗？考虑到路况恶劣和长途跋涉，是否带双备用的靴子？

针对那里的地形需要携带什么特殊装备呢？

携带哪些药品最合适呢？

为了预防不测，要准备一份应急行动计划。因为实际情况很少会完全像计划好的那样。在目标受阻时该怎么办呢？如果车辆抛锚了该怎么办呢？如果天气或路面状况比预想的更恶劣又该怎么办？有人突然病了又该怎么办？事先都应当准备好应对方法。

临行前进行一次彻底检查，确保你已经接种了所有必需的疫苗，以保证能够按计划顺利穿越途经地区。接种疫苗可预防以下疾病：黄热病、霍乱、伤寒、肝炎、天花、脊髓灰质炎、白喉和肺结核，同时还应注射抗破伤风的疫苗。接种疫苗需要充足的时间——完整的抗伤寒疫苗需要在 6 个月内连续注射 3 次。如果途经疟疾流行区，还要携带充足的抗疟疾药片，在旅行前两周就必须开始服用，这样在到达疟疾流行区前就已具备免疫能力了；在回来后仍需继续服用一个月。

临行前进行一次彻底的牙科检查。在严寒地区，即便健康的牙齿在遭遇寒冷时也会出现疼痛。在出发前至少要保证拥有健康完好的牙齿。

带上急救箱，它应该能满足你所有可能的需要。随团队一起旅行时，它还要能够满足每个成员的需要。如果团队中某人不再适合随队行动，是否应该将他淘汰出去呢？在朋友之间是很难做出这样的决定，但是必须这样做，因为从长远考虑这是唯一的选择。还需考虑到，每个成员承受磨难的能力，面临挑战和危险时的反应各不相同，并且压力往往可以使个人暴露出不为人知的一面。因此，在策划任何团队性探险活动时，必须采取一些淘汰措施来确定队中成员。

（2）研究。

对于目的地，掌握和了解的信息越多越好。多向熟知此地的朋友询问，多查阅一些相关资料，详细研究地图——确保你所携带的地图十分可靠，并且是最新版本的。多研究当地人，他们对外来者持什么样的态度，是敌意还是非常友好呢？当地有什么风俗习惯和禁忌呢？

越了解途经地人们的生活细节，你在需要时拥有的生存技能和知识也就越多——尤其在极不发达的社会中，那里人们的生活方式被更牢固地束缚在自己生存的土地上。只有经过认真调查研究，才能对如何因地制宜地搭建帐篷、生火做饭、采药和取水有更深的了解。

仔细研究地图，在到达那里之前先有一定的感性认识。尽最大可能对天时地利有更多了解：

河流的方向和流速，瀑布、急流以及险滩等；山有多高，坡度如何？有哪些动植物？

有哪些树木？都分布在哪里？温度如何，昼夜温差多少？何时天亮，何时天黑？月亮阴晴圆缺？何时潮起潮落？浪高多少？风力风向如何？天气状况可以预料吗？

（3）计划。

团队探险，成员们应经常聚会，讨论要实现什么目标。一定要安排专人负责下面的事情：医疗、翻译、烹饪、特殊装备、车辆维护、驾驶以及向导等。确保每个成员都熟悉各自的装备和任务，并且携带了充足的各种备用品，尤其是电池、燃料和灯泡等。

可将整个行动过程分成三个阶段：行动前的准备期、行动的执行期和恢复期。每一阶段的任务和目标都必须明确，同时要罗列时间表。另外，还需要做好应对意外事件的准备，例如车辆抛锚、生病和疏散伤亡人员等。

要估计出大致的进度，安排充裕的时间，尤其是在徒步跋涉时更需如此。谨慎一些没什么坏处，当然做得更好也值得高兴。计划过分野心勃勃，以致超越了能力将会带来各种压力，这不仅会造成心理上过分紧张，生理上精疲力竭，而且还会导致判断错误，以及冒不必要的风险，这往往是造成差错和麻烦的原因。你不可能带上全部需要的水，但在旅途中必须不断得到补充。在计划行动路线时，必须首先考虑水源问题。

行动路线在制定并通过后，应通告给没有参与行动者或留守人员，这样一旦发生意外，就很容易获得营救。如果徒步爬山，应该告知当地警方和山上营救中心有关的具体行动计划，包括出发和预期的抵达时间。如果是开车旅行，应将日程和路线通知相关的交通部门。如果出海远航，事先要接受海岸警卫队和港运部门的监督和检查。

特别提醒：

一定要确保总有人了解你的计划，以及什么时候开始行动。筹备前期就要同他们保持联系，这样一旦联系中断就意味着报警。轮船和飞机的日程安排十分严格，如果延误而原因不明，搜寻组就会立即行动，检查行进路线，以便进行有效的营救。要养成好习惯——告知人们你的目的地和返回时间以及下一目的地。

（4）装备。

为不测事件做好准备是件十分困难的事情，如果要步行，就不得不携带一切需要的东西。无论选择携带什么，都要确保它很适宜、用途广泛和结实。要仔细挑选想带的和必须携带的东西。在准备任何冒险旅行之前，都必须考虑有何危险，如何应对。这也称为偶然事故预防规划。

气候、天气和季节都将决定你应当携带什么东西，不过一定要确保同行的伴侣知道如何使用和维护所携带的专业装备。在研究之后，就可以选择相应的装备，要根据目的和环境来决定。

① 着装。

正确地选择衣服十分重要。如果开始时就选对了，那么成功的机会就很高。

在温带气候下以及极其寒冷的地区如极地，大风和雨水是最为危险的因素。如果聚集在衣服里层的热量不断被大风和雨水所驱散，就会处在体温过低的危险中。因此，在寒冷的气候下，要多穿几件衣服，如果太冷了，就穿上羊毛衫，如果下雨了，就穿上雨衣。

在炎热的气候下，很难做到既舒服又实用。由于穿着深色的衣服从事体力活动，总会出现过热的危险，因此，在活动时，穿上尽可能少的衣服，如果太热了，一定不要穿防水的衣服行走，因为散发的热气会浸透衣服的里层。

衣服必须既能发挥防护作用，又非常合身，不会影响自由活动。它们应该既保暖和防水，又能保持通风换气，散发多余的热量。

随着近些年来在纺织工艺上的巨大突破，很值得考虑市场上不同材料的利弊。可防水透气材料就是一种很不错的纺织品，它的透气性很好，既可以保暖和防水，同时还能保持通风，不过它也有不足之处。透气性好的衣服只有在干净的条件下才能发挥作用，一旦沾上了泥土、积满了灰尘，就不太有效了。可防水透气材料做成的衣服不太结实或者耐穿，因此必须小心谨慎。在走路或者爬山时，最好穿着防风的外衣，在休息时换上可透气的。

合成材料如绒毛织物很受欢迎，在一些情况下，它们甚至优于天然材料，如羊毛、羽绒或棉花。绒毛织物前面有拉链，很容易穿上和脱下，并且走起路来很舒适。要选择防风的，因为在多数情况下常常都会面临大风的威胁。如果天气变冷，可以在外面再穿一身防水的外衣，起到绝缘的作用。也有些外衣类似动物的毛皮，作用就像水牛皮一样。它们具有防风的外层，在里面是人造纤维制成的绒毛。见水后，就好像湿式潜水服一样。在寒冷或者潮湿的气候下行走时穿着最好，也是划船、划独木舟和挖洞时的理想衣服。

至于天然织物，羊毛仍是制作短褂的最好材料，因为它可以很好地保暖，即使湿了也可以。不利一面是它会收缩，并且比较厚重，因此，不适合制作袜子。羽绒是所有天然绝缘材料中最保暖和最轻盈的，不过一旦见水，就会失去所有的特性。棉花就像灯芯一样，很容易吸收所有的潮气。

鞋袜也十分重要，在长途跋涉前要优先认真考虑保护脚。在动身前两周开始试穿新靴子直到合脚，用消毒酒精使皮肤变坚硬。

对于狂热的爱好者，在选择衣服时主要考虑的就是价格问题。对于年轻的冒险者，军用装备商店极受欢迎，因为他们喜欢穿着迷彩服行进。尽管淘汰的军用装备十分不错，并且很便宜，但是已经比较陈旧了。穿着迷彩服或者深色衣服最大的不利因素是，在迷失方向后，很难被别人发现。战士们穿这种衣服，以便不会被敌人发现，而你在陷入困境时，却正相反，要想办法吸引别人的注意力。多数的野外衣服都是蓝色或者橙色，有些是可以反穿的，这种对比强烈的颜色可以让我们显得很醒目。

记住：除了恶劣的天气外，没有什么能比糟糕的衣服更烦人。

② 睡袋。

睡袋一般有两种：一种是人造真空棉；另一种是羽绒的，更贵些。羽绒睡袋十分轻便而且隔热保温效果较好，但是必须保持干燥。一旦被弄湿了，不仅失去了隔热效果，而且也很难晾干。所以在比较潮湿的环境条件中，最好选择人造真空棉睡袋。避免将睡袋弄湿，否则睡眠就会受到严重影响。

还可选购由可防水透气材料制成的露营袋，它可以替代帐篷的部分功能使你保持干燥，但长远看来，还是不如帐篷实用，因为帐篷同时还是做饭和日常活动的场所。将你的睡袋放在一个小包中再装进压缩袋，使体积减缩到最小。保持睡袋干净，可以在下面放上皮垫子或者雨披。

③ 背包。

你需要一个背着既舒适又结实的背包，用来携带衣物和必要的装备。选购你能负担的质量最好的。背包的材料应当足以安全地承受装载的物品，并且不易磨损。不太结实的背包，一路上会使你狼狈不堪。背包负重的秘诀是，应当将大部分的重量分担在臀部上——这是身体最有韧性、又极其耐劳的地方——而肩膀或背部，都很容易疲惫而不堪重负。此外，背包还应有结实而舒适的腰带。

你要给背包配备外部的还是内部的构架呢？内部构架较轻便，而且包也易于收缩。不过，外部构架更牢固，载重更多，而且对于装载笨重物品更好用，在危急时刻甚至还能运送伤病员。好的外部构架应当使背包的重量分担在整个身体上，从而减轻臀部和肩膀的负重，设计时还要考虑到在背包与背部之间增加一层便于排汗的地方。附加的构架增加了重量并且很易被障碍物或树枝绊住，在穿越丛林时，会更加困难。但考虑到其有利的一面，也就弥补了其不足之处。

最后，需要注意的是，制作背包的材料一定要是结实且防水的织物、最好包中有一里层，既能防水渗透又可防止物品漏出。侧袋也很有用，但是要选择拉链的而不是纽扣之类的，否则东西很容易丢失。

④ 装载。

如果可能会沾水，最好把所有的东西都装在各种聚乙烯袋里。在打包时要使每件物品的位置一目了然，同时确保最先要用的物品放在了上面。睡袋要放在最下面，而帐篷则应放在上面。笨重物品如无线电等也要放在上面，这样更容易携带。如果还要应付大风，那么一定不要让背包过高，否则在风中就很难保持平衡，同时也会消耗更多的体能。

将炉子和各种炊具放在侧袋里，这样在停下来休息时就很容易取出来使用。确保所携带的食物可以在合适的容器中轻松地煮熟或溶化。遇到暖和天气时，可以带一些能够冷吃的食物，只要确保能获取足够的热饮就可以了。遇到严寒天气时，要多带一些脂肪和糖类含量高的食物。食物的具体比例可根据自己的口味确定，但一定要确保各类营养物保持平衡，并且供应充足，这些营养物一般包括：蛋白质、脂肪、碳水化合物、维生素和微量元素等。谨慎地估计自己在远离陆地时的生存能力，带足一切在当地不易获取的必需品。

⑤ 全球定位系统。

全球定位系统是一套很不错的设备，具备了许多导航的功能。从根本上来说，它依靠接受卫星信号来确定你当前的位置，无论在世界上任何地方，都很容易使用。也需要注意，它的准确率据报道为95%。但是，要想使其有效发挥作用，卫星传送信号不能受到任何阻碍，如树枝或者移动，因此，要想清楚地接收信号，需要静止不动，并且在室外的开阔地才行。还需要注意，如果仅仅依赖技术设备，我们的基本技能就会生疏，一旦设备出了问题或者丢失了，就会陷入恐慌之中。因此，不要忘了基本技能。查阅地图，使用常规的导航方式，使用全球定位系统都可以帮助确认或纠正你的方向。

在购买全球定位系统时，需要考虑以下因素：你要用它做什么？如果是徒步跋涉，你就会希望它尽可能轻便小巧；你要在哪里使用？是否需要它能够防水（通常较重型号的设备配上些小装置就可以了）。电池的使用期限也应考虑。有些全球定位系统要比其他的都复杂，因此要选择你最容易使用的。多数的都有支架，可以放在航向点上（在海上一般是指东和北的坐标点，在陆地可以是营地、岩层等），并且有许多容易手持式的类型，甚至有些就像手表一样，十分方便。

对于使用电池的装备，有可能使你在面临危险、最需要它的时候沮丧不已。在寒冷的气候下，随着不断的老化，电池的电量消耗更快。然而在野外，要想给设备充电十分困难。在行动中，由于过度使用导致通信不畅，也是一个真正的威胁。

将全球定位系统挂在脖子上，然后掩藏在夹克里面，这样就会减少对它的损坏，保护它免遭恶劣天气的影响。不要把它放在包中，或者扔在地上。

当你在地图上计划行进路线时，可以选择一些突出的地方，作为紧急的集合地。定期进行这项工作，最好每行进一个小时就做一次。把这些地点都输入到全球定位系统中，它们将跟踪你的行踪。一旦输入后，它们将会提供有关的信息，告诉你在这些地点在什么方位，以及抵达这些地点的方向。

⑥ 无线电通信设备。

对于到边远地区的探险活动来说，无线电通信设备应该是必备的。尽管它们比较昂贵，也是很值得花费的。如果你负担不起，就不要去旅行。要选择频道较少的型号，这样可以满足特殊的需要。多频道设备的不足之处在于，人们常常被搞糊涂了，很容易使用错误的频道。工作频道应该是每个人都按照固定的时间表使用。还要设置一个优先频道，一旦遇到紧急情况即可立即使用，这样在联络时就不会被别人干涉了。如果同海岸警卫队或森林警察一起工作，确保你的无线电设备可以兼容，并且要熟悉紧急频道。了解环球广播的频率也很有帮助。无线电设备要存放在安全的地方，最好是由专人看管，而不是放在背包中。

要预先设置好探险队与基地之间早晚联系的信号和方式，尤其在较大的团队中更必须如此。这样会使得各团队和基地之间很容易就可以保持联系。必须确保选择的频率在探险地区能够接发。探险队中至少要有两名成员能够熟练地运用这些设备进行联络。每一团队都必须通过无线电和基地保持联系，应当设置好各自的呼叫信号和频率，以及联络的时间表。

尽量避免各团队之间不通过基地而私自相互联系，如果控制不好，将会引发极大的困惑，队员们就无所适从了。在发送信号时要仔细倾听，否则就可能干涉其他的电台。每个人在通过电台说话时都会出现言语不清的情况，因此提前写下要说的话，并且准备好铅笔和纸记录摘要和指示。这样可以缩减通信时间，从而节省电池。

注意事项：RSVP

R—节奏：平缓些

S—速度：慢慢讲

V—音量：轻声说

P—音调：要比平时稍微高一些，在拼写地名时使用语音字码表

在晚上，要通过无线电向总部汇报探险队所处方位、已经完成的任务以及随后的计划。在早晨则要注意接收最新的天气预报、标准时间以及基地发送给探险队的其他信息和指示。正午时联系一次，确认一下你的位置。

注意：

在陡峭的溪谷底部，信号较弱，只有在高地和水面上，信号才比较好。

为了应对探险过程中可能出现的意外事故，应确保基地可以收到在意外情况下你们发出的额外呼叫信号。这样，在危急时刻，就能呼叫帮助，同时可以及时得到答复。

注意：

在两地的无线电通信无故中断时，应立即执行应急计划。因为你无法正常地继续与基地保持联络，即使一切正常，基地方面也可能视为发生了意外。此时，探险队必须立即返回或停留在最后的报告地点等待联络。如果你们真的发生了意外，基地也知道你们最后一次联络时所处的方位和计划的目的地，这样就便于实施营救。

⑦ 移动电话。

移动电话是 20 世纪最为伟大的发明之一。在紧急情况下，它确实可以挽救生命。在探险中，如果由于气候恶劣或地形险峻，无线电无法工作，此时就可以使用移动电话报警。有一次，在珠穆朗玛峰的一支登山队在抵达顶峰下山时遇到了危险，他们无数次地与大本营联系，但是都失败了。最后，领队用移动电话接通了他在香港的妻子，告诉了他们的情况。她立即通过电话向喜马拉雅山地区报警，当地的警方立即通知了在珠穆朗玛的大本营，他们获救了。

注意：

在出现险情时，一般都是由于一连串的不幸积聚而成的。天气恶劣、无线电通信设备出现故障、移动电话丢失。两名队员多处受伤，断水了。在计划时就应考虑到这些情况，并且做好准备，这样，就会成功脱险。

电话的质量不一，因此在出发前值得仔细挑选，同时在出国前，也有必要向电话公司询问一下其网络覆盖面。在车中安装一部，在需要时它们是极其珍贵的。汽车上的火花塞是极为方便的充电器，不过需要转接器才行。在野外为电池充电十分困难，因此，要谨慎使用电话。对于无线电和电话来说，在接听时要比发送时耗电少，因此只拨号，等待对方打回来。即使什么也没有听到，也不要绝望。对于所有的电器，水或潮气都是最大的天敌。有时可以导致电话可以发送信号，但是却无法接收。准时拨打一些短程的电话。有人可能收到你的信号，因此，绝对不要放弃。一旦得到了确认，就说明救援工作已经展开，此时要仔细监听你的无线电话。

⑧ 高度计。

在山区，携带一个高度计很有帮助。不断记录高度，可以帮助你确定你所处的位置，以及离山脊或顶峰有多远。

在危急时刻，你所带的装备永远也不够用。拥有全球定位系统、移动电话固然不错，不过即使没有它们，只要你有临时应变和迅速适应的能力，仍然可以从容应对。要学习一些基本技能，使用技术设备只是用来确认，而不是完全依赖它们。通讯联络是最为重要的，必须放在首位。不论在什么地方，只要与外界保持联系，你就是安全的。

许多有关幸存的传奇故事开始时都是由于导航失误，使人们迷失了方向而造成的。因此，在计划时总要考虑到最坏的意外事故，并且问问自己，是否能够从容应对。

⑨ 车辆。

要对车辆进行特殊改装和加固，从而应付高原缺氧或各种极端的气候环境。出发前还要彻底检修车辆确保一切都很正常。另外还要带有备用油箱和水箱，以及其他各种备用零件和修车的器械。（另见"气候与地形"篇中的车辆部分）

⑩ 船舶与飞机。

不论是私人旅行还是因公出差，都应当留心各种应急事项。航海和航空当局的有关文件规定，在紧急情况下，乘客有权事先获得通知，牢记这一点，有可能会使你幸免于难。

在乘坐飞机时乘务人员会告知你哪里为紧急出口，以及在紧急情况下怎样打开。乘船时可以参加救生演习，学习如何操控救生艇以及在必须弃船时应该怎么办。

飞机上最安全的地方一般是靠近机尾的部位。飞机失事时机尾往往会折断，大多数的幸存者都是坐在这一位置上的乘客。如果乘坐轻型的飞机，要多向飞行员询问一些有关旅途的事宜，当然不要过多干扰他的工作。你可以问旅程多长、飞机下方是哪里等问题。要注意一些细节问题——在紧急情况下它们常常非常有用。

（5）对意外事故的准备

如何为意外事故作好准备呢？为各种可以预料的麻烦和危险作准备就已十分困难了，更不要说完全未知的灾难了，事实上，这些意外完全可能发生，比如沉船、撞机或者迫降在陌生的险地等。

可能你已经读过许多有关登山、航海、探测洞穴、沙漠求生、密林寻踪和极地幸存等方面的文章。这些文章可能有助于你掌握某一方面的生存技能，但更为重要的是要了解各种适用于一切危急情况下的求生技能，以及学会在这些情况下寻求应对突发事件方法的思维方式。这也正是你为未知意外事件所能作的最好准备。

但这还不够，你还要装备后面罗列的几种小工具，它们能够帮你极大地增加幸存的机会。它们对于成功幸存具有至关重要的作用。最好将它们放在小盒子里，然后装在口袋或者背包中随身携带。它们就是你的救生宝盒。一旦出了意外，当看到它们还在身边时，你会十分高兴。

有些工具体积较大；因此很容易落在家中，不过有些却很小巧，在旅行时可以挎在皮带上随身携带，比如小刀和其他的各种可以装在急救箱中的物品。

即使没有这两套装备的基本物品，你仍然可以就地取材，临时准备；不过有了它们，就会有个良好的开端。

2. 必需物品

在争取生存的斗争中，一些关键的物品可以起到决定性的作用。因此，要准备好下面的物品，可以把它们全都放在一只小盒内，例如一只 20 支装的硬铁皮烟盒，然后把它放外衣口袋里，几乎完全不会注意到。要养成随身携带的好习惯。不要选择过大的物品，那样你往往会因为很不方便而没有携带，在需要时却发现没有带。

过去的经验证明这些物品都很有用，值得携带，不过有些在某种情况下更为有用，例如鱼钩，在丛林中就十分珍贵，但是在沙漠中就毫无用处了。

擦亮烟盒，使它闪光发亮，就像镜子一样，然后密封好。为了防水还要用长条胶带封紧，这样也方便了携带和转移。千万不要忘了最重要的是随身携带它。此外，还要定期检查烟盒里的各种小物品，一旦发现哪个失效了（如火柴和药片），就应及时更新。所有的药品都要注明用法、用量和有效期。盒内剩余的空间用棉花塞上，这样，在需要时可以用棉花点火，同时又可防止里面的小物品相互碰撞发出声音。火种对于生存来说十分重要，盒中有四种小物品是用来生火的：火柴、蜡烛、打火石和放大镜。

（1）火柴。

当然，防水火柴比普通火柴作用更大，但同时体积也增加了许多。普通火柴易燃，不太安全，不过可以用熔化的蜡烛油包住火柴头防止自燃。为了节约空间，要将每根火柴后半截去掉。

当然了，用火柴点火比其他方法更为方便，但记住不要浪费，只有其他方法都失败后才能用。从铁盒中取火柴时一次只拿一根，并随手盖好盖子。无论何时都不要使铁盒开着或者随便把它扔在地上。

（2）蜡烛。

蜡烛既可生火又可照明，对于意外事故下的求生者来说，它是无价之宝。蜡烛应削成条形以便摆放。如果是动物油脂做成的蜡烛，在危急时刻，也能食用或用来烹制食物，但必须是真货，而石蜡或其他蜡类的蜡烛绝对不可食用。动物油脂蜡烛不易储存，尤其是在炎热天气下。

（3）打火石。

即使在潮湿环境下，火石仍能发挥作用。在所有火柴都用完之后，它还可以帮你继续生火。精制火石是显而易见的火种。

（4）放大镜。

放大镜可以聚集光线点火，同时也可以帮助拔刺或穿针。

（5）针线。

要准备几种不同型号的针。至少要有一根大号的，针眼应该能穿过外科手术缝腱线或粗棉纱线。选择那些坚韧耐磨的线，并缠绕在针上。

（6）渔钩和渔线。

精心挑选几种不同型号的渔钩，并用小纸包裹好放在袋内。要知道，小号渔钩既能用来钓大鱼也能钓小鱼，而大号渔钩则只能钓大鱼。记着要带上长长的渔线，因为它还可用来捕鸟。

f（7）指南针。

携带一只刻度清晰、纽扣大小的指南针。有些迷你型指南针的刻度极易使人迷惑，所以事先要搞清楚。液态填充型最佳，要检查一下是否有泄漏，里面必须无气泡，是完全可用的。要确保指针在轴上能正常地自由转动，因为指针很容易生锈。

（8）β灯。

β灯是一种水晶发光体，只有一枚硬币大小，但是夜间用来察看地图非常不错，同时在夜间垂钓时，它也是很好的诱饵——尽管比较昂贵但是经久耐用。

（9）圈套索线。

选择60～90厘米长的精细铜线，用来布置陷阱或圈套，同时还可以解决许多的求生问题。

（10）弹性锯条。

锯条的两端通常都有两个很占地方的环形把手，可以不要了，在使用时用木质栓扣等代替即可。锯条外面浸一层油脂可以防止生锈。弹性锯条甚至能够锯断较粗的树。

（11）小药瓶。

可以选择几个细长圆柱形小药瓶，盛哪种药品要根据自己的需要选择。药品装到小药瓶后要密封起来，剩余的空间用棉花塞满，以免晃动时发出声音。下面列出的药品清单几乎可以满足多数疾病的需要。

① 止痛药：这类药品可以缓解疼痛、减轻痛苦。可待因磷酸盐是治疗牙痛、耳痛和头痛的最佳药品。剂量：根据需要每6小时一片。副作用：会引发便秘，因此对治疗腹泻也有帮助。要注意：儿童、哮喘病患者或生活无规律者禁用。

② 肠内镇静剂：用来治疗急性或慢性腹泻。通常可以选择易蒙停。剂量：开始时一次服用两粒，然后每次便后一粒。

③ 抗生素：可用来治疗常见的细菌性感染。对于青霉素过敏者可选择四环素。剂量：每次250毫克，一日四次，连续服用五至七天。携带一个疗程的药量，避免同牛奶或与钙铁制剂及其他氢氧化铝类药品同时服用。

④ 抗组胺剂：可用来治疗各类过敏反应、蚊虫叮咬和毒虫螫刺等，还可治疗对某类药品发生的恶性过敏反应。在英国人们选择匹里敦，而美国则是苯那君。服用匹里敦会导致失眠，因此可以作为一种缓和安眠片效用的药物。当然，不要过分信任药品或者服药时饮酒。

⑤ 漂白粉：当怀疑水源不清洁而又无法将水烧开杀菌时，可用漂白粉消毒，具体用法参见产品说明。

⑥ 抗疟疾类药品：在疟疾流行区，这类药品十分必要。抗疟疾类药品有多种，每日服用一片就足够了。

⑦ 高锰酸钾：高锰酸钾的用途很广泛。将它加入水中并搅拌，当水溶液呈浅红色时可以消毒，至深红色时可以杀菌，至紫红色时则可用来治疗真菌疾病，如脚气等。

（12）外科手术刀片。

至少要携带两个不同型号的刀片。使用时可临时自制木刀柄。

（13）蝴蝶结。

用来固定受伤部位，促使伤口愈合。

膏药类型众多，最好能够防水，使用前务必将伤口清洗干净。

（14）避孕套。

是很不错的水袋——至少可以盛 1 升水。

3. 急救物品

在乘车、坐船或飞行时不要将各种救生物品分开盛放，要把它们全都放在一只急救箱中。急救箱体积比较大，不像救生宝盒那样容易携带，不过可以放在危急时能迅速取到的地方。野外跋涉时可以系在腰带上。它里面应当包括燃料、食品、救生包和信号盒等，所有的都放在一只饭盒内，饭盒在野外可以用来做饭烧菜，在需要之时为你服务。如果十分喜爱饮料和小吃，它可以满足你的需求，并且在危急时刻还是幸存的首要后备物品。在普通旅行时急救箱里因使用而消耗的物品，一有机会就应立即补齐，它会在危急之时为你提供生存的保障。

急救箱：

急救箱必须由防水材料制成，并且足够大，可以容下不锈钢饭盒。正面应有一栓钩使包口不会松开，背面还要有的拉环以便穿在腰带上。记住，急救箱里装的全都是求生之物——火柴、凝固油脂和闪光信号类等——所以要小心轻放、仔细保存。

（1）饭盒。

铝制饭盒既轻便又耐用，是很不错的炊具，里面还可以盛放各种救生物品。

（2）燃料。

最好携带装在折叠式炉灶内的固态燃料块。只有用木柴取火不便时才能使用，用它们取火很方便，只需扳开炉灶外壳就形成了精制的小锅灶，燃料在里面可以充分燃烧。

（3）手电筒。

一只微型的手电筒只占用极小的空间。筒内应装有电池，但头尾要颠倒，这样，即使不注意开关被碰开，也不会消耗电池。最好选择锂电池，因为它的功率大，使用寿命长。

（4）闪光信号灯。

闪光灯可以吸引营救者的注意力，尤其是在封闭的地区。可以携带红绿迷你型闪光信号灯头和一只放电器，可选用自来水笔大小的放电器。这些物品属于易爆品，更要小心存放。它们使用起来很方便，只需将闪光信号灯接在放电器上即可。平时不要随便使用，以免浪费电能，只有在危急时刻吸引别人注意时使用。

（5）标记板。

每位成员均应携带一块由荧光材料制成的条板，长约2米、宽0.3米，用来吸引营救者的注意力。一块条板可能不太引人注目，但所有的条板拼在一起发出的信号就理应引人注意了。将它卷起来装在箱内还可用来固定、分隔其他物品，以免相互碰撞发出声音。

（6）火柴。

在一个防水的小瓶里装上尽可能多的火柴，其实再多也是不够用的。危急情况下你就会体会到其中的用处。如果摆放不好相互摩擦就会自燃，尤其是非安全性火柴——在摆放时要特别注意。

（7）饮料袋。

没有什么能比一杯芬芳浓郁的饮料更能使人精神焕发。但要记住：茶可以止渴，而咖啡则会使人更加干渴。

（8）食品。

远离陆地时最难获取的食物是脂肪。脂肪中含有极高的热量，所以它理应在救生箱中占据一席之地。管装的黄油、猪油或酥油都很适用；尽管脱水的冻肉块味道不太好，但营养丰富且可以长期保存。巧克力确实是不错的食物，但是不宜长期存放，要定期更换。必须带上盐，盐块携带起来很方便，或者选用那些更佳的含有维生素以及人体所需其他矿物质的电解盐粉。

（9）救生袋。

在严寒条件下，一只长200厘米、宽60厘米的大聚乙烯薄膜袋也能挽救性命。危急时刻下钻到里面，就可以防止热量散发，不过薄膜袋里凝结的水汽会弄湿你的衣服。如果是由反射材料制成的绝热袋子更好，这样既能保暖，同时还解决了水汽凝结问题。

（10）幸存日记。

可以将所有的事情都以日记的形式记录下来，不要过于信赖自己的记忆力。记录下你发现的可以食用的植物以及其他可以利用和不能利用的资源。这将是极其珍贵的参考资料，可以帮助你振奋精神。随后，它还是有用的生存训练经验。

4. 刀　具

在紧急求生时一把刀就是无价之宝了，谨慎而有经验的探险家总会随身携带它。但是，刀也是危险物品，常常也是害人的武器。如果乘机旅行，根据常规的登机检查，应该遵循乘务员的要求主动上交。此外，在气氛紧张或者面临尴尬局面时，千万不要随便显露刀枪。

（1）刀的选择。

多功能折叠刀非常有用，但如果你只带一把刀，就要选择那种通用的、锋利的、结实耐用并且舒适的，从砍柴到给动物剥皮和制作菜肴都能使用。有些刀柄上还嵌有指南针，还有的刀柄中空，以便在里面放置一些求生物品。不过，中空的刀柄可能不太结实，刀柄上的指南针在经过几次奋力砍柴后也失效了。如果丢了这把刀，也就失去了那些求生物品，因此最好还是把其他的求生物品放到救生箱里，系在腰带上。

切记：

锋利的刀代表着你的力量。刀在所有的生存装备中十分重要，必须保持刀锋锐利以便随时使用，但不要误用。千万不要将刀口对着树砍或往地上扔。保持刀刃干净。如果长时间不用，应该擦上油后放回刀鞘保存。

在偏远地区旅行时，要养成经常检查刀的习惯。应该形成条件反射，尤其是在经历了危险境地之后。随时检查所有口袋和物品应成为探险者的第二天性。

（2）折叠刀。

考虑到折叠刀携带起来很方便，它就很有价值了。木柄的折叠刀通常更为舒适一些：手心出汗时也不易打滑，而且如果刀柄是由一整块木头制成的，就更不易在手上磨出泡了。

（3）帕兰砍刀。

这是一种马来人惯用的弯月形的大而重的短刀，在日常生活中，它过于笨重不便携带，但对于野外生活或工作来说却是理想的选择。

最好用的帕兰砍刀刀片全长约30厘米，刀重不超过750克，刀片最宽处约5厘米，末端深入木制把柄中。弯月形刀具最适于砍柴，并且刀锋前伸有利于保护握刀的手。它甚至可以砍断较粗的树木，这对于搭建棚子或制作木筏都尤其有用。

切记：

砍刀刀刃可能会划破刀鞘而露出来。拔刀时千万不要用手握住刀刃所对刀鞘的那一边，这样做十分危险。养成总是握刀背所对那一边的习惯。

（4）磨刀。

所有的沙岩石都可用来磨刀——灰色黏质沙岩石最好。石英也不错，只是很难得，也可用花岗石。取两片石块相互打磨。理想的磨刀石一面光滑一面粗糙，平时可装在刀鞘正面的小口袋里。用磨刀石的粗糙面打磨刀刃的卷口，用光滑面使之锋利。关键是磨出的刀刃必须锐利而且耐用，还不容易出现缺口。

磨刀时右手握紧刀柄，左手手指轻轻按压住刀片，按照顺时针方向运动。磨刀石的表面要保持湿润。刀片与磨刀石表面的角度应保持不变，刀面上的石屑会告诉你相应的角度。刀片回磨时左手手指不要用力，否则容易造成卷刃。磨刀时逐渐减压会使刀刃变得精致锋利。另一面也要按顺时针方向来回打磨。

5. 正视灾难

当灾难降临时，很容易使人怨天尤人，直至身心崩溃。绝望、逃避困难、自欺欺人或者妄想一切只不过是场噩梦很快就会过去等等都是毫无益处的，并且只会使事情变得更糟，只有积极行动起来才能拯救自我。

一位健康的、营养良好的人，只要有信心，从生理上来讲就一定能承受巨大的灾难。其至在伤病的情况下，意志坚强的人也一定能胜利渡过难关。奇迹般地幸存下来。要想成功应对灾难，必须克服许许多多的压力。

生存压力：

危急处境下，无论生理还是心理上都得承受巨大压力，必须克服以下某些或全部的压力：

① 恐惧与焦虑；

② 伤病与疼痛；

③ 严寒与酷热；

④ 饥渴与疲劳；

⑤ 失眠；

⑥ 厌倦与烦躁；

⑦ 隔绝与孤独。

你能从容应对，你必须应对。

良好的训练和丰富的知识将会带来自信。在面临危急境地之前，就必须拥有这些。事实上，拿起本书就表明你主观上已经具备了坚定自己意志的萌芽——这也是真正的开始。信心能帮你战胜恐惧、厌倦、绝望和孤独。

良好的身体状况具有决定性的作用。体格越强壮，幸存的可能就越大。起初，为了保证安全，或在危险之境长途跋涉，你可能不得不放弃睡眠。不要等到那时才意识到自己原来没有坚持下去的能力，这时已经晚了。现在就开始不断训练来提高自己的能力，不断挖掘自己应付疲劳和长时间放弃睡眠的潜力。

为了寻找食物和水，你可能会不辞辛劳，因为它们会缓解饥渴，但在寻找它们的同时也会使你疲惫不堪，进而迫切需要一处能使你充分休息的避难所，以便恢复消耗掉的精力。记住，不要过分为之劳累。不时短暂休息一下，同时也可估量一下形势。

疼痛和发烧是身体状态不适或已受伤的警讯，它们自身并不意味着危险，而紧张、忧虑和烦恼才十分危险。疼痛可以控制和克服，它的生物学功能在于提醒你何处受损从而采取保护措施。有时，为了避免造成更严重的伤痛甚至死亡，你不得不忽视这种痛苦。

多处骨折的伤员如果只是躺在原地不动，无疑是在等死。要获取帮助，必须自己从孤立无援之地长距离爬行到可以获救的地方。

当然越早治疗伤痛越好，可事实上，极度专注于某事或某时，这种疼痛感会暂时消失或减轻。但也要记住，忽视小伤痛或小泡也可能随后造成严重伤害。

6. 求生策略

良好的计划和精心的准备可以使幸存者能够更好地面对困难和危险，这些困难和危险都将会对生存产生严重的威胁。一切应根据装备来定。你不可能事先就预料一切，但是必须有心理准备，能迅速针对意外的危险和未知的灾难做出理智而合理的反应。每当意外发生时，人们很容易变得惊慌失措，你必须克服恐慌，针对不同境况采取有效的行动。

有时撞车或其他事故会毫无预示就发生了。但大多数意外发生前的几分钟人们都会有所预感或察觉，在这一瞬间的本能反应有可能就挽救了自己的生命。许多事故在发生之前，都会有很长的时间知道或意识到正在向潜在的灾难发展，这时，恐慌可能就是最危险的反应。

当浓雾笼罩整个山谷，能见度几乎为零而很容易迷失方向时，大多数人会变得惊慌失措，想着他们一定陷入了困境。然后，他们就开始干愚蠢的事了，这反而增加了危险的程度。事实上他们事先就应充分估计到这种可能性，寻找一块安全的蔽身之地等待安全后再继续活动。保持镇静，要相信自己有能力面对险境，这不仅有利于你渡过难关，而且便于你能及时看到那些可能会自然出现的解决办法。

有些处境是可以预见的，了解相应的应对技能与知识会将危险降到最低限度，而学会了则会使你化险为夷。它们会增强你的胆量，比如等待恰当的时机，以便在车辆沉水的瞬间从车中逃离，但是它们也来源于实践经验以及正确的理论指导。通常答案都存在于你随机应变的解决之道和因地制宜地做出反应的技能之中。

突发性灾难可能会把你困在与世隔绝的险地，你只能独自面对。或者你可能发现，自己身处伤亡上百人的巨大灾难之中，根本就无法控制。

处理车祸与空难有很大不同。但正如这些极端处境所显示的那样，无论什么样的灾难，都是生死攸关的紧急关头，都会牵连许多人，都需要运用同样的知识和技巧发挥各自的机智和能力。

7. 车祸求生

（1）刹车失灵。

如果在行车途中刹车失灵，应立即换挡并启用手闸。必须同时做到几件事：脚从油门踏板上抬起，打开警示灯，快速摇动脚刹（它可能仍连着），换成低挡，慢慢制动手闸。不要猛拉手闸，先缓缓，然后逐渐用力，直至停车。

如果来不及完成上面的整套动作，可以先从加油踏板上抬脚，再换成低挡，然后制动手闸，除非确信车辆失去控制，否则不要用全力。

小心驶离车道，将车停在远离公路的地方，最好是边坡，或者松软的上坡。

如果车速始终无法控制，比如遇到了陡坡，为了减速可以不断地冲撞路边的护栏或护墙。还可利用前面的车辆帮你停车——如果情况允许轻轻靠近它。使用警示灯、按喇叭、闪亮前灯等手段向前面的司机发射求助信号——你处于可能会导致相撞的车道上，需要帮助。

（2）撞车。

如果撞车已无法避免，保持冷静，掌握好方向盘以便尽可能将自己及他人的损失降到最低限度。为了减速可以试着冲向路边提供的障碍物。柔软的篱笆比墙好些，灌木丛比参天大树要好。它们可让你逐渐减速直到停车。撞墙和树都很可能致命，不过它们可能使你猛然停车。

安全带（在许多国家开车必须系上安全带）将阻止你在紧急刹车时冲向挡风玻璃。在没系好安全带时最好不要试图硬撑着冲撞。这种情况下极少会管用，很可能比顺其自然受伤更严重，因为你的车速突然减小到了零。在撞车的瞬间应尽可能提早远离方向盘，双臂夹住胸、手抱头。这似乎很难做到，但必须记住，在撞车时，方向盘会高速撞向你的胸腔。

后排的乘客也应该双臂夹胸手抱头部并向后躺，从而避开前排的靠背。

（3）跳车。

除非车辆即将冲出悬崖，留在车上必死无疑，否则不要随便试图从急驶的车辆中跳出。跳车前做好必要的准备：打开车门，解开安全带，身体抱成团——头部紧贴胸前，脚膝并紧，肘部紧贴到胸侧，双手捂住耳朵，腰部弯曲，从车上滚出。要顺势滚动，不要与地面硬碰。

（4）车辆落水。

在车辆沉没之前若有可能，应及早弃车逃亡，因为在充满水之前它不会立即沉没。外面的水压会使车门很难打开，若有可能摇下玻璃窗，从中逃出。在面临这种令人震惊的危急时刻，要镇定自如地逃生，确实不容易。如果车内有小孩，尽可能先推出一名。不要考虑什么财产了。

如果你来不及做这些工作，应关紧车窗，让孩子站起来，将婴儿举到车顶。然后松开安全带，告知车门边的每位乘客作好准备，用手握住车门的把手，同时松开所有的自动门锁，它们可能已被水压挤坏了。这一阶段不要试图去开门。

当水逐渐进入车内，空气被压向车顶，车内气压升高，逐渐趋近于车外的水压。车子逐渐停止，这时车内也几乎充满了水，让每人做一次深呼吸，然后打开车门，屏住呼吸游出水面。每个人从同一车门出来时应该相互挽着手。如果你要等别人先行逃脱，要能够屏住呼吸。

预防车辆落水的措施：沿着水边停车时不要车头对着水，应侧向停车。如果停车时不得不面向水停车时，应挂倒挡，并采用手闸制动（如果背对水停车，换挡时先手闸制动）。

（5）车辆卡在铁轨上。

如果车辆卡在交叉路口的铁轨上熄了火，应立即重新启动并迅速离开。这需要人工换挡，不能依赖自动挡。如果火车已经临近而车辆一时又无法启动，就应当机立断放弃车辆，将孩子及年老体弱者转移至安全之地——至少应该离开车子45米左右——因为高速行驶的火车会将车辆撞出很远。

如果没有看见火车，或者火车还在几千米以外，你必须努力避免毁车。如果能够推走，应推到远离所有的铁轨——因为，你不能确定火车会走哪条道。如果能用无线电联系，应通告信号员。没有的话应沿铁轨迎着火车来临的方向走一段距离，然后在铁轨一边站稳（高速列车两旁会形成巨大的后向气流），挥动车座毛毯或其他显眼衣物以向司机发出警报。如果是称职的司机，他会及时注意到正接近一交叉路口，会观察一下前方是否一切正常。

8. 空难求生

最为惊人的意外灾难，就是飞机坠毁或迫降险地了。它可能会突然发生，谁也无法预料，因此也不可能作什么特别准备。

受过专门训练的乘务人员会知道如何面对这类险境，因此应当遵循他们的指示。机组人员会尽量平安地降落飞机。除了保持镇静以及帮助乘务人员安慰其他旅客外，你毫无办法。

在飞机迫降之前你应有所准备，系紧安全带，与邻座旅客挽起手臂，下颌贴紧胸部，斜靠在折叠毛毯、大衣及垫背上。如果允许，腿部与邻座相互依靠，稳固好以防撞击。

等飞机最终停稳后，遵循指示迅速从机上撤离。如果飞机着陆在地面上，应迅速远离着陆地，因为飞机可能起火或爆炸。即使没有起火，也应远离飞机直至发动机冷却并且任何溢出的航空燃料都完全挥发完。

如果飞机迫降在了水面上，救生艇会自动充气，并停放在机翼上。当还在机内时，不要给救生衣充气，以免无法通过舱门。直到身体在水中了，立即将救生衣充气，然后登上小艇。

如果飞机正在沉没，一旦人员和装备等上了小艇就应立即起锚。离开飞机时，求生物品能带出越多越好，但不要为了个人财产和行李而耽误时间。在你发现随身携带在口袋里的求生宝盒时，你会长长地舒一口气。

（1）失事之后。

处于这种出其不意、令人困惑的意外之境，无论你是多么沉稳坚强，都会很震惊，甚至惊慌失措。如果起火，或者有起火爆炸的危险，应尽快远离现场抵达安全地区，直至危险似乎已经消失。如果有燃料溢出，必须禁止任何人吸烟。没有必要惊慌失措地奔向未知地域，尤其是在夜间更不要这样做，要与其他幸存者不断保持联系。

将伤员转至安全之地，和你们聚在一起。尽可能找到所有的幸存者。应优先考虑及时治疗伤员。按伤势严重程度进行治疗，先处理呼吸困难者，然后依次为大出血、受伤、骨折和惊恐。

如果可能，应将生还者与死者分开——死亡是造成灾难性的恐怖气氛的主要原因之一，这样做可以使幸存者安定下来。

注意：

如果是跳伞并且落在荒郊野地，那么就尽可能向飞机坠落残骸地方靠拢——相对来说，营救者会更容易发现飞机的残骸，而不是单个人或降落伞。

即使起了火，可能也不会烧毁所有的物品，因此，要从残骸中搜寻一切可以利用的装备、食物、衣物和水。如果油箱仍有可能起火，就不要冒险寻找。还要当心残骸物熏烧时挥发的有毒气体。

如果你不得不等到火势减弱直至熄灭，可以在这段时间中查看所处的地形——在任何情况下这都是采取行动的前提。待在此处可行、安全吗？如果别人知道你预期的航线——如例行飞行——你可以期望某种搜索营救行动正在进行，这样待在原地就会有许多好处。救援者已经知道你着陆或迫降的地点，即使你已经被迫更改了航线，他们也知道你最后报告的位置。从空中向下搜寻，残骸或迫降的飞机会更容易引起注意，尤其是在密林地带，在这些地区即使有一大群人也会因树木遮挡而难以被发现。

如果你发觉着陆地毫无遮挡或者非常危险，那么就有必要转移到安全的地方。但是，千万不要在夜间行动。除非生存的威胁已经迫在眉睫，比你在黑暗中跨入未知之地更为危险。

通常情况下，必须立即转移的原因一般都是因为你在山顶的暴露地毫无掩蔽，或者处在半山腰上无处躲避风雨，也有可能是因为岩石会砸下及其他的危险。应向下坡处转移，因为地势低的地方，更容易找到避难所。

在寻找安全的地方时，不应该让所有人都出动。可派出少部分侦察人员小心地探查周围地区，他们应组成队，两人一组，不可单人冒险。彼此之间可以传话联系，同时标明各自的行走路线，以便能顺利返回。

注意：

离开失事地点时，应为转移的方向作好标记，以便营救人员知道还有幸存者，并知道去哪里寻找。

（2）保护。

首要的是找寻一个能躲避风雨的避难所，尤其对于伤病员更是急需。广泛地勘探，以便选择合适的露营地。尽可能地利用天然避难所，再加上手边可得的材料进行扩充加固。

如果伤员的伤势严重不能移动，应该就地为他们搭建简便的掩蔽体。

身处空旷地带，如果无任何的装备或机械的残骸可以利用，你还可以挖坑作为掩体。

如果可能，寻找一处自然洼地，扩展掘深，用泥土将四周加高稳固好，这至少可以供伤病员避风所用。生火取暖，同时也有助于提高士气、鼓舞人心。使用反光反射的物品以最大限度地发挥热效应，从而节省燃料。

如果环境条件决定了没必要或者没有转移的可能，也可以采取类似的措施。如果没有天然的遮蔽物，可以用石块、残骸或其他装备垒在四周形成防风墙。大家聚在一起，也可以减少体内热量的散发。重伤员在这些危急时刻的生存时间极其有限，必须想办法尽早争取营救。伤势较轻者必须出发去搜寻水源、燃料、遮挡材料和食物，一定总是双人行动。发射尽可能多的信号以便引起营救者的注意力。

用庇护所防风防雨十分重要，同时，记着遮蔽棚对于防晒也是必需的。毫无掩蔽不仅仅是会造成长时间的体温过低。

（3）定位。

如果你携带了无线电或手机可以尽快地发送求助信号——但不要冒险待在可能爆炸的飞机上。只有等到十分安全了，才可以登上飞机发射信号。营救人员希望及早了解你的着陆点。那些具有跨洲旅行经验的成员应该可以准确地确定方位——即便一时想不起来——凭借地图也应该能指出比较确切的方位来。要是提前了解了计划路线，知道灾难发生时所处的方位，以及风向，会对你有很大帮助。

往往你需要点火发射信号——三堆火是国际间共同认可的遇险求助信号。火堆应尽可能大而明显。还可以在地面上设置信号以吸引注意。当你知道救援人员就在附近时，使用烟火信号，十分近时，甚至还可以制造声响。你应该为精确地航行在预定航线上感到庆幸。这样，何时获救只是一个时间问题，其间尽可能让自己过得舒服自在一些。

然而，即使是最详细的计划，也可能会误入歧途，导航仪可能会失灵，强风暴雨或浓雾都可能使你偏移航线。待在避难棚里可能会更安全些，但是遗憾的是没有人知道你在哪里。很可能你要比预想中等待更久，你必须为之做好准备。

也许你也要估计在较大范围内所处的位置，通过研究从地形地貌中获取更多的信息，不仅仅方位——如果有可能的话——还要寻找是否有更安全更舒适的位置可以用来搭建帐篷，获取燃料、食物和水。如果要做长期打算，你也应估计自己穿越险地的可能性。

在海上，你更应处处留心任何提示的信息，而不是束手待毙，这些信息可能会告知你不远处有片陆地，如果你尽力到达那里，而不是待着不动，生存机会可能就大大增加了。尽管铁锚可以阻止你四处漂流，但是同时也让你暴露在狂风和海浪的肆意攻击下。

注意：

身陷险地，坐等营救一般都比立即动身返回安全之地要明智得多。然而，如果无人知道你身处困境或已失踪，所处的地形环境又十分贫瘠不毛，根本无法提供生存所必需的食品、水或避难所；或者你感觉很自信，能量和配备都很充裕，足以确保你回到文明社会，或又知道其他一处你能生存的地点，如果这样的话，一旦天亮了，并且其他条件都允许，就可以决定出发了。

（4）获取食物和水。

当你身处悬崖绝壁，退路被潮水切断，或者暴风雨及浓雾迫使你不得不等待，此时，可能很少有机会获取可供利用的自然资源。因此，不要一下子用完你的应急储备。很可能你会被长时间围困，尽管你可能会感到饥饿，还是应该定额使用，以便能应付最差的境况。即便身陷这等险地，在力所能及范围内，也有可能获取食物和饮水。

注意：

对短期求生来说，水可能会比食物更重要。如果无法获取新鲜流动的淡水，你可以考虑其他的水资源，但是要煮沸或消毒。优先考虑寻找水源的问题。

首先应利用自然资源，尽可能地节省你的紧急救生品。不要仅满足于一种食品资源，应当搜寻多种可食用植物，包括叶子、根、浆果和坚果以及其他各种可以食用的部分。搜寻动物的踪迹，以便设法狩猎或布置陷阱。

当你身处绝境而无法忍受获取食物的方式，或者无法找到无论是你愿吃还是不愿吃的食物时，也并不意味着就应该立即放弃。如果出现了其他可供选择的替代品时，就没有理由继续消耗已经是濒危的物种——动物或植物，也不要继续布置陷阱了（它不会懂得选择的），尽可能地利用自然资源并不意味着就可以浪费。如果你不得不长期滞留此地，过分掠夺对自身也无益。

记住，最容易获取的食物可能并不符合你日常的饮食习惯和口味。如果在平时训练时已经有意识地选择食用一些奇异的食物，你将会发现，这时尽管身处险地，但填饱肚子还是比较容易的，而且还能鼓励他人也食用这些东西。

即便气温条件允许，你不需要生火取暖，但是烧水也还是需要燃料的。此外，白天气候温暖，不要想当然认为随之而来的夜晚也易于度过——世界上有许多地区的昼夜温差相当大。

（5）导航。

PLAN

你必须牢记"PLAN"，在某一天这可能会挽救你的生命：

P——保护

L——定位

A——获取

N——导航

在许多危急时刻，最好待在事发现场附近，因为那里有许多从飞机、车辆或其残骸中抢救出来的各种材料和装备可以使用，而且那里还易于被营救者发现。但是，如果你已经决定转移了，那么就需要掌握许多辨别方向的技巧，以便引导你沿正确的路线，从荒芜之地回归安全的地带。

（6）人员及分工。

对于探险活动来说，计划中必须包括如何仔细选择队员。探险队员需要具备相应的个性特征。所谓选择，不仅包括队员的体质训练和个人经验是否适合某项探险，还包括选择特定项目的负责人。灾难突发时，在重压下，任何人都可能出现非常态的反应。天灾人祸常会导致大批受难群众流离失所，聚集在一起。其中包括妇女、儿童、老人和婴儿，可能还会有孕妇，以及伤病员或者行动不便的人都需要特别的照料。这么多的人员随时都可能发生更多人员伤亡的意外事件。毕竟受过良好训练的人和身体健壮的人员要比芸芸大众少得多。

婴儿看上去十分娇弱，可是通常他们非常坚强。但是必须注意给他们保暖。需要消除儿童的疑虑，尽量使他们感觉舒适，尤其对于那些与家人失散孤身一人的孩子。通常对意外事件的奇异感会使他们不至于过分焦虑，可以分派一些任务给他们，但不要应允他们随便四处遛逛和玩火，否则他们就会给自己和他人造成不必要的麻烦。老人通常意志更坚强，可以帮助青年人消除疑虑，坚定信心，但也必须注意保暖，有规律地进食。女人似乎在应付突发事件时比男人更强，也能够更容易地为他人分担责任。

乘坐轮船或商用客机时，船员或机组人员如果与乘客在一起时，应该负担起统领全局的重担，但不要期望人们可以像严密组织的探险队那样，可以执行相当军事化的命令，或要求他们对领导和负责人绝对服从。在做出决定，计划行动和维持士气时，必须尝试着采取某些民主化的程序。经受创伤会使一些人急切地服从能给予他们以希望的领导，但同时，这也会使人错误地认为危险和灾难已解决了，这种认识必须克服。

在空难或海难中，不同文化背景及风俗习惯的人被命运连在一起，迫于环境的压力，处在了与各自的社会习俗相悖的处境之下。处理好由此而来的各种冲突和矛盾需要相当的机智和技巧。不过，要记着生存才是首要的问题。

你的医疗知识越广博越好，但最重要的是帮助人们树立生存的意志，良好的医疗态度将会有很大的帮助。让别人看到你知道如何去做，并且从容不迫，你就已经成功了一半。

你如果镇定自如，也会帮助坚定他人的信心，增强彼此间的合作。你的知识经验越是丰富，处理问题时就越得心应手。

9. 海上求生

占据了地球表面 4/5 的面积的物质是水——可能也是所有求生环境中最可怕、最难以求生的地方。在冷水中，身体会很快变得冰冷，即使是在小船上，海风也会使体温迅速下降。如果没有配备必要物品的话，独自在寒冷的大海中，生存的几率往往很小。

如果出事的当时，知道自己的位置和当时主要的洋流方向，也许能预测出海水将把你带向何处。类似穿越北大西洋的墨西哥湾暖流等，它们往往有丰富的鱼类和海洋生物。

也有许多可以食用的资源位于海洋的沿岸处，但是，那里也有危险的鱼类，像鲨鱼或是有毒的鱼种等。它们主要生活于气候温暖的珊瑚礁，以及暗礁附近的浅水中。

如果你不幸缺乏蒸馏海水的设备的话，淡水会是困扰你的更大难题。

（1）救生船的操作。

起航后不久，乘客们将被告知如何操纵救生船，并且应该进行认真的演习。同样，乘客们会被告知如何穿上救生衣，怎样开动救生船，以及所应携带的必备物品。小船上的水手也应该进行此类演习，并且指导在海上航行的每一个人，船上的安全设备包括：比较坚固的救生船、简易救生筏、汽艇、救生带或救生衣。

当听到信号，要求乘客们从船上立即疏散的时候，你应该立刻穿戴暖和，最好选择毛衣。不要忘记戴帽子、手套并围上围巾。如果你最终只能在水中漂流，这些衣服也不会将你拖入海底，反而可以帮你抵御最大的敌人——暴露你的身体。可能的话，尽量拿上手电筒，并且抓些巧克力，或者随手可及的热的甜品。事故发生时，不要拥挤或者喊叫，否则会给自己带来恐慌——最节省时间的方法，是有次序的登上救生船、木筏或橡皮筏，并且保持会让大家冷静的态度。

直到离开船或飞机时，再给救生衣充气，并在小船上一直穿着。救生衣的色彩明亮，常装有警哨、灯光及染色标识器——在温暖的水域中，使用它们，你可以防止鲨鱼的靠近。

如果当时你只能跳入海中，那么，先扔下一些可漂浮物，然后尽量跳至其附近。

（2）弃船。

在你离开船舶或迫降于海上的飞机时，最重要的一点是你要随身携带哪些装备。救生衣或救生带将帮助你节约大量的体能，这样你将能更久的坚持漂流。即便是没有救生衣，在海水中漂浮也并不是困难的事。人体的密度小于海水，所以，任何学习过如何在水中放松身体的人，都不会面临即刻沉入海底的危险。然而，人们在恐惧或慌乱的情况下，会很难使自己放松，如果没有救生衣或救生带的话，充气的衣服也是增加浮力的很好方法，这也是建议你在离船前穿好衣服的另一个主要的原因，而不是常说的将它们脱下来。

当不慎落水的时候，除了保持身体不下沉之外，最重要的就是引起注意，获得救援。声音在水中传播良好，所以，喊叫，以及拍击水面发出声音，他们都是有效的方法。尽可能地在水上挥舞一只手臂（不能双手，否则会沉入海底）——因为运动会让你更引人注意。

如果你穿着救生衣——并且如你应该做的，已经待在了救生艇上——艇上通常备有警哨及灯光，即可以规则地发出海上求救信号。

（1）游泳。

游泳时要缓慢而且不间断。如果你刚刚离开沉船或飞机，应该迎着风向游泳，并避开沉船或飞机。尽可能地远离油料和废弃物。

如果海面上已经起火了，而你必须选择跳入水中，或者是从火中游过，记得迎着风，竖直的跳入水中，采用俯泳的姿势向前游，同时用力击水，让火苗远离头部，趁其间隙呼吸。当火势过猛时，最好在水底潜泳，直至脱离险境。

如果水下有发生爆炸的可能，落水时，采取仰泳可以减少伤害。

如果已经看得见陆地，不要在退潮时浪费体力。放松并且自然地漂浮，待涨潮后，随着潮水，你可顺势上岸。如果海面波浪汹涌不能仰泳的话，则采用以下技巧：

① 在水中直立漂浮，深呼吸。

② 低头入水（闭上嘴巴），双臂前伸，保持与水面水平。

③ 保持这个姿势并放松漂浮直到需要换气。

④ 头抬出水面，踩水，吐气。吸气，再回到放松状态。

漂浮"袋"：

用裤子制作一个暂时漂浮袋。绑住裤脚，在头顶甩动使其充气，然后扎住腰部，将其塞入水中把空气压在里面，这样漂浮时胳膊即可依靠裤的双腿来支撑。

（2）立即采取行动。

当你确定已经发生了事故，并且明确了自己的方向之后，应该立刻给橡皮筏充气，或寻找救生艇、皮筏，或漂浮的船舶残骸等，他们是可以提供帮助的物品。在没有橡皮筏的情况下，利用手旁可用的一切作皮筏的东西，如带子、皮带、鞋带、废弃的衣服等，将它们绑在一起。或者在没有橡皮筏的情况下，利用一切可用的漂浮物。

（3）为橡皮筏充气。

在飞机和多数的船只上，它们都会携带有橡皮救生船。多数的橡皮筏可以自动充气，或者一经盐水浸泡，立即自动充气。

在非自充的橡皮筏上，应该备有充气装置。橡皮筏是由多部分组合而成，因此也有多个气嘴，这样即使某一部分破损了，也不会影响橡皮筏的漂浮。

（4）登上充气筏。

尽快登上救生筏。如果已经落水了，要游泳直至皮筏的尾部而非两侧，放入一条腿后，翻身滚入。

不要从船上直接跳入皮筏，这样易使其损坏。

将别人拉上橡皮筏、木筏或救生船时，抓住他的肩膀，让其一脚抬至船尾，再帮助落水者滚入。不要让落水者抱住自己的脖颈——如果这样做的话，很可能将你也拉入水中。

矫正橡皮筏

多数橡皮筏在底部备有矫正带，较大的橡皮筏则在筏的一侧各备有一根矫正索。翻动皮筏时，向相反的方向拉住矫正索，双脚抵住橡皮筏，用力后拉，皮筏会被抬起并翻转过来，同时将你打入水底。如果海面上风高浪急，要翻动皮筏就极为困难。

确定橡皮筏已充足气。皮筏应稳固，而非剧烈摇摆。若气量不足，则需用嘴或者打气泵重新充足。阀门一般为单向的通道，故拿下防护盖时，气体不会逸出。

检查皮筏是否漏气。漏气点在水下时会出现气泡；在水上则会有嘶嘶的声响。可在皮筏的工具包里找到锥形塞，用其堵住漏气点。将塞子插入封口即可。也可能在包内发现橡皮片及黏合剂。

经常检查皮筏的充气及漏气的情况。当怀疑漏气点在皮筏下方，应潜入水中，游至皮筏下面塞上皮塞。

10. 漂流求生

木筏、小船、橡皮筏，它们所能容纳的人数往往有限。载重量超过限定的人数时，会使求生者的生命更加危险。

多数人的安全是最重要的。应当首先照顾体弱，年幼及身体有伤的人，让他们进入橡皮筏或救生船中，然后尽可能多地载入健全人。余下的人员只能在水中坚持。船上与水中的人应该有规律而频繁的更换。

注意妥善保管储藏箱中的所有工具，并将所有设备安全系紧。检查是否有容易导致充气筏破损的尖锐物体暴露在外。受潮后易腐蚀的物品，要确定在防水器具中保存，以防进水。

检查所有的发送信号的装置：照明灯、烟火及日光反射信号器。如果求救信号已发出，那么在营救人员搜寻时发出危急求救信息，可以引起救援人员注意。

一旦你发出了求救的信息，给出方位后，应尽力保持自己的位置。可以从船上放下一个海锚，使漂流速度下降。

可在船侧系好一个物体加重，即可制成简易海锚，甚至可以将衣服在桨上打一个子结，让它作海锚使用。

如果你不能判断自己身在何处，就不要四处乱划，直到已经能确定自己的位置。在前方出现海岸时，应该迅速靠岸。

求生次序：

自我保护：避免有害因素及身体暴露的危害。

位置：弄清自己的方位及获取营救的方法。

水源：估计供水状况，立即制订计划，定量供应。开始收集雨水。

食物：除非有足够的饮水，否则不要进食。定量供应食物，安全储备。尽快开始捕鱼以补充食物。

（1）保护措施。

即使孤身一人，也应坚持记你的航海日志，这有助于集中精力，并且认清周边形势。首先记录的是幸存人员的姓名、事故发生地点、日期及时间、天气条件及打捞的物品，并且要记录每日景色，以及周围的环境。

①气候寒冷时。

如果进入到冰冷的海水里时，应该尽快地脱离水面。海风会使你瑟瑟发抖，特别在浑身湿透时。尽量保持船只或者是橡皮筏的干燥，舀出船中积水，尽力寻找一切可能材料，以便赶造一个防风防水篷，防止水花飞溅或波浪冲入。

将湿衣服弄干，如没有干燥的衣服可穿，就把湿衣服尽量拧干，然后重新穿好。

用所有可能的物品包裹住身体，以保持体温，降落伞、帆布等都可以。遇险者人数较多时大家应拥靠在一起保持温暖。防止肌肉或关节被冻僵，保持血液循环。适度活动身体，如伸腰、绕动手臂。注意避免剧烈或突然运动，那样会使救生筏或小船失去平衡。

完好的防护棚，和保暖衣物，以及适量的运动，它们将会帮助你抵御冻伤的危险。

②气候炎热时。

气候炎热时，脱去不必要的衣物，但应该保证身体有所遮蔽。直接暴露在强烈阳光下时，要覆盖头颈部，以防止中暑或晒伤的发生，制作一个简易的护目镜，以此来保护眼睛，使其免受强光的伤害。

在白天，将衣服用海水浸湿，这样的穿着有助于降温。但是，夜间会比较寒冷，衣服一定要彻底干燥——记住，热带区域的夜晚会迅速降临。另外，身体过长时间接触海水，易使皮肤发生溃疡。

气温过高时，应该放出一些橡皮筏内的空气，因为空气遇热会膨胀——你需要拧松阀门。晚间或是天气变冷时，请重新充气。

注意事项：

在人群中，轮流安排监视者。时刻观察周围的情况，即使是夜晚。每人每次监视的时间不宜过长，避免疲倦及注意力不集中。比起一个人长时间的监视，每天每人多次短时的监视的效果要更好。

监视的任务：留心过往船只、飞机、陆地的迹象，以及海藻、鱼群、鸟类及残骸，同时检查皮筏是否有漏气或擦伤情况。

（2）陆地到了吗？

如果你的视野内并未看见陆地，但是出现了以下征象时，或许表明陆地已经并不遥远了。

① 云层。

晴朗的天气里，如果出现积云，应当注意，因为积云往往在陆地上形成。

云层下面的绿色水面被称为"环礁湖光"，是由于珊瑚礁上的狭小水面反射阳光产生的。

② 海鸟。

一只飞行的孤鸟并非陆地的可靠预示。恶劣的天气中鸟儿可能被吹离原有的飞行路线，但是，只有少数海鸟可以睡在海面，并以超过 100 千米的速度飞行。它们飞行时，大多中午之前向着远离陆地的方向，下午返回陆地。连续的鸟叫声通常预示陆地已经不远。

③ 浮木。

浮木、椰果和其他漂流植物的出现通常说明陆地已不遥远（虽然这些物品可能被海流携带很远），

④ 海潮。

涨潮是陆地即将出现的预示。在岛屿周围潮汐会改变方向。

强劲的风力可使潮汐上涨势头变强，而受陆地阻挡时潮汐就会减弱。如果风力没变，潮汐和海浪却变弱，就可以肯定陆地位于逆风的方向。

⑤ 海水颜色。

海水中夹杂的泥沙与淤泥往往来自大河的入海口。

（3）采取行动。

如果已成功发出 SOS（求救信号），或者能判断自己位于常规航道上或其附近，最好保持自己的位置，坚持 72 小时。

决定性因素：

在决定应当停在原地还是继续漂流时应考虑以下因素：

失事之前求援信号发出的数量。

营救人员是否知道你的位置？你自己是否知道所处的位置？

天气情况是否可搜寻及求援？

其他船舶、飞机是否会经过此地？

食物与饮水还能坚持多久？

若情况并非如此，应立刻利用自身体能及合理条件开始行动，特别是陆地就在附近的顺风向处。

如果陆地仍相当遥远，设法到最近的航线上，顺着航线漂流。

木筏会随着风和洋流漂流。在公海，洋流的速度很少超过 13 千米/天。

利用船上的海锚。尽量借助于风力。没有龙骨的船往往只能借风力全速前进，最多与之成 10 度角航行。

利用船桨作舵，如果风向与你选择的方向相反，抛出海锚来维持自己的位置。

① 利用海风。

给橡皮筏充足气，并坐在其中的较高的位置上。先制作出一个简易的船帆，然后抓住帆底，注意不是抓住船帆的一条底边，这样当一阵大风吹过来的时候，你可以随时收帆，而不致于使救生筏翻倒。

② 当波涛汹涌时。

从船头放下海锚，使船只顺着风势，以防止船只倾覆。把自己的身体放低一些，不要坐在船边或者站起来，更不要突然运动。如果有数个救生船或者是橡皮船，把它们连在一起。

（4）在海上发送信号。

照明灯、染色标记和各种运动，它们在海上都可以引起注意。如果没有信号装置，就挥舞衣服或者帆布、雨衣，或者在风平浪静时，你可以搅动水面。在夜间或者有雾的时候，哨子声可以帮助你与他人保持联系。

如果船上有无线电发送装置，在救生筏的边缘位置上，你一般可以找到它的操作说明书。无线电的频率通常预设在 121.5 兆赫和 234 兆赫，波长约为 32 千米。实际操作时，可以短间歇地频繁地发送信号，但是要慎重地使用需要电池的无线电装置，因为电池在海上是极为珍贵的。

标识器可以释放出能染色的物质，把它放入水中也是一种信号，但是这种方法仅能够在白天使用。除非海面上波浪汹涌，否则染色的效果一般在三个小时之内都会非常醒目。

要保持烟火信号弹的干燥，同时要注意安全。使用之前仔细阅读说明书，避免发生火灾。无论是白天或者黑夜，照明弹都非常有用——如果是在白天使用，它的一端会放出烟雾。点燃照明弹或者烟火时，应注意手中握的是危险品，不要指向下方、自己以及别人。

当发送信号时，要确定你可以被看到——举个例子，当飞机向你飞来，立即发送信号弹，而不是飞机已经飞过去以后，再发送信号弹。

如果营救人员发现了日光反射信号时，他们也会立即赶来。

所有明亮的，可反射光线的表面都可以用于发送此类信号。

（5）健康。

对于海上求生者来说，最大的危险来自身体的暴露，以及严重的脱水。晕船往往会使脱水加重。

便秘、排尿困难或者尿频，这些情况在求生的环境中都很常见，一旦出现，不必特意给予处理，否则你的体液损失可能会更加严重。

感到恶心时，尽量不要呕吐。皮肤持续暴露于盐水中易生皮疹。不要刺破或挤压皮肤上生起的脓肿和水疱。不要过于频繁使用海水让身体降温。身上有溃疡时，不可以接触海水。

海上的光线很强，为了防止眼睛被刺伤，可以戴上面罩。如果是因为强光而导致了眼部的溃疡，取一块布片，先在海水中浸湿，然后在眼睛上绑好，借此来放松眼睛。但是时间不能过长，否则会引发皮肤溃疡。

脚部的暴露或者长期浸泡在海水中，也是一个相当麻烦的问题（参见健康部分）。适度的运动有助于保护双脚、防止脚部冻伤。休息时要盖好身体，在监视周围的同时，轻微活动一下四肢。

（6）水。

每人每日的饮水量不应少于1升，每天5～220毫升（2～8盎司）的淡水即可维持存活。

即使仍有大量的淡水储备，也应该立即按照计划定量地使用水。在可以补充水的储备之前，只能满足水的每日的最少需求量。在茫茫大海中，你很难确定何时才能脱险，所以，直至救援来到之前，不可放松用水计划。

① 减少需水量。

尽可能地减少一切水分损失，可以利用海风与海水降温，这样会尽量少出汗。如果天气太热、遮蔽又很少，在确定水域安全的情况下，可以从船边下海，用水浸润身体——在下海之前，首先要检查安全带。安全带应该一直系紧在身上。下海后，要留神危险鱼类的袭击，并且确定，一旦被攻击，你可以及时返回船上。

当你晕船时，要服用相应的药物。如果有抗晕船药，应在反应发生开始时及时服用，因为呕吐会使身上宝贵的体液丧失。

当饮用水缺乏时，你的食物量也要节制，特别是富含蛋白质的食物——包括鱼类或海藻——因为这些食物都需要消耗大量的水来帮助消化、而消化碳水化合物（糖和淀粉）所需要的耗水量则很低。

定量饮水：

第一天：

不需要饮水，机体的储存库里尚有一定的水分储存。

第2～4天：

如果可以的话，饮用400毫升水。

第5天以后：

每天55～225毫升水，具体的量要依照天气和水的多少而定。

在将水咽下之前，先用它湿润一下嘴唇、舌头及咽喉。

② 收集淡水。

在24小时内，用所有容器收集淡水——在海上常有暴雨，它是淡水的来源。

可以将帆布或者塑料布临时展开，用来接收雨水，这样会比用容器接水的收获更丰富。

到了晚间，可以将帆布的边缘折叠起来，收集露水。

下雨时，可以尽情地饮水，不过速度要慢，因为在每日的有节制饮水的情况下，暴饮容易引起呕吐。

在容器中尽可能多装一些饮用水，注意在剧烈波动的海面上，容器中容易溅入海水。水本身就是皮筏良好的压舱物——即使水已经淹至船舷边上，皮筏也可以继续漂浮。

③ 海上的浮冰。

冰块可以解决饮水问题，但刚刚形成的冰块中会含有盐分，所以只能利用早期形成的冰，其色泽蓝灰，形状浑圆。一年或一年以上的冰已基本丧失盐分，可以溶化后饮用。夏季，在冰面上如果有水坑，就可以直接饮用（假如里面没有溅着海水）。饮用前，要先谨慎的尝尝味道，因为饮用盐水会加重口渴的感觉。

注意：

不要饮用海水。

不要饮用尿液。

不要饮酒。

不要吸烟。

除非有足够的饮水，否则不要吃太多食物。

度过饮水及食物不足这一难关的最佳方式是睡觉与休息，但是白天睡觉时，记得要盖好身体。

如果海面上波浪汹涌，就将自己与救生筏系在一起盖上可能的覆盖物，最好能够驶离风暴区域。足够的休息是死对头重要的，至少要试着休息。

④ 来自鱼中的水。

大鱼的脊椎及鱼眼处均有可食用的水状液体。捕到鱼之后，将鱼小心地切成两半，保持水分来食用并吮吸鱼眼。在饮用水短缺时可以这样做，但不能吮食鱼的身体的其他部位的液体，因为它们富含有蛋白质和脂肪，消化时反而会消耗体内更多的储备水。

⑤ 海水的处理。

在救生筏的设备中，可能有太阳能蒸馏器及脱盐器具，使用时参照说明书，立即安装太阳能蒸馏器。如果当时的天气不宜使用太阳能蒸馏器，而你又无从收集雨水、露水的情况下，再选择使用脱盐器具。

（7）食品。

应急的食物要小心保存，直到迫不得已的时候才拿出来食用，即便此时，也应该每次仅仅咬上一小口。要学会以自然界中的食物为生。

鱼是主要的食物来源。有些海洋鱼类有毒而且有危险，不过，在大多数情况下，在见不着陆地的公海里，食用鱼类是安全的。

靠近海岸的地方，有些鱼类是有毒的，例如红色的新西兰真鲷和梭子鱼，但是，这些鱼类多数时候也可以食用，除非它们是取自环礁和暗礁水域。

有时，甚至飞鱼会自动跳入你的小船呢！

① 钓鱼。

不要徒手操纵鱼线，也不可以将钓线绕在自己的手部或者是系在皮筏上。积存在线上的盐分会使钓鱼线变得非常锋利，这对于手和橡皮筏都很危险。

在处理海鱼时，最好戴着手套，或者在手上包裹着布片，以防止被它尖锐的鳍和鳃弄伤。

为了避开阳光的照射，有些鱼类和海龟常常被皮筏或救生筏的阴影所吸引，它们会游至船的底部。所以，如果有网的话，可以将渔网从龙骨的一侧向另一侧推动（两端需要两人抓牢），从而来捕获这些鱼类。

在晚间，你可以用手电吸引鱼类——或者，在有月光的时候，将一块布放在水面，用镀箔的金属片或者其他金属在上面反射月光，这样也会吸引鱼儿过来。

利用手头的材料，你可以制作一些简易的渔钩，小折叠刀、锯齿状金属片、电线等，这些都可以用来捕鱼。明亮的小金属可以作为诱饵，例如衣扣、小勺、硬币等。

利用金属匙或者钥匙作诱饵时，要不停地拉线、放线，保持鱼饵运动。当鱼儿咬钩的时候，先让其下沉，然后再用力拉回来。

你也可以用抓到的鱼的腐肉做诱饵。

新鲜的鱼很容易腐烂。在热带地区，只能吃新鲜的鱼，除非天气比较干燥，才可以吃钓上来有一会儿的鱼——但是在热带的洋面上，这是不太可能的事情。

在寒带的海域，你可以将鱼在阳光下晒干保存，晒干前记得清除其内脏。

② 捕捉海鸟。

食物的另外一大来源是各种海鸟。救生筏是难得的栖息之地，所以会吸引海鸟。当鸟儿落到艇上时，要保持安静，直到其彻底安定，这时才有可能抓住它——特别是在天气恶劣、鸟儿气力耗尽的时候，海鸟被抓住的可能性更大。

将一个钻石形的罐头片放在鱼的肚子里，把鱼拖在橡皮筏后面来吸引海鸟，当海鸟捕食鱼时，罐头片就可以穿入其喉管中，你就能捉到海鸟。

用绳子将一些木块或者金属残骸绑在一起，制成简易的多用钩，在钩子的后部系上一根绳索，然后把绳索拖在船尾，或者是扔在海藻中，这样就可以制成一个备用筏。也可以用它来收集其他的漂流残骸，制作成备用筏。

也可以用一根系上捕鱼钩的线，或者使用鱼做成诱饵，把它们拖曳于水面来捕鸟。

③ 以海藻为食。

不仅在岸边可以看到有海藻生长，在远海地带也有一些漂浮的藻类，特别是萨哥婆海域和北大西洋暖流，它们里面的果囊马尾藻，也常见于许多温暖的水域中。大西洋南部和太平洋一些寒冷流域中，也生长有一些其他海藻。天然海藻往往质地坚韧，而且含有很多盐分，难以消化。食用这些海藻后，它们会吸取水分，故在饮水缺乏时不应食用海藻。

海藻中常常藏有其他一些食物。把海藻拖上来，并且抖动海藻，你会发现有许多以海藻为食的小蟹、小虾和小鱼掉出来。这些小的多足类动物体色暗褐，类似于海藻，一般难以察觉。

浮游生物也是有用的食物来源，特别是在寒冷的南方水域中。

（8）危险的鱼种。

① 有毒鱼类。

生活在珊瑚礁附近的许多鱼类具有毒性，有些鱼类是全年都有毒的，另外一些则是仅在一年中某一时节中具备毒性。一般说来，鱼的毒性遍及鱼的全身，但是，肝脏、肠道和卵巢中的毒性最强。

鱼类的毒素一般为水溶性，无论怎么煮都不会将毒素中和掉。毒素是无味的，所以也不能通过品尝来鉴别（参见"食物"一章）。鸟类对鱼的毒性极不敏感，因此不要因为鸟类食用某种鱼安然无恙，就认为人类食用这种鱼也会平安无事。人类、狗、老鼠对于毒物都十分敏感，猫则要好一些。

鱼类的毒素可以引起嘴唇、舌头、脚趾及指尖的麻木，甚至严重的瘙痒及对温度的感觉障碍，中毒后，会在感觉热的物体时反而觉得很冷，而感觉冷的东西时反而会觉得发烫。毒素还可以引起恶心、呕吐、失语、晕眩及瘫痪，最终致死。

有的鱼吃起来有毒（见颜色区分），还有的鱼，即使接触到它就会相当危险。很多种魟鱼的尾巴上长有有毒的触须；有些品种的鱼类的身上则携带有电流，它们可以导致电休克。一些生活在珊瑚礁的鱼类，如蟾鱼科的鱼类，其脊椎具有毒性，尽管很少致命，却能产生剧烈的疼痛，有灼烧感，甚至产生程度极其强烈的痛苦，令人难以忍受。

在海水中，你常常可以见到海蜇，它们身上常常带有很硬的刺。"葡萄牙战争人"（并非真正的海蜇）这一品种是一种青色的囊样生物，带着有凹槽的小翼。当看到这种生物时，一定不要下水，它们会拖着长长的光带，是富含危险而致痛的光带。

②攻击性鱼类。

应该极力避开一些生性凶恶的鱼类。勇猛且充满好奇心的梭鱼总是喜欢攻击人类，到了晚间，它们可能会向有光线的、发亮的目标发起攻击。欧洲鲈鱼可以长到1.8米左右，是应该回避的另一个鱼种。海鳝可以长达1.5米，它们长着尖利的牙齿，如果受到骚扰，也会具有攻击性。海蛇有毒性，有时会在中海域出现，虽然很少咬人，但是还是避开的为妙。

（9）鲨鱼。

每年报道的受到鲨鱼攻击的事件有限，其中仅有少数致人死亡。但是，无论怎样，比起统计数字涉及的海滨游泳者，海上求生者更易受到侵犯。虽然只有很少的几种鲨鱼是对人类有危险的。

以下六种鲨鱼为多数攻击事件的罪魁祸首：大白鲨、双髻鲨、雄鲸、灰色角鲨、鼬鲨、灰鲭鲨。大白鲨的体型最大，但是，身体尺寸的大小并不代表其危险性和攻击的可能性大小。比人类还小的鲨鱼同样可以致人死命。姥鲨和鲸鲨有13.3米长，但它们仅以微小的浮游生物为食，所以并不构成危险。

海洋中的鲨鱼都有杀伤人类的能力，但由于热带海域中的食物比较丰富，这里的鲨鱼并不凶残，通常较为胆小，用棍棒就能将其惊走，特别是戳它的鼻部的时候。然而，有时骚动会吸引远处的鲨鱼。

鲨鱼的生活及捕食活动都在一定的深海处进行，多数时候它们会在海底觅食，但是饥饿的鲨鱼会随着鱼群而游至水面，从而进入浅水区域。所以，当鲨鱼在浅水出现时，情况就可能相当危险。

鲨鱼通常以鱼类、鱿鱼、蟹和其他的海洋生物为食，同时也乐于搜寻容易到手的食物，特别是鱼群中迷途或者是受伤的生物。鲨鱼也会追逐船舶，吞食从船中抛出的垃圾。

鲨鱼习惯的进食时间是夜晚、黄昏和黎明。它的小眼睛的视力有限，在水中主要通过嗅觉和感知震动来确定目标的位置，同时对伤口流出的血液和机体代谢废物、垃圾等都相当的敏感。微弱而急促的运动也容易引起鲨鱼的注意，因为这暗示着这一目标易于攻击或者已经受伤。强大而规则的动作，以及嘹亮的声音，这些都可能会使鲨鱼心悸而犹豫观望。

注意：

破出水面的鱼鳍并非都是鲨鱼！大鱼有时也会将鳍翼伸出水面，从而看起来像两只鲨鱼在同步游动。鲸鱼的鳍或者是鳍状肢也会出现在海面上，海豚也同样如此。这些情况都没有危险，它们也常常会逐渐将更多的部分显露出来。

对鲨鱼来说，人类奇怪的表情、衣服的形状，都是较为新奇的事物，身着衣服的人群聚在一起比独自一人更加安全。如果鲨鱼保持在一定距离之外，说明鲨鱼仍感到好奇，但是如果它向内打转并突然启动，常常代表着攻击的可能。

鲨鱼不会在运动中突然停下或者敏捷地改变方向。一个好的游泳者可以通过快速的变向与单只的鲨鱼周旋。

① 攻击人类的几类鲨鱼。

大白鲨：有的长达6米，但通常要略小一些，鱼体上部灰色，下部白色，显得非常厚实，眼睛呈纯黑色，有刺状的圆锥形鼻子，可以在任何海域中出现，但主要聚集在非洲南部、北美洲东西的两侧海域，以及澳大利亚南部、新西兰等处的海域。

灰鲭鲨：一般长2～3米，体积大，上体深蓝色，下部呈乳白色，在任何水域中都可以生存，但生活在温暖的水域较多。游速极快，偶尔跳出水面。

鼬鲨。平均长3～3.5米，体积较大，幼鲨的皮肤上有条纹和斑点状标记，成年后，上部更为平坦，呈灰色，下部白色，头部及颚部宽大，鼻端为方形，生活在热带及亚热带水域中，尤其喜欢在近海处游动。

鱼鲛：非鲨鱼类，体形瘦小，犹如鱼雷，上部为条状深蓝，底部亮银色，嘴部向外突出，长满了尖锐的牙齿，可以长达 2 米，在所有的热带水域中都可能出现。游速极快，常成群活动，只有在水域中出现鲜血时才会变得危险。

双髻鲨：它的头部为明显的扁平状，宛如一柄锤头，这是其特征，所以极易辨认，有多个不同的种类，最长可以达到 6 米，生活在所有热带及亚热带水域。

雄鲸：生活在热带地区的大西洋西部、南部非洲以及印度洋。体形矮胖，上部灰色，下部白色，长达 4 米，喜欢在浅水的区域中活动，而且一旦出现在浅水区域中，就极具危险性，它甚至可以沿着大河溯源而上。

角鲨：比如澳洲东部水域中的灰色角鲨，长度可以达 4 米以上，体重大，巨鳍，上部灰色，下部白色，常在浅海水域中出现。

② 碰到鲨鱼时。

碰到小鲨鱼上钩的情况，可以将它拖到救生筏或者是橡皮筏边上，当小鲨鱼的头部清晰出现时，在拖上船之前，用木棒重重击打它的头部。接触鲨鱼之前，要确认它已经被击晕，并继续重击，经过处理后可以做成鲨鱼排。

如果是大鲨鱼，则不能鲁莽行事，以防伤及橡皮筏以及你自己。必须做出牺牲，割断钓鱼线，否则大鲨鱼的挣扎会迅速招来其同伴，那会更糟糕。

③ 防止鲨鱼的攻击

除非穿着救生衣，或者待在有防鲨鱼装置的小木筏中，否则，在水中的每个人都是危险的，但这不意味着鲨鱼一定会来攻击。鲨鱼排斥器并非百分之百有用——即使有用，也只有在绝对必要时方能使用。记住——这个装置只能使用一次。

在水中：

如果附近有鲨鱼，尽量不要排泄机体的废物，这会引起鲨鱼的兴趣。如果必须小便，只能简短快速排泄出一部分，然后间隔一定时间再排泄，这样可以让尿液彻底分散开。将大便收集起来，并且尽可能扔到远处。如果发生了呕吐，要将呕吐物尽量含在口中再度咽下去；做不到的话，就尽可能将之扔到远处。

如果确实需要游泳，击水的力度要强劲而有规律，避免吸引成群的鲨鱼。

如果许多人在一起，这时受到攻击，大家应该聚在一起，面向外侧。也可以将脚向外踢以阻挡鲨鱼的攻击，并有力地抡动手臂——像投掷运动那样做。

许多人在一起时，下面的方法相当有效。将手团成环状，用力敲击水面，发出巨大的声响再面向水面大声喊叫。即使只有你一人，受到攻击时，这个方法多少也会有点效果。如果你恰巧带有刀子，随时准备使用。尽量将刀插入其鼻子、鳃部或者眼睛中。

在救生艇上：

附近出现鲨鱼时，不要捕鱼，不可以将废弃物扔出船外（包括排泄物和死鱼）。收回渔钩，不要将手臂或脚伸入水里。如果鲨鱼试图攻击，用桨或者木棒击打其鼻部。记住——一条大鲨鱼甚至可以将整个船或者橡皮筏吞掉。

切记：

如果有鲨鱼排斥器，依说明书使用——不过只可以在环境极度危险时才能使用。排斥物散在水中后，不久就失去效用。选择在最关键的时刻使用，因为你只有一次机会。

（10）如何登陆？

到达陆地时，首先要选好着陆点，以便使船只易于靠岸，或者方便你安全的游到岸上。放下船帆，同时要小心岩石。海锚可以帮助你指向海岸并且减慢船速。不要迎着太阳光登陆，这样不容易看清楚岩石，以及其他的障碍物。

如果存在多种选择，有海浪而略倾斜的海岸无疑是最理想的地点。要看准机会，随着波浪前进，防止被迎面的浪峰压倒或者打转方向。用力划桨，但不要穿越正携带你前进的海浪。如果拍打海岸的海浪过大，可以将船头掉向海洋，波浪涌来时，把船桨插入波浪中用力划动。

登陆时，要密切注意陆地的情况：高地的所在处，陆地上植物的类型，可能存在的水源，等等。如果有同伴的话，选择一个集合的地点，以防船只破碎，或者是与其失散。

如果到达海岸的时间是在夜间，那么尽量等到早晨再登陆。因为，在夜间，很多危险会被忽视。

如果漂到一个港湾中，要尽你的一切努力登岸。因为一旦潮汐变向，它又会将你拖回大海。正确的做法是收起海锚，尽快地到达岸边，可以抛弃一些东西使船变轻。舀出船舱中的积水，最大限度给皮筏充气，这样能更好利用潮汐的力量。

如果落潮时船儿又被推回海中，向船舱注水，使之加重，同时放出海锚。

如果不得不在礁石中游泳上岸，那么在汹涌的海水中，穿好衣服及鞋子有助于缓冲，救生衣的效果当然更好。在游向岩石时，将腿抬在身前，使岩石冲击的力量落在脚底，此时弯曲膝盖，以缓冲它的撞击力。

注意：

将自己系在筏上。即使发生以下情况：船被打翻或是损坏，你受伤或者是昏迷不醒，你也仍有一线生机。相反的，如果你孤零零地身处波涛中，被波浪挟向岩石——你会失去生命。

11. 发送信号

要想获得援助，它的首要前提，是使他人知道自己的危险处境。如果可能，应给出自己的具体位置。一旦和别人取得联系，再发出其他的信息。有些求救信号是国际通用的，如英文字母 SOS（Save Our Soul——"救救我们"的缩写）可能最广为人知。信号不仅能在地面上写出，也可以通过无线电来发送，或者用旗语的通信方式打出，或通过其他方式发出，如莫尔斯代码。

船只和飞机的无线电信号——信号 Mayday（来自法语 midez——帮助我）是最常使用的联系方式。

（1）遇难的车辆或飞机。

如果你当时是与抛锚的汽车，或者摔落的飞机在一起的话，则可以找到多种有用的信号源。如果失事的车辆或者飞机还没有起火，那么你就能找到燃料、汽油和可以燃烧的液体。轮胎以及绝缘物品点上火后能够产生浓烟。玻璃和铬，特别是发动机罩、轮机罩，可以做成大的反光镜。救生衣、橡皮筏及降落伞的色泽明亮夺目，容易被人发现。在你的周围摆放好这些颜色鲜艳明亮的物品，那么这一位置就最容易引起救援人员的注意。在晚间，当飞机经过，或者营救人员可能出现的时候，打开灯光。如果电池的电力在不断减弱当中，就让灯光闪烁，尽可能多保存一点电力。同时，使用按响喇叭等其他方式，尽量引起救援人员的注意。

（2）火焰和烟雾。

利用点火——火焰及烟雾——是引人注意的最好方式，一旦有伤病员急需治疗，或者你周围的环境恶劣，需要救援的时候，首要的任务之一，即是点燃信号火焰。如果人数很多，分配一部分人员尽快收集燃料，点燃营火和信号火焰。

注意：

飞机在山区搜索时，多数情况下，是从山脚出发飞向山脊，而一部分斜坡应可能隐在山脊后，飞机即使飞达那里时，也很难察觉。如果你心中没能把握，应把信号放到离山顶更近的地方，使救援飞机飞行时，无论从哪一个角度，都能发现你。

（3）选择发送信号的地点。

要充分考虑周围的地形，然后再发出信号。发出灯光信号时，你要选择制高点，也可以在山脊处竖立一个异乎寻常的物体，以吸引救援人员的注意力。一般在平坦的地面摆放求救标记。

在常规的空中搜索活动中，如果某一个斜坡不可能被忽略，标记当然也可以摆放在斜坡上。

（4）国际通用代码。

双方一旦建立了初步的联系，但是无法进行口头联络时，你可以使用更为复杂的国际通用代码，这样就可以将自己的一些基本需求，以及一些关键的想法，明白地传达出去。至于在空中或海上救援中，准备着陆点，或者帮助救援人员操纵一些绳索及仪器，都是相当必要的。如果你掌握了一些有关的基本知识，这将使操作大大方便。

（5）发报机。

橡皮筏、救生艇，甚至单件的救生衣上，一般都配有发报机，可以发出信息，表明自己的位置。当然，超过一定的距离，信号将难以接收，发报也是徒劳的，许多无线电发报机，它们都有一定的使用范围。要小心保存电池，尽量避免浪费珍贵的电力，直到有机会被接收时再发出信号。如果有高效能的无线电装备，应即刻发出信号，发送时，应当有一相当规则的间隔。

使用发报装置之前，查阅所有有关的说明书，船舶、飞机上的发报机，它们一般可以在许多波长范围内使用，但是，某些急救装备已经调整到固定的求助频道上了，你就不必再去调整。通常情况下，登山者使用的是便携式 VHF 无线电收发两用机，它仅能与位于同一水平线上的地面站台发生联系，而且中间不能有任何的障碍物（尽管有时可能在某一战略制高点上建立一个永久性的中继站）。这种设备通常都已经调好了高山救援频率，出发之前就已经建立了操作程序。如果身边有一台可以工作的发报机，首先查看一下电池情况：车辆发动机可以继续产生电力吗？或者电池能够重新充电吗？为了减少电力的损耗，有计划地送出一定模式的信号，而不要试图长时间地连续发送信号。如果信号被接收到，救援人员可以计算出再次收到信号的时间。

（6）喧哗声。

如果救援者就位于听觉范围之内，叫喊声也是很好的引人注意的方式。除了通行的 SOS 外，国际通用的高山求救信号是一分钟发出 6 次哨音（或挥舞 6 次，火光闪耀 6 次等），然后静止一分钟时间，再重复发送信号。

（7）要有想象力。

在瓶子中是否藏有什么信息？这种想法虽然显得怪诞，但是请不要排斥它。在太平洋中部，使用一个漂流瓶来表明船只失事，请求援助，这当然极少有成功的机会，但是，如果在内河中，一个携带清晰明确信息的漂流物，它是能够引起人们的注意的——例如一个小木筏的帆上标有 SOS 标记。要充分发挥自己的想象力，琢磨各种方法，引起人们对你，或你的境况的注意，但不要滥用有价值的能量和资源。

（8）继续行进。

如果你认定，要想获得营救已经是不可能的事情了的话，并且你认为，最好的计划只能是通过自己的努力返回，那么你应当在身后留下清晰的记号，一旦营救人员找到了出事地点，他们就能够获得暗示、追寻你的行踪。返回途中，如果离飞机航线更近，或者在更开阔的地带行走，你将更有机会获得注意。

12. 信号与代码

（1）火焰信号。

国际上通行的求救信号是燃放三堆火焰，要将火堆摆成三角形，每堆之间的间隔相等，这样最为理想，这样安排也方便点燃。如果缺少燃料，或者自己伤势严重，或者由于饥饿过度，虚弱得不能凑够三堆火焰，那么因陋就简，点燃一堆火焰也行。

所有的信号火种，你不可能让他们整天的燃烧，但是，应该随时准备妥当，使燃料保持干燥，一旦有任何飞机路过，就尽快点燃求助。火堆的燃料要易于点燃，点燃后要能尽快燃烧，因为有些机会转瞬即逝。白桦树皮就是十分理想的燃料。

切记：

几乎任何重复三次的行动，它们都象征着寻求援助。根据自己所在的位置，可点燃三堆火，制造三股浓烟，发出三声响亮的口哨，或三声枪响——甚至三次火光的闪耀。如果使用声音或者灯光信号在每组发送三次信号后，间隔一分钟时间，然后再次重复。

你当然可以利用汽油，但是，不可以将汽油倾倒于火堆上。用一些布料做成灯芯带，在汽油中浸泡，然后放在燃料堆上，准备好之后，也不能立即点燃，应该先将汽油罐移至安全地点。点燃之后，如果火势即将熄火，你在添加汽油前，要确保添加在没有火花或余烬的燃料中。

切记：

在周围准备一些青绿的树枝、油料或橡胶，它们在需要的时候可以放出浓烟。

火堆在草木之间或树木附近时，给每堆火围一堵小墙，以防止火势蔓延。

在树林中，你即使点了火，那也几乎不起什么作用，浓密的树荫使火光难以看到，信息也传不出去。因此，尽量在开阔地带点火。

在你附近，如果有条小河，造个小木筏，将其位置固定，将火种放在上面，箭头所示为水流的方向。

（2）火炬树。

在你附近，如果有株小树孤立在一方，这是一个非常好的天然火种。在树枝之间堆放干燥的小树枝——陈年的鸟巢也可以，它是最好的引火之物，点燃这些引火物，这样做会进一步使树枝燃烧，从而产生大量的浓烟；如果小树已经死亡，可以从根部将其点燃，小树能持续燃烧很长时间，使你能够腾出时间，来照顾其他火种。

切记：

不可以在树林中点火，姑且不说这样会危害树木，这样做也会威胁到你的生命。

（3）发光的锥形火焰。

竖起一个三脚支撑物，放在醒目的开阔的地带。上面设置一个平台安放火种，平台可以使火种与潮湿的地面隔开；也可以在底部放置更多的燃料。用绿色的树枝覆盖在上面，以保持这一锥形物的干燥，使之燃烧起来更旺盛，并能放出大量浓烟。

利用色彩鲜艳的东西，将锥形火焰覆盖住，如果可能的话，可以使用降落伞。这不仅可以使火种保持干燥易燃，在白天也更能引起人们的注意。但是，在点火时，请将覆盖物取走。

当你点燃火堆之后，要确保能在数千米外看到锥形的火光。在开阔地带，在一个锥形迷魂汤篷，或者撑开的降落伞里，点燃一小堆火也会是一个引人注目的灯塔，帐篷的顶部要能够散发烟，并且能够散发热量，火势要在能够控制的范围之内。如果是在斜坡上，从两侧或边上添加燃料，这样不会遮住火光。

（4）利用残骸制作火焰信号。

在飞机或车辆的金属残骸上堆放燃料，这样做既有利于隔离潮湿的地面，又可增强对流，使火焰更为明亮。如果金属被磨光，则还可以起到反光镜的作用，增加亮度。

（5）浓烟指示信号。

在白天，烟雾是非常良好的定位器，所以在火堆上，要添加散发烟雾的物质。浓烟升上天空后，会与周围环境形成强烈对比，容易受人注意。

注意：

当然，烟雾有助于巡航的救援飞机发现你，同时它也显示了地面的风向。确保烟雾位于飞机着陆点的下风向，而且它也在你所安放的信号代码布板的下风向，以免浓烟掩盖了它们。

在夜间或深绿色的丛林中，亮色的浓烟十分醒目。加入绿草、树叶、苔藓和蕨类植物，它们都会产生浓烟。其实，任何潮湿的东西都产生烟雾，潮湿的草席、座垫可以燃烧很长时间，同时也可以驱赶飞虫，使其难以靠近伤人。

在雪地或沙漠中，黑色的烟雾最为醒目，橡胶和汽油可以产生黑烟。如果受天气条件限制，烟雾只能在靠近地表处飘动，这时可以加大火势，这样暖气流上升的势头更猛，会携带烟雾到相当的高度。

（6）地面对天空的信号。

对于国际通用的紧急求救信号，以下所列字母都是，"FILL"可以帮你记住其中主要的信号。单根木棒"I"，是最为重要，制作也最简单的一个信号。利用对比鲜明的颜色或阴影制作信号，并且使得信号尽可能的大，以引起人们的注意。我们推荐的尺寸是每个信号长 10 米、宽 3 米，每个信号间隔 3 米。

应该在开阔的地带安放或者制作这些代码布板，而不应该在陡峭的溪谷、或者在峡谷的深处，制作这些代码布板，也不应在方向相反的斜坡上，来使用和制作这些代码布板。可以利用救生包中的指示器板来做，如果没有这些东西，你也可以简易的制作。或者，你先挖出狭窄的壕沟，在边缘垒上土块墙，加深壕沟的深度。用岩石或树木使其更为醒目。这也是消示器。如果是在雪地中，你可以直接用脚踩出这些信号，直到下一次下雪之前，它们都能一直保存。一旦取得了联系，对由飞机发出的信号可以用字母 A 或 Y（表示肯定），和 N（表示否定）传达自己的回答，或使用摩尔斯代码和身体语言。

（7）夜间信号。

即使在求救者睡觉时，或者是求救者受伤时，这类信号也会全天地引人注目。如果你的周围储存有汽油，或者其他可以燃烧的物质，你就可以制作这种夜间工作的信号。在地面或沙地、雪地上，你可以挖出或划出一个 SOS（或者其他象征性信号），在时机到来时，将汽油等物质倒入，点燃。

注意：

在获得营救后，必须毁掉这些信号，否则在离开之后，信号会继续发挥其功能，将不必要地引来营救人员。

（8）通信信号。

至于十分复杂的旗语信号，你根本没有必要去学习，通过火光的明灭，或使用国际通用的摩尔斯代码，即可以传送信息；你也可以使用一个简单的回光仪、挥舞系在棍棒上的旗子或衬衣，或者利用声音，一样可以传送信息。

注意

不要迷信自己的记忆力——让伙伴带上代码的笔记本，即使你经验丰富，长期使用，知道如何安全返回营地，但其他并不熟悉代码的人员还是会需要它的帮助。发送或接收信号时需要遵循的程序。学会使用这些特别的代码，将使操作更为便利。

① 简易回光仪。

利用阳光和一个反射镜，即可以反射出信号光。任何明亮的材料都可以加以利用，如罐头盒盖、玻璃、一片金属铂片，有面镜子当然会更加理想。持续的反射将规律性地产生一条长线和一个圆点，这是莫尔斯代码的一种。即使你不懂莫尔斯代码，随意反光照射，也可以引人注目。无论如何，至少应当掌握 SOS 代码。

即使和救援人员的距离相当遥远，甚至你并不知晓欲联络目标的位置，他们也可以察觉到一道反射光线信号，所以，这个方法值得你多次试探，况且其做法只是举手之劳而已。注意环视天空，如果有飞机靠近，就快速反射出信号光线。这种光线或许会使营救人员感到目眩，所以，一旦确定自己已被发现，立刻停止反射光线。

注意

可以练习这种发射信号方式，但是，除非在非常危急的情况下，否则不要对着飞机反射信号光或发出信息。突然的强烈光线可能使别人惊慌失措，甚至发生危险事故。

单层信号反射镜

用简易反射镜反射阳光，让其方向对准飞机，或别的可能的联系者。

使用回光仪

如果你手边上有双边信号反射镜，可以在上面穿一个洞孔，这样制成的一件仪器，它的效果就与标准的回光仪的效果相差无几了。如果透过回光仪中的小洞孔，你能看到希望联络的人、飞机、轮船等目标（a），使回光仪向着太阳的大致方向，以便阳光能穿过洞孔（b），这时脸上会出现光点（c）；

调整镜面的角度，使脸上的光点消失，但穿过镜面的小孔仍能看到你要搜寻的目标。如果受阳光角度的限制，无法使这一方法起作用，可以将镜面移近眼睛，一只手遮在你和你要与之联系的目标之间，转换镜面角度，让光线反射到你的手上，然后将手移开。

② 旗语信号。

将一面旗子，或者一块色泽鲜艳的布料，系在木棒上，持棒运动时，在左侧长画，右侧短画，并加大动作的幅度，做"8"字形运动。

向右侧运动时，做短画，画一"8"字形。向左侧运动时，做长画，画一"8"字形。

如果双方的距离较近，就不必做"8"字形运动。一个简单的画行动作就可以了——在左侧长画一次，在右边短画一次，前者应比后者用的时间稍长。

对身体语言的回应：

空中的营救人员一旦接收到地面人员发出的身体语言后，他们会采取以下方式中的某一种方式来作出应答。

收到信息并且理解：

在白天——驾驶飞机并倾斜机身，做摇摆运动；

在夜晚——亮起绿灯。

收到信息但不理解：

在白天——驾驶飞机向右手一侧的方向作旋转；

在夜晚——亮起红灯。

（9）高山救援代码。

下面介绍的这些声音、光线、烟火代码，都是国际上所通用的，高山救援人员都能够理解。

信息：SOS

闪光信号——红色

声音信号——三声短（而尖锐的声音）三声长音，再三声短音；间隔一分钟之后重复信号

光线信号——三次短（而快速的闪烁），三次长闪光，再三次短闪光；间隔一分钟后重复

信息：需要帮助

闪光信号——红色

声音信号——六次快速而连续的发声；间隔一分钟后重复

光线信号——六次快速而连续的火光闪烁；间隔一分钟后重复

信息：已理解信息

闪光信号——白色

声音信号——三次快速而连续的发声；间隔一分钟后重复

光线信号——三次快速而连续的火光闪烁；间隔一分钟后重复

信息：返回基地

闪光信号——绿色

声音信号——连续的延长的发声。

光线信号——连续延长的灯光闪烁。

信息：

莫尔斯代码

A ▄ ▄▄▄	N ▄▄▄ ▄	1 ▄ ▄▄▄ ▄▄▄ ▄▄▄ ▄▄▄	
B ▄▄▄ ▄ ▄ ▄	O ▄▄▄ ▄▄▄ ▄▄▄	2 ▄ ▄ ▄▄▄ ▄▄▄ ▄▄▄	
C ▄▄▄ ▄ ▄▄▄ ▄	P ▄ ▄▄▄ ▄▄▄ ▄	3 ▄ ▄ ▄ ▄▄▄ ▄▄▄	
D ▄▄▄ ▄ ▄	Q ▄▄▄ ▄▄▄ ▄ ▄▄▄	4 ▄ ▄ ▄ ▄ ▄▄▄	
E ▄	R ▄ ▄▄▄ ▄	5 ▄ ▄ ▄ ▄ ▄	
F ▄ ▄ ▄▄▄ ▄	S ▄ ▄ ▄	6 ▄▄▄ ▄ ▄ ▄ ▄	
G ▄▄▄ ▄▄▄ ▄	T ▄▄▄	7 ▄▄▄ ▄▄▄ ▄ ▄ ▄	
H ▄ ▄ ▄ ▄	U ▄ ▄ ▄▄▄	8 ▄▄▄ ▄▄▄ ▄▄▄ ▄ ▄	
I ▄ ▄	V ▄ ▄ ▄ ▄▄▄	9 ▄▄▄ ▄▄▄ ▄▄▄ ▄▄▄ ▄	
J ▄ ▄▄▄ ▄▄▄ ▄▄▄	W ▄ ▄▄▄ ▄▄▄	0 ▄▄▄ ▄▄▄ ▄▄▄ ▄▄▄ ▄▄▄	
K ▄▄▄ ▄ ▄▄▄	X ▄▄▄ ▄ ▄ ▄▄▄		
L ▄ ▄▄▄ ▄ ▄	Y ▄▄▄ ▄ ▄▄▄ ▄▄▄		
M ▄▄▄ ▄▄▄	Z ▄▄▄ ▄▄▄ ▄ ▄		

发送信号

AAAAA——呼叫信号，我有一条信息。

AAA——句子结束，下面还有更多。

pause——单词结束，下面还有更多。

EEEEE——错误，从最后一个正确的单调开始。

AR——信号结束。

接收信号

TTTT——我正在接收。

K——我已做好准备，请发出信息。

T——单词已收到。

IMI——请重复信号，我不能理解。

R——信息已收到。

——代表按单词传送，中间无间断。

有用的单词

SOS（求救）	▄ ▄ ▄ ▄▄▄ ▄▄▄ ▄▄▄ ▄ ▄ ▄
SEND（送出）	▄ ▄ ▄ ▄｜▄｜▄▄▄ ▄ ▄▄▄
DOCTOR（医生）	▄▄▄ ▄ ▄｜▄▄▄ ▄▄▄ ▄▄▄｜▄▄▄ ▄ ▄▄▄ ▄｜▄▄▄｜▄▄▄ ▄▄▄ ▄▄▄｜▄ ▄▄▄ ▄
HELP（帮助）	▄ ▄ ▄ ▄｜▄｜▄ ▄▄▄ ▄ ▄｜▄ ▄▄▄ ▄▄▄ ▄
INJURY（受伤）	▄ ▄｜▄▄▄ ▄｜▄ ▄▄▄ ▄▄▄ ▄▄▄｜▄ ▄ ▄▄▄｜▄ ▄▄▄ ▄｜▄▄▄ ▄ ▄▄▄ ▄▄▄
TRAPPED（发射）	▄▄▄｜▄ ▄▄▄ ▄｜▄ ▄▄▄｜▄ ▄▄▄ ▄▄▄ ▄｜▄ ▄▄▄ ▄▄▄ ▄｜▄ ▄ ▄｜▄▄▄ ▄ ▄
LOST（迷失）	▄ ▄▄▄ ▄ ▄｜▄▄▄ ▄▄▄ ▄▄▄｜▄ ▄ ▄｜▄▄▄
WATER（水）	▄ ▄▄▄ ▄▄▄｜▄ ▄▄▄｜▄▄▄｜▄｜▄ ▄▄▄ ▄

身体语言：

以下所列举的一系列信号，它们都能被空中救援人员所理解，所以，你可以据此向他们发出信号。注意从身前到身体两侧的位置改变、腿与身体姿势的运用、手部的动作等。手上持一块布条可以对 Yes（是）或 No（否）加以强调。做这些动作时，要求十分清晰，且幅度要尽量大。

带上我们

需要帮助

在这儿着陆

一切都很好

可以立刻行动

有无线电

不要在这里着陆

需要医疗救护

可以降落

声音信号——连续的延长的发声。

光线信号——连续延长的灯光闪烁。

① 闪光的物体。

在搜索过程中，任何闪光都会引起救援人员的注意，无论闪光的光线是什么颜色。但是，你还是应该选择最佳的颜色。

一接近树林的区域，绿色光对比度较差，而红色光则很醒目。

一雪地中，白光会和雪地反光融为一体，难以分辨。此时，红色与绿色光线最好。

对各种形式的发光物，你都要熟悉，要正确掌握它们的用法。有些发光物会射出一个白色发烫的镁球，如果把它击打到任何地方，都会灼烧出一个小洞。如果使用不当，可能伤及胸口或者橡皮筏。

② 闪光物的种类。

操作有些闪光物时，要求你手持燃放，而且它的两端各有用途：一端点燃后产生浓烟，可以在白天使用；另一端点燃后则产生闪光，可以于夜晚使用。闪光物发射得越高，它就越易引人注意。点燃一些闪光物和烟火弹后，它们会升至空中，这样，别人从远处也能观察得到。有的闪光物能升至 90 米高的空中，并且打开一个降落伞，可以使火光在空中悬浮，并且长达几分钟之久。另一些有烟火弹爆，它们发出大的响声，并且能散出各种颜色的小球。

闪光物要保持干燥，远离火苗及热源，更要特别注意其导火线的安全，确保不会被意外拉动，而在需要燃放闪光物时，则可以轻易地取出。

③ 燃放闪光物。

手持式的闪光物，它们一般是圆柱形的管状物，每一端都有一个盖子，顶盖常有凸起的字母或图案，这样，在黑暗中只须通过触摸就可以确认。首先，打开顶盖，再打开底端的盖子，将出现一根短线和一安全栓或别的安全装置。将发光物对准天空，不要指向自己或别人，以免不慎突然拉线时误伤到自己或别人。拿开安全栓，伸直手臂，握紧闪光物，使之与肩平齐，并且直立向上，向下迅速拉掉导火线，撑住手臂，如同将要承受反冲力一样。有些闪光物和爆竹有一个反弹力的扳机，与捕鼠器上的相似。

维利式信号枪：给信号枪装上子弹，指向空中，将子弹推上膛，然后扣动扳机。

④ 微型闪光物。

它们在今天更为常见，比维利式信号枪更方便，但同样有效（参见"生存必需"篇），点燃时要求同样小心，使用时首先旋转调整闪光物，使所要求的颜色进入发射装置端，瞄向天空，然后将操纵杆向后推——开火。

（10）信息信号。

当你离开了失事的地点或者营地时，应留下一些信号物。

制作一些大型的箭头形信号，表明自己的前进方向，并且使这些信号即使在空中也能一目了然。再制作其他一些方向指示标，使地面搜索人员可以理解。

危险：

手持式闪光物温度很高，当其燃尽时，千万不要让其落入船底，以防起火。

如果你留下了地面信号物，它们能使救援者了解你的位置，或者过去的位置，方向指示标有助于他们寻找你的行动路线。一路上要不断留下指示标，这样做不仅可以让救援人员寻踪而至，也可以在自己希望返回时，不至于迷路——如果迷失了方向，找不到想走的路线，它就可以成为一个向导。

13. 搜　索

你必须要了解搜索的步骤，这将使你认识到以下的做法是何等的重要：任何形式的探险或旅行都应随时记下行动路线；对于幸存者来说，要尽可能靠近预先确定的行动路线，要设置清晰明确的信号，使人注意到自己的位置，并且要对所有放弃的营地做出标记（留下有关以后行动计划的信息）。

一般说来，营救人员在进行搜索时，总是从最后的可以知道的位置开始，沿着假设的路线仔细寻找。要结合地形与气候因素，制定出可行的策略。在山区，如果没有在幸存者可能行走的路线上发现踪迹，则很可能是由于大风迫使幸存者在山坡或倾斜的高地躲避而造成的结果。

应当注意山体轮廓的影响．充分研究地形。营救人员或许认为，由于地形过于隐蔽，从而使幸存者难以被找到。为了配合营救人员，可以用岩石垒成圆锥形的石堆，或其他醒目的标记，不过，首先应当选择显而易见、能引人注意的地点。可以在防水提包，或是色彩鲜艳的口袋中留下信息，说明你的意图和现在的状况。

营救人员如果已经搜索到幸存者的行动路线，或者是已经搜索到出事地点的避难所，他们会扩大搜索范围。救援的人数和地形状况，这两项将决定着最适合的搜索方式。

方向指示器包括：（a）将岩石或碎石片摆成箭头形；（b）将棍棒支撑在树杈间，顶部指向行动的方向；（c）在一卷草束的中上部系上一个结，使其顶端弯曲而指示行动方向；（d）在地上放置一根分杈的树枝，用分叉点指向行动的方向；（e）用小石块垒成一个大石堆，在边上再放上一小石块指向行动的方向；（f）用一个深刻于树干中的箭头形凹槽表示行动方向；（g）两根交叉的木棒或石头意味着此路不通。用三块醒引的岩石、木棒或灌木丛传达的信号（h），表示情况危险或紧急。

（1）搜索的方式。

第一种方式就是推测幸存者最可能选取的路线，然后依此路线进行搜索。

① 空中搜索。

营救人员在空中搜索时，会覆盖失踪飞机预定航线的两侧，或失踪昔计划路线（或被推定路线）的两侧。

如果天气条件良好，营救人员的搜索活动有可能在夜间进行；当能见度较高时，飞机会升到更高的空中，这样，每进行一次探测，航线覆盖的范围将会更大，但是，一定要小心仔细，免得白天又得花费精力重新检查一遍。如果对着救援飞机发出信号，飞机却飞走了——请不要灰心——保持警惕，飞机可能会采用某些例行的搜索方式返回，在关键时刻，你可以再次发出信号。

② 基线搜索。

通常情况下，在有大风的天气里，或天气条件恶劣的情况下，可以采用基线搜索或盒式搜索的方法，沿着已知的路线进行搜索（a）。如果沿着幸存者走过的（留下信号的）路径搜索，但是并未发现目标，营救人员就会推断，幸存者可能离开了惯常的路线，而且到了斜坡上的某处庇护所。

③ 水路搜索。

营救人员如果能够知道，或推断出你最后出现的地点，它是在河流附近或河中，则一般将干流作为基线，对所有的支流进行搜索。

④ 联合搜索。

如果寻找的是海上目标，则采用海上——空中配合的形式同时进行搜索。如果飞机发现了幸存者的位置，可以派轮船前去营救；而轮船也可以为飞机的飞行提供一个基准点。而营救飞机可以先向幸存者投放救援物资，帮助他们耐心等待轮船的营救。

14. 直升机营救

在多数地区，直升机执行着实际的营救任务，特别是在陆地的营救活动中，直升机更为常见。如果地面符合着陆要求，直升机可以载上遇难者一同飞离险境。有时，营救人员可以在遇难者附近找一个方便的地点着陆，让遇难者自己走过来。但处于地面的遇难者显然更容易找到一块合适的着陆点，如果有必要，可以修整出一块着陆点。

作为直升机着陆的地面，它应当比较平整（坡度不能超过7°，梯度为1:10），接触面应当牢固而且土质松软。应当移走树枝、树叶及其他杂物，地面不能有洞穴、树桩或岩石，否则会对飞机造成损害。

（1）选择着陆点。

选择着陆点时，你可以寻找天然的开阔地带。最好的天然着陆点（IP），应当是河流转弯处的大片河岸。或者，你爬上山嘴，选择一个没有树木的平坦地面。如果需要砍倒树木、清理出更多的地方，可以将树木扔下山嘴。不要在平地上砍伐出一片着陆点，这样所费的时间太长。

着陆位置：

① 准备着陆地点

首先，你需要一个没有障碍物的水平区域，直径至少26米，如果再有5米的开阔地则更好，清除高度在60厘米以上的物体。沿着盛行的风向，应当有一个清晰的进场线，在以这片陆地带为中心的15°角的范围内，都不应当有障碍物。

其次，用标记H在地面上指明着陆点，如果是用岩石作标记，要保持岩石的平整也可以使用固定好的布匹，或信号布板，用它们制作标记；如果你在雪地上，则可以用脚踩出标记，要结实，不能松软。如地面干燥可以用水润地面以形成标记。

② 现成的垫子

如果附近有突出的岩石，或者土堆等突起的高地，那么将很容易清理出一块地方，此时，若是风向也恰好令人满意，则这个突起的地方就会很利于直升机的降落和起飞。

③ 高山地形

随着高度的增加，直升机的有效负荷反而会急剧的下降，如果有可能，着陆点最好在1830米以下。要考虑着陆点的地形，以及地形与盛行风向的关系、山间气流的上升和下沉等。选择地点时，要确保直升机在这一方向起飞时，它能有最大的上升高度。在雪地上起飞时，松软湿润的雪花会附着在直升机上，有碍于直升机的起飞。在直升机水平机翼造成的下冲气流的影响下，粉末状的雪花还会上下飞舞，阻碍飞行员的视线。所以，你应该把雪地踩踏结实。

②　不着陆营救。

如果难以及时着陆，在情况紧急的情况下，直升机会考虑冒险营救。飞机将在岩石上方盘旋，多数的直升机装有绞车，可以让求救者登上绞车，然后拉向空中，等到寻找到一个开阔地带，再使其脱险。

③　指示风向。

你应该在着陆地点标明风向和风力，这是十分必要的，这样有利于飞行员选择最佳的着陆点，而且，在营救时也能使飞机保持平稳。烟雾是理想的指示标记，但要防止它使降落区域模糊不清。如果点火是不现实的，可以用对比强烈的材料制作一个"T"形标记物，把它放在着陆点边缘的下风向，方向对着风向水平安放。如果找不着东西制作"T"形标记，幸存者可以站在远离着陆点的下风向，背对着风向，向营救人员传送身体语言，但是，除非是在万不得已的情况下，否则不要使用这一身体语言——因为它与另一个身体语言"需要帮助"的表达方式类似。

④　夜间营救。

如果执行救援的直升机能射出强光，那么，它可以在夜间着陆携带幸存者登机飞行，但是，幸存者也要准备灯火，来引导飞行员进入着陆点。一旦直升机在范围之内，闪光物和火光都能够指示你的位置。如果想在地面发出求救信息，可以用手电筒，或车辆的前灯，或其它的光束，把它射向天空中。一旦你确信已经被营救人员发觉，就应当将光束放低，并将光线对准着陆点或绞车位置，以防止造成飞行员目眩。

⑤　在海上营救。

幸存者被绞车拉离船只时，要与救生员相互配合，使甲板与风眼的夹角在40°左右。如果船只可以操纵，应当控制风越过船面的速度，使之保持在每小时29千米左右。

直升机着陆时的注意事项：

如直升机已经与着陆点接触，而水平机翼仍在转动，此时要特别注意安全。

不要向直升机尾翼靠近，因为这里对于飞机机务人员来说是盲点。

不要下坡接近直升机，注意，直升机桨片相当危险。

不要携带任何可能缠住水平机翼的东西，携带无线电时，将天线收起。

不要使任何尖锐物体接触直升机翼片，这些轻型的合金容易遭到损坏。

坐在机务人员指定的座位上，系紧安全带，直到得到许可时再松开。

着陆后等发动机已经关闭后再下飞机——即使此时，也要等待指示。

⑥ 绞车技术。

最为常见的是双人式的升降绞车，有时也会使用单人式升降绞车。

双人式升降：救生员在绞车中被放下，绞车上还有一条绞车带，它是为幸存者准备的。整个上升过程中，救生员用腿支撑幸存者，环腰抱紧幸存者，让幸存者用手支持头部，将绞车带放在合适的位置，系紧，让其手臂自然下垂，不能抬起手臂——幸存者仅仅要做的是后仰，休息而已。

单人式升降：使用单人绞车时，幸存者把绞车带放在自己的腋窝下，系紧索眼，然后竖起拇指，给出信号。一旦救生员已经理解，就不必再给出信号，直到登上飞机。因为如果抬起胳膊，就有滑出绞车的危险。

当你上升至直升机舱口，让绞车管理员帮你从绞车登上飞机。要完全照着指示去做，一旦安全进舱，将被指定座位，按照此指示坐好，系紧安全带。

⑦ 水上绞车。

水上绞车适用与上面相同的技术。如果你在救生艇上，抓不住救生索，可以叠起橡皮筏的顶篷，放下竖起的帆布，或者别的遮盖物，放出海锚，这样有助于营救人员在水平机翼的下冲气流下捕捉住小艇。待在橡皮筏或小艇上，等待绞车放出。